Farbatlas Obstsorten

Herausgegeben von Manfred Fischer

Unter Mitarbeit von
H. J. Albrecht, R. Büttner, C. Fischer,
M. Günther, W. Hartmann, E. Müller,
W. Schuricht, B. Spellerberg, M. Störtzer,
B. Wolfram

315 Farbfotos

VERLAG
EUGEN
ULMER

Umschlagfotos:
Äpfel der Sorte 'Pinova'
Kirschen 'Meckenheimer Frühe Rote'
Pflaumen 'Hanita'
Schwarze Johannisbeere 'Ben Sarek'

Seite 2: 'Elstar'

Die Deutsche Bibliothek – CIP-Einheitsaufnahme

Farbatlas Obstsorten / Manfred Fischer. –
Stuttgart : Ulmer, 1995
   ISBN 3-8001-5542-7
NE: Fischer, Manfred

© 1995 Eugen Ulmer GmbH & Co.
Wollgrasweg 41, 70599 Stuttgart (Hohenheim)
Printed in Germany
Lektorat: Ingeborg Ulmer
Herstellung: Otmar Schwerdt
Einbandgestaltung: Alfred Krugmann, Freiberg/Neckar
Satz: Typomedia Satztechnik GmbH, Ostfildern
Druck: Georg Appl, Wemding
Bindung: Ludwig Auer, Donauwörth

Vorwort

Auf der Welt gibt es mehr als 40000 beschriebene Obstsorten. Viele sind noch vorhanden, viele auch verschwunden. Neue Sorten kommen ständig dazu. Im Anbau befindet sich davon nur ein winziger Bruchteil, und dieser kleine Teil unterliegt einem ständigen Wechsel. Während heutige Hochleistungssorten in der Regel aus einem systematischen Züchtungsprozeß hervorgingen, entstanden alte Sorten häufig aus Zufallssämlingen oder aus Findlingen, die vegetativ vermehrt wurden. Bereits in früheren Zeiten richteten sich aber die Auslesekriterien nach der beabsichtigten Verwendung. Viele wertvolle Sorten sind so entstanden. Teilweise haben sie heute noch Bedeutung. Lokale Sortimente dagegen sind oft in Vergessenheit geraten. Die Bemühungen, alte Sorten zu bewahren oder wieder verstärkt anzubauen, sind sehr vielfältig. Wir waren bestrebt, im vorliegenden Buch alten wie neuen Sorten gerecht zu werden. Dabei wird sicher die eine oder andere Sorte vermißt. Mehr Sorten hätten aber den Umfang überschritten.

Planmäßige Obstzüchtung wird erst seit Anfang dieses Jahrhunderts betrieben. Dabei spielten neben der Verbesserung der Fruchtqualität und des Ertrages auch zunehmend die Verbesserung der Anbaueigenschaften und, vor allem in neuerer Zeit, die Verbesserung von Resistenzeigenschaften eine entscheidende Rolle. Neue Sorten sollen zudem ökologisch und biologisch orientierten Anbauverfahren entsprechen. Mit der Beschreibung der wichtigsten Zuchtziele in den Einführungskapiteln hat der Leser die Möglichkeit, die beschriebenen Sorten und ihre Eigenschaften zu vergleichen.

Der Sortenatlas soll Obstbauer und Liebhaber ansprechen. Im Mittelpunkt steht deshalb das aktuelle Sortiment im weitesten Sinne, wobei gängige Marktsorten ebenso behandelt werden wie Sorten für den Streuobstbau, resistente Sorten für einen ökologisch orientierten Anbau, Verarbeitungssorten, Sorten seltener Obstarten und Liebhabersorten. Manche interessante Neuzüchtung, in ähnlichen Büchern noch nicht beschrieben, konnte aufgenommen werden, einschließlich der wichtigsten Pillnitzer Obstsorten, was dem Sortenatlas eine spezifische Note verleihen dürfte.

Den Sortenbeschreibungen sind jeweils die markantesten Eigenschaften vorangestellt. Herkunft, Züchter, Beschreibungen von Baum, Wuchs, Blüte und Frucht, Befruchtung, Erntezeit und Lagerverhalten, typische Geschmacksnuancen und, soweit möglich und sinnvoll, Angaben zu den Inhaltsstoffen der Früchte, insbesondere für Verarbeitungsobst, sollen dem Leser in wenigen Sätzen ein Bild von einer Sorte vermitteln, das ihn in die Lage versetzt, die Sorte zu identifizieren oder sich für diese oder jene Sorte zu entscheiden. Deshalb wurde, soweit bekannt, auch großer Wert auf Angaben zur Resistenz gelegt, Eigenschaften, die heute den Wert einer Sorte erheblich beeinflussen. Dem Verlag Ulmer gebührt mein besonderer Dank für die gestalterische Eleganz in Wort und Bild, die ein Ergebnis hervorragender Zusammenarbeit zwischen Verlag und Herausgeber ist.

Manfred Fischer
Dresden-Pillnitz/Gatersleben
im Frühjahr 1995

Inhaltsverzeichnis

Einführung

Brauchen wir neue Obstsorten?

Ein kompetenter Schweizer Fachmann beantwortete diese Frage 1993 sehr bezeichnend mit »ja – aber ...«.

Ja, weil die bisherigen Sorten nicht alle Forderungen seitens der Verbraucher, Verkäufer, Erzeuger und Vermehrer erfüllen können. Wir sollten uns auch keinen Illusionen hingeben, daß dies jemals erreicht wird. Dafür sind wechselnde und steigende Forderungen der Verbraucher, aber auch ständig steigende Forderungen der Produzenten verantwortlich. Mitunter sind die Forderungen sogar konträr, und nur eine Sortenvielfalt kann hier zu einem zumindest zeitweise von allen Seiten akzeptierten Kompromiß führen. Jede Sorte ist ein Kompromiß. Sie wird es auch in Zukunft bleiben, da es die »Idealsorte« nie geben wird. Unterschiedliche Nutzungsrichtungen und -möglichkeiten einzelner Sorten fordern die Vielfalt geradezu heraus, ökonomische

Tab. 1. Bewährte Apfelsorten für den Streuobstbau

Sorte	Wuchs	Schorf-resistenz	Mehltau-resistenz	Verarbeitung	sonstiges
Albrechtapfel	mittel	hoch	hoch	gut	robust
Alkmene	mittel	hoch	hoch	mittel	milde Lagen
Berlepsch	mittel	hoch	hoch	sehr gut	milde Lagen
Bittenfelder	stark	hoch	hoch	sehr gut	
Boskoop	sehr stark	mittel	mittel	sehr gut	
Champagnerrenette	schwach	mittel	mittel	mittel	milde Lagen
Dülmener Rosen	mittel	hoch	hoch	mittel	Höhenlagen
Gelber Edel	mittel	hoch	mittel	sehr gut	Höhenlagen
Glockenapfel	mittel	gering	hoch	mittel	für fruchtbare Böden
Gravensteiner	sehr stark	gering	gering	gut	milde Lagen
Herrnhut	mittel	mittel	hoch	mittel	Höhenlagen
James Grieve	mittel	hoch	mittel	gut	robust
Kaiser Wilhelm	sehr stark	mittel	mittel	gut	
Klarapfel	schwach	hoch	mittel	(gut)	frostfest
Landsberger	stark	gering	gering	sehr gut	robust
Oldenburg	mittel	hoch	hoch	gut	leichte, feuchte Böden
Zabergäu-Renette	stark	mittel	mittel	sehr gut	

Links: Blühende Apfelanlage

Tab. 2. Bedeutende alte Apfelsorten, die nach wie vor im Anbau sind
(nach MOORE und BALLINGTON 1992, verändert und ergänzt)

Sorte	Abstammung soweit bekannt	Ort und Jahr ihrer Einführung
Golden Delicious	?? Grimes Golden × Golden Renette	West Virginia, USA, 1890
Delicious	?? Gelber Bellefleur	Iowa, USA, 1880
Cox Orange	Ribston Pepping × Blenheim	England, 1850
Boskoop	Renette v. Montfort	Holland, 1856
Granny Smith	Französ. Crab	Australien, vor 1868
Jonathan	Esopus Spitzenberg	New York, USA, 1826
McIntosh	?? Fameuse	Ontario, Kanada, 1796
Gravensteiner	??	Italien, vor 1669
Albrechtapfel	Kaiser Alexander	Deutschland, 1865
Goldparmäne	??	Frankreich, vor 1700
James Grieve	Potts Sämling	Schottland, 1890
Weißer Klarapfel	??	Lettland, 1852
Berlepsch	Ananasrenette × Ribston Pepping	Deutschland, um 1880

Zwänge setzen ihr aber entscheidende Grenzen. Universalsorten werden selten gefunden und sollten auch nicht unbedingt angestrebt werden. Wir brauchen also auch in Zukunft weitere neue Sorten.

Aber der Großhandel ist an einer Sortimentserweiterung nicht interessiert. Neue Sorten müssen deshalb besser sein als bisherige und möglichst eine vorhandene Sorte ersetzen. Die Einführung neuer Sorten braucht Zeit und Geduld und ist mit erheblichem Aufwand verbunden. Die bereits erwähnten ökonomischen Zwänge führen leicht zu einer Sortenmonotonie im Handel, die die vorhandene Vielfalt der Sorten schnell vergessen läßt. Dieser Entwicklung wirken glücklicherweise immer mehr Obstsorten-Enthusiasten entgegen, in dem sie dem Verbraucher nach wie vor die breite Palette von Sorten anzubieten versuchen und somit zur Bereicherung des Marktes ganz entscheidend beitragen. Wir brauchen also auch noch alte und uralte Sorten. Wir brauchen alte Sorten aber nicht nur zur Belebung des Marktes, wir brauchen sie auch zur Erhaltung der genetischen Vielfalt, als Träger wichtiger Merkmale für die Züchtung, als geschichtliches und kulturelles Erbe, das es für künftige Generationen zu bewahren gilt. Zahlreiche alte Sorten haben heute noch ihre uneingeschränkte Bedeutung als Streuobstsorten (Tab. 1). Einige alte Apfelsorten spielen auch im großflächigen Anbau heute noch eine Rolle, sind also von Neuzüchtungen noch nicht dauerhaft übertroffen worden (Tab. 2). Auch diese alten Sorten entstammen letztlich einem Selektionsprozeß, der zwar natürlich vonstatten ging, aber immer stärker durch Leistungsmerkmale bestimmt wurde. Diese Entwicklung läßt sich bis ins Altertum zurückverfolgen. Es ist daher angebracht, kurz auf die Entwicklung der Kultursorten aus Wildarten – hier am Beispiel des Apfels – einzugehen.

Vom Wildapfel zum Kulturapfel

Die Gattung der Äpfel *(Malus)* gehört zu den Rosengewächsen (Rosaceae) und bildet mit einigen anderen Gattungen, z.b. Birne *(Pyrus)*, Quitte *(Cydonia)*, Mispel *(Mespilus)*, Eberesche *(Sorbus)*, Apfelbeere *(Aronia)*, Weißdorn *(Crataegus)*, Felsenmispel *(Cotoneaster)* und Felsenbirne *(Amelanchier)* sowie einigen weniger bekannten außereuropäischen Verwandten die Unterfamilie der Apfelartigen (Maloideae). Ihre Zusammengehörigkeit ist durch einen ähnlichen Bau der Früchte gegeben.

Innerhalb dieser Unterfamilie gehört der Apfel zusammen mit der Birne und Quitte zu der Gattungsgruppe, die es in ihren Kulturformen zu einer ansehnlichen Fruchtgröße und -qualität gebracht hat und eine bedeutende Rolle in der menschlichen Ernährung in den gemäßigten Breiten spielt. Darüber hinaus erfreuen uns mehr als hundert Zierapfelsorten mit bezaubernden Blüten, Fruchtformen und Farben.

Das Entstehungszentrum der Gattung *Malus* ist in Ostasien zu suchen, wo heute noch allein in den südwestchinesischen Gebirgen 20 Arten wild vorkommen. Ein kleineres Zentrum befindet sich im mittleren Nordamerika. Aus den ursprünglichen, im Tertiär vorhandenen Formen gingen verschiedene Entwicklungslinien hervor. Eine davon besiedelte die Gebirge Mittelasiens und breitete sich mit einigen Formen bis nach Europa aus. Diese Gruppe (Sektion Pumilae) ist durch einige Merkmale verwandtschaftlich miteinander verbunden:

- Fruchtgröße von mindestens 20 mm
- Ausbildung von nur einer Frucht pro Blütenstand
- Fruchtfärbung in Gelb- bis Rottönen
- gewisse primäre Geschmacksqualitäten der Früchte.

Aus dieser Gruppe ist der europäische Wildapfel, *Malus sylvestris*, am weitesten westwärts gewandert, hat aber an der Entstehung des Kulturapfels nur sehr geringen Anteil. Dagegen besitzt der zur erwähnten Gruppe gehörende *Malus sieversii*, der in den mittelasiatischen Gebirgen zwischen 1200 und 1800 m vorkommt, Merkmale, die ihn mit hoher Wahrscheinlichkeit zum Vorfahren des Kulturapfels machen. An Wildvorkommen dieses Apfels wurden beobachtet:

Fruchtgröße: 1,5–6 cm
Gewicht: 6–60 g
Form: flachrund bis hoch
Farbe: hellgrün, hellgelb bis hellrot
Geschmack: sauer, süß, bitter und adstringierend mit allen Übergängen
Reifezeit: früh bis spät.

Man nimmt an, daß in einer ersten Selektionsstufe am Standort schmackhafte und haltbare Früchte bevorzugt wurden. Wegen der reichlichen Wurzelschosserbildung konnte man *M. sieversii* auch leicht vermehren und an andere Standorte verpflanzen. Allerdings kamen dafür außerhalb der Gebirgsstandorte nur Stellen mit hinreichender Wasserversorgung in Frage. Vielleicht ging diese Phase auch schon mit einer (unbewußten) Selektion auf Trockenresistenz einher. Die Anfänge eines ausgedehnteren Obstbaues in diesen Gebieten fallen wahrscheinlich mit der Blütezeit des alten Perserreiches (6. Jh. v. Chr.) zusammen.

Man kann sich vorstellen, daß die weitere Verbreitung längs alter Handelsstraßen vor sich gegangen ist, die von Mittelasien aus nach Afghanistan, Iran und Transkaukasien führten. Von dort aus gelangten dann Apfelbäume mutmaßlich über griechische Kolonien im Schwarzmeerraum nach Südosteuropa und mit den Römern schließlich nach Mitteleuropa. Ein eigener Wanderweg aber führte von Transkaukasien nach dem südlichen Rußland und bildete dort unabhängig von den späteren mittel- und westeuropäischen Zentren ein genetisch unterschiedliches osteuropäisches Zentrum aus.

Von Europa gelangte dann der Apfel zu verschiedenen Zeiten in alle Gebiete der Erde, in denen Apfelanbau möglich ist. Nur in den frühesten Zeiten wird dabei in Europa auch eine spontane Einkreuzung mit *Malus sylvestris* von benachbarten Wildstandorten her gelegentlich eine Rolle gespielt haben. Bei der fortlaufenden späteren Selektion auf Fruchtgröße und Geschmacksqualität dürften allenfalls vorhandene Erbanlagen stark zurückgedrängt worden sein. Nachdem die Entwicklung der Apfelzüchtung noch lange Zeit von dem zufälligen Auffinden geeigneter Sämlinge abhing, begann erst im 19. Jh. die bewußte Kreuzungsarbeit und zu Beginn der 30er Jahre unseres Jahrhunderts unter ERWIN BAUR in Deutschland die wissenschaftliche Obstzüchtung. Heute stehen in zunehmendem Maße auf der ganzen Welt Sorten zur Verfügung, die hohe Anforderungen an Produktivität und Qualität erfüllen. Die Obstzüchtung ist unterdessen in eine Phase eingetreten, in der die züchterische Realisierung von Resistenzen gegen die wichtigsten Krankheitserreger möglich ist. Zahlreiche resistente Sorten sind bereits im Anbau. Auf dieser Stufe der gezielten Erweiterung der genetischen Basis kommen nun wiederum Wildäpfel ins Spiel – als Träger von Resistenzgenen gegen verschiedene wirtschaftlich wichtige Krankheiten. Man kann annehmen, daß dieses Potential bei der großen Mannigfaltigkeit der Gattung *Malus* noch lange nicht erschöpft ist und in der Obstzüchtung langfristig erfolgreich genutzt werden kann.

Geschichte der Obstsortenzüchtung

Die Kunst des Veredelns als Voraussetzung für die identische Vermehrung einer Sorte war den Menschen der Vorzeit schon bekannt. Als scharfe Naturbeobachter holten sie sich wertvolle Apfelformen an ihre Wohnstätten oder veredelten geringwertige Gehölze damit um. Bereits die Griechen benannten ihre Sorten mit Namen (um 800 v. Chr.). Aus den Schriften der Römer sind viele Sortennamen überliefert. Sie führten ihre Kultursorten in Gallien und Germanien ein. Aus diesem Genmaterial entstanden in den folgenden 1700 Jahren die in Europa angebauten Obstsorten. Sämlingsvermehrung und Auslese in Klöstern und Herrschaftsgärten, später durch Pastoren, Lehrer und Gärtner führten zu den zahlreichen heute noch bekannten Sorten. Bis zum Ende des 18. Jh. sind uns von diesen Sorten keine Eltern bekannt. Erst von M. R. COX aus England wissen wir, daß er 1930 einige Kerne von 'Ribiston Pepping' aussäte und daraus die Sorten 'Cox's Orange Pippin' (heute meist nur 'Cox' genannt) und 'Cox's Pomona' auslas und verbreitete. Der Obergärtner JAMES GRIEVE in Schottland erhielt aus dem Kern von 'Potts Sämling' die nach ihm benannte Sorte. Aus einem Samen von 'Esopus Spitzenberg' entstand in den USA Anfang des 19. Jh. die Sorte 'Jonathan'. Es ist heute nicht mehr nachzuvollziehen, wer als erster eine bewußte Kreuzung, d. h. eine gezielte Bestäubung einer Muttersorte mit dem Pollen einer ausgewählten Vatersorte, durchgeführt hat. Es scheint aber sicher, daß dies Mitte des 19. Jh. erfolgte. Aus dem Klostergut Adersleben ('Adersleber Kalvill') oder von DIETRICH UHLHORN aus Grevenbroich ('Zuccalmaglio', 'Berlepsch', 'Uhlhorns Wunderkirsche' u. a.) sind derartige Kreuzungen bekannt. In der Lehranstalt in Geisenheim wurden bereits um 1880 erste Kreuzungen durchgeführt, aus denen beispielsweise 'Minister von Hammerstein', 'Geheimrat Breuhahn' und 'Geheimrat Dr. Oldenburg' hervorgingen.

Die Anfänge einer systematischen Obstzüchtung sind in England und in den USA um 1910 zu suchen. Erste Zielrichtung war schon damals die Einkreuzung von Krankheitsresistenz in anfällige Kultursorten. Beim Apfel galt die Aufmerksamkeit dem Apfelschorf, bei der Birne dem Feuerbrand. In Deutschland wird eine systematische Obstzüchtung seit etwa 70 Jahren betrieben. Als Begründer der deutschen Obstzüchtung gelten ERWIN BAUR in Müncheberg und OTTO SCHINDLER in Pillnitz.

BAURS Verdienst und das seiner Nachfolger in Müncheberg, C. F. RUDLOFF und MARTIN SCHMIDT, war es, daß in der Obstzüchtung von Anfang an die praktische Züchtung mit genetischen, pflanzenphysiologischen und resistenzbiologischen Untersuchungen verbunden wurde. 1937 ließ THEODOR ROEMER die erste Sortenregisterstelle für Kern- und Steinobst anlegen. Schwerpunkt seiner obstbaulichen Forschungen lag auf der Prüfung von Obstsorten auf ihren Anbauwert für den heimischen Obstbau.

Die Wiege der deutschen Genbank der *Malus*- und *Pyrus*-Arten steht in Naumburg. Nach der Zusammenlegung der Obstzüchtung in Pillnitz wurde die Genbank ab 1971 von MURAWSKI und FISCHER ebenfalls dort integriert. Sie wird als wesentlicher Bestandteil der Genbank Obst von BÜTTNER wissenschaftlich betreut und von vielen Interessenten rege genutzt.

Die in Müncheberg aufgebauten Sammlungen an *Malus*- und *Prunus*-Arten und an Kultursorten dieser Obst-Arten bildeten das Ausgangsmaterial für grundlegende Arbeiten auf dem Gebiet der biotischen und abiotischen Resistenz der Kulturpflanzen. Eingeschlossen waren auch die Strauchbeeren und neben Apfel und Birne die Baumobstarten Pflaume und Kirsche. MARTIN SCHMIDT war es, der das Problem der Schorfresistenz des Apfels in seiner ganzen Breite erfaßte und bereits in den dreißiger Jahren die Grundlagen der Resistenzzüchtung auf polygener Basis, aufbauend auf der Sorte 'Stein-Antonovka', entwickelte. Wildarten als Resistenzträger mit monogener Vererbung der Schorfresistenz, so z.B. *Malus floribunda*, wurden erst später genutzt. Die Arbeiten von SCHMIDT bilden heute noch die Grundlage für die Züchtung von Sorten mit stabiler Resistenz gegen Schorf. Die Obstzüchtung in Müncheberg wurde von MURAWSKI fortgesetzt und intensiviert. Es entstanden zahlreiche Sorten, von denen noch heute einige im Anbau vertreten sind, wie 'Alkmene', 'Auralia' (Synonym 'Tumanga'), 'Undine', 'Helios' oder 'Carola' (Synonym 'Kalko').

In Pillnitz wurde die Apfelzüchtung zum Schwerpunkt. Die konsequente Verknüpfung anwendungsbezogener Züchtungsforschung, praktischer Züchtung und Sortenprüfung unter Einbeziehung einer landesweiten Sortenprüfung im Rahmen der »Züchtergemeinschaft Obst« brachte zwischen 1985 und 1991 11 neue Apfelsorten, von denen einige beginnen, sich international durchzusetzen. Zielstellung in der Apfelzüchtung ist heute eine Kombination von Resistenz mit Fruchtqualität und Ertrag.

Folgende Züchtungen gingen bisher aus der Pillnitzer Züchtung hervor:

'Piros', 1985, qualitativ hochwertige Sommersorte

'Pimona', 1985, reichtragende Wintersorte

'Pinova', 1986, ertragssichere Langlagersorte

'Pikant', 1988, großfrüchtige Herbstsorte

'Pilot', 1988, Langlagersorte mit säurereichen Früchten

'Piglos', 1990, schwächer wachsende Gloster-Mutante

'Remo', 1990, mehrfachresistente Industrieapfelsorte

'Reglindis', 1990, mehrfachresistente Herbstsorte mit polygener Schorfresistenz

'Retina', 1991, mehrfachresistente Sommersorte

'Rewena', 1991, mehrfachresistente Wintersorte

'Havelgold', 1991, gut aussehende Wintersorte (»Pillnitzer Braeburn«)
'Pikkolo', 1993, qualitativ interessante Wintersorte
'Reanda', 1993, mehrfachresistente Wintersorte
'Reka', 1993, mehrfachresistente Frühherbstsorte mit anderer Resistenzgrundlage
'Rene', 1993, mehrfachresistente Wintersorte
'Relinda', 1993, mehrfachresistente Verarbeitungssorte

1971 wurde auch die Kirschenzüchtung in Pillnitz weitergeführt. Mit der Zielstellung der Qualitätsverbesserung und Reifezeiterweiterung konnten aus dem Naumburger Süßkirschenzuchtprogramm vom Pillnitzer Institut für Obstzüchtung 5 Sorten in den Handel gegeben werden:
'Nalina', 1986, großfrüchtige Frühsorte
'Namosa', 1986, platzfeste Sorte
'Nanni', 1989, Frühsorte für leichte Böden
'Nadino', 1989, virustolerante, großfrüchtige Spätsorte
'Namare', 1991, qualitativ hochwertige, reichtragende Spätsorte

Wenig krankheitsanfällige, besonders gegen das Nekrotische Ringfleckenvirus resistente Sauerkirschen für Frischverzehr und industrielle Verarbeitung mit unterschiedlichen Reifezeiten, war ein Zuchtziel, das in Müncheberg begonnen und ab 1971 in Pillnitz fortgesetzt wurde. Daraus entstanden folgende Sorten:
'Korund', 1989, sehr früh reifende Sorte für Frischverzehr
'Karneol', 1990, großfrüchtige Sorte kurz vor 'Schattenmorelle'
'Morina', 1991, frühe Sorte für Frischverzehr
'Safir', 1991, sehr großfrüchtige süß-saure Frühsorte
'Topas', 1991, sehr ergiebige Verarbeitungssorte

Die bekanntesten älteren Pillnitzer Züchtungsergebnisse sind die aus der Erdbeerzüchtung. Die SCHINDLER-Sorte 'Mieze Schindler' hat aufgrund ihrer bisher nicht wieder erreichten Fruchtqualität immer noch ihre Bedeutung im Liebhaberanbau. Die Sorte entstand 1925 und ist seit 1933 im Handel! Weitere bekannte Erdbeersorten von SCHINDLER waren die seinerzeit bedeutende Sorte 'Oberschlesien' sowie 'Proskau', 'Pillnitz', 'Ernst Preuß' und 'Johannes Müller'. Nach dem Krieg wurde die Erdbeerzüchtung von H. MÜLLER wieder aufgenommen. Die Sorten 'Sachsen' und 'Dresden' (1956) und später 'Anneliese' (1961) entstammen diesem Programm. Die Überführung der Müncheberger Züchtung 1971 nach Pillnitz unter MURAWSKI führte u. a. zur Zulassung der ersten für maschinelle Ernte geeigneten Erdbeersorten 'Fratina' und 'Fracunda' (1976).

Diese Sorten zeichnen sich vor allem durch konzentrierte Fruchtreife und gute Widerstandsfähigkeit gegen Botrytis-Fruchtfäule aus. Vorher entstanden aus diesem Programm noch in Müncheberg die Sorten 'Brandenburg' und 'Havelland'. MURAWSKI gelangen in den 50er Jahren auch erste erfolgreiche Artkreuzungen zwischen Schwarzer Johannisbeere und Stachelbeere, als deren Ergebnis 1983 die 'Jochelbeere' herausgegeben wurde.

Das von ZWINTZSCHER bearbeitete Köln-Vogelsanger Apfelzüchtungsmaterial, das in Giessen von GRUPPE und Hanna SCHMIDT selektierte Kirschenunterlagenmaterial und das sehr erfolgreich in Jork von SAURE begonnene Apfelzüchtungsprogramm wurde 1976 von der Bundesforschungsanstalt für gartenbauliche Pflanzenzüchtung Ahrensburg übernommen. Ergebnisse sind die schwach wachsenden 'GiSelA' – Unterlagen (**Gi**essener **Sel**ektion für **A**vium) für Süßkirschen und 1993 die Herausgabe der noch auf Jorker Material zurückgehenden Apfelsorte 'Ahrina'.

Wertvolle Süßkirschenselektionen entstanden unter Leitung von LOEWEL und v. VAHL, später unter Mitwirkung von ZAHN im Alten Land. Unter besonderer Beachtung der lokalen Eignung für dieses Gebiet konnten seit 1966 zahlreiche interessante Sorten herausgegeben werden, von denen sich vor allem 'Valeska' und 'Regina' nunmehr europaweit durchsetzen:

'Valeska', 1966, geschmacklich hochwertige herzförmige Kirsche

'Alma', 1966, heute noch als Befruchter für 'Schneiders'-Nachkommen gedacht

'Bianka', 1966, desgleichen

'Annabella', 1970, Nachkommen aus 'Rube' × 'Allers Späte'

'Erika', 1976, Nachkommen aus 'Rube' × 'Stechmanns Bunte'

'Oktavia', 1981, großfrüchtige hochwertige Frischmarktsorte

'Viola', 1981, desgleichen

'Regina', 1981, hochwertige späte transportfähige Tafelkirsche

'Johanna', 1990, wertvoller Nachkomme aus 'Schneiders' × 'Rube'

'Karina', 1993, desgleichen

Die Jorker Apfelzüchtung unter LOEWEL und SAURE brachte die in ganz Europa verbreitete Sorte 'Gloster' heraus und unter TIEMANN unter Mitarbeit von DAMMANN, BLANK und FABY eine Reihe weiterer Sorten:

'Gloster', 1969, ertragsreiche Langlagersorte

'Jamba', 1969, qualitativ hochwertige Sommersorte

'Ingol', 1975, Mehrzweckapfel, besonders für Verarbeitung geeignet

'Astramel', 1986, qualitativ hochwertige Frühsorte

'Margol', in Prüfung, hochwertige Lagersorte (seit 1988 Sortenschutz)

Erfolgreiche Pflaumenzüchtung wird seit den 60er Jahren in Stuttgart-Hohenheim von HARTMANN betrieben. Aubauend auf Selektionsarbeiten an Hauszwetschen und an der 'Bühler Frühzwetsche' konnten vor allem qualitativ hochwertige Sorten mit Fruchtscharkatoleranz herausgegeben werden, die eine Bereicherung des Sortimentes darstellen.

Teile des Müncheberger Beerenobst-Zuchtmaterials wurden nach dem Krieg in Voldagsen und später in Köln-Vogelsang von BAUER weiter bearbeitet. BAUERS Arbeiten zur Artbastardierung von Strauchbeerenobst führten zur Herausgabe der 'Jostabeere'. Zahlreiche mehltauresistente Stachelbeersorten sowie mehrfachresistente Sorten von Schwarzer Johannisbeere und Himbeere waren das Ergebnis zielgerichteter resistenzzüchterischer Arbeiten. Die »Erdbeerwiese« mit den dekaploiden Sorten 'Spadeka' und 'Florika' sind weitere Ergebnisse BAUERscher Arbeiten, einem der erfolgreichsten Züchter überhaupt.

Europaweite Bedeutung erlangte die in Müncheberg begonnene und nach dem Krieg in Ahrensburg weitergeführte Erdbeerzüchtung unter SENGBUSCH. Die Sorte 'Senga Sengana', heute immer noch wichtige Sorte vor allem in osteuropäischen Ländern, erreichte eine außerordentlich große Anbauverbreitung. Sie wird heute u. a. von der holländischen Sorte 'Elsanta' sicher übertroffen, war aber in den 60er Jahren ein absoluter Schlager. Solche Erfolge sind Züchtern selten vergönnt. Die zahlreichen Senga-Nachfolgesorten erreichten diese Bedeutung nicht mehr. Züchter wie STÜCKRATH, FRANTZ oder KAACK versuchen gegenwärtig mit Erfolg, dem derzeitigen Übergewicht holländischer Sorten eigene Neuzüchtungen entgegenzusetzen.

Anforderungen an neue Sorten

Die Qualität einer Obstsorte, d.h. die Summe ihrer Eigenschaften, ist entscheidend für ihre Anbaueignung. Hoher Ertrag, gute Fruchtqualität, leichte Beerntbarkeit waren seit jeher oberstes Zuchtziel. Daneben treten heute Forderungen des umweltschonenden Anbaus, der die Einschränkung oder den Verzicht auf chemische Pflanzenschutzmaßnahmen beinhaltet. Diese Zuchtziele mit dem Anspruch auf beste Fruchtqualität, exzellenten Geschmack, ansehnliche Fruchtform und ansprechende Fruchtfarbe zu verbinden, ist eine wichtige Aufgabe der Züchtung. Hinzu komen im Erwerbsobstbau die Forderung nach günstigen Wuchseigenschaften und einer optimalen Ertragsstruktur.

Es ist offensichtlich, daß für den Erwerbsobstbau, für Streuobstsorten, Industriesorten oder Liebhabersorten unterschiedliche Kriterien gelten. Für ökologisch betriebenen Anbau werden die Resistenzeigenschaften eine absolut vordergründige Rolle spielen müssen, für Industriesorten dagegen Saftausbeute oder Inhaltsstoffe, um nur zwei Beispiele zu nennen.

Die Obstzüchtung kann allerdings diese Vielzahl von Problemen allein nicht lösen, sie muß eingebunden sein in technologische, pflanzenbauliche und phytopathologische Forschungsarbeiten. Nur wenn die Ziele gemeinsam angegangen werden, sind ständige Fortschritte möglich. Biologisch produzierende Betriebe brauchen resistente Sorten, damit Aufwand und Nutzen in einem vertretbaren Verhältnis bleiben. Auch eine gewisse Akzeptanz unter den Verbrauchern für einen Mehraufwand oder für etwas weniger ansehnliche Früchte aus biologischem Anbau kann nicht darüber hinwegtäuschen, daß letztlich Preis, Aussehen und Qualität und nicht Ideologie und Reklame das Kaufverhalten der Masse der Konsumenten bestimmen. Die Zuchtziele sind daher sehr breit gefächert.

Bestandes- und Ertragssicherheit (Züchtung auf Resistenz)

Im Vordergrund der Bemühungen, die Bestandes- und Ertragssicherheit von Obstanlagen zu erhöhen, steht die Züchtung von Sorten, die gegenüber pilzlichen, bakteriellen und tierischen Schaderregern, aber auch gegen Kälte, Trockenheit, Hitze und andere Streßfaktoren widerstandsfähig sind. Dabei wird in der Resistenzstrategie davon ausgegangen, mit den Schaderregern zu leben, also nicht den Totalerfolg als das zu verfolgende Ziel anzustreben, sondern den durch die Schaderreger verursachten Schaden stabil auf ein wirtschaftlich tragbares Maß einzuschränken. Es ist besonders wichtig, auch die ständige Veränderlichkeit der Schaderreger mit zu beachten und so das System Wirt – Parasit in seiner umweltbezogenen Dynamik konstant zu halten.

Der sich entwickelnde integrierte Obstbau schließt den integrierten Pflanzenschutz ein. Auch hier wird nicht mehr wie früher die totale Vernichtung aller Schaderreger angestrebt, denn damit würde auch den Nützlingen die Nahrungsquelle genommen. Bei Duldung ökonomisch vertretbarer Schaderregerdichten werden biologischökologische Regelmechanismen innerhalb der Agro-Ökosysteme bewußt genutzt, um das biologische Gleichgewicht zwischen Schaderregern, Nützlingen und den zahlreichen neutralen, in der Baumkrone lebenden Organismen, die weder nützlich noch schädlich sind, die aber in der Nahrungskette eine wichtige Rolle spielen, zu erhalten.

Aus diesen Gründen wird als Zuchtziel »Feldresistenz« angestrebt, eine Resistenz, die der Pflanze einen ausreichenden Schutz gewährt, aber den Schaderreger-Populationen das Überleben ermöglicht, indem ein ökonomisch nicht ins Gewicht fallender Befall bewußt geduldet wird. Vollständige Resistenz, d.h. Immunität, zwingt in den meisten Fällen den Schaderreger, um selbst überleben zu können, nur Mutation, so daß er die Resistenz der Wirtspflanze durchbrechen kann. Das kann leicht passieren, wenn die Resistenz nur auf einem oder wenigen Erbanlagen beruht. Wird die Resistenz aber durch viele Erbanlagen bedingt, ist ein Durchbrechen kaum möglich bzw. nicht notwendig. Ziel der Züchtung ist es, verschiedene Resistenzquellen in eine Sorte einzukreuzen, die ein Durchbrechen nahezu ausschließen und so zur Stabilität des Gesamtsystems beitragen. Die Erfolgsaussichten solcher Arbeiten werden weitgehend davon abhängen, wie es gelingt, beide genetischen Systeme, nämlich das der Wirtspflanze, also der Sorte, und das der Schaderreger, in der Züchtung zu beherrschen.

Da es viele Schädlinge gibt, die dem Obstbaum zu schaffen machen können, ist es ein wichtiges Ziel in der Züchtung, Sorten mit Mehrfachresistenz zu entwickeln. Beim Apfel ist das beispielsweise Resistenz gegen Schorf, Mehltau und Feuerbrand, bei der Kirsche Resistenz gegen die Rindenkrankheiten *Valsa (Cytospora)* und *Pseudomonas*, bei der Erdbeere Resistenz gegen die Wurzelfäuleerreger *Verticillium* und *Phytophthora* sowie gegen Grauschimmel und Mehltau. Dazu kommt, daß Obstgehölze eine ausreichende Frostresistenz besitzen sollten, damit nicht nach kalten Wintern Lücken in die Bestände gerissen werden bzw. nach Blütenfrösten noch ein annehmbarer Ertrag garantiert werden kann. Holzfrost- und Blütenfrostresistenz sind züchterisch zwar positiv beeinflußbar, aber der Aufwand zur Testung insbesondere der Blütenfrostresistenz ist erheblich, so daß höchstens das bereits stark eingeschränkte Zuchtmaterial in der letzten Prüfstufe geprüft werden kann.

Aus der Vielzahl von Schaderregern haben unter den ökologischen Bedingungen des mitteleuropäischen Raumes in der Hauptsache folgende Schaderreger eine wirtschaftliche Bedeutung: unter den Pilzkrankheiten der Apfelschorf, der Birnenschorf, der Mehltau, der Obstbaumkrebs, Monilia, Fruchtfäulen, verursacht durch *Gloeosporium*, die Valsakrankheit, unseren Bedingungen vor allem an Steinobst, der Grauschimmel der Erdbeere, Blattfallkrankheiten; unter den Bakterienkrankheiten der Feuerbrand an Kernobst, der Bakterienbrand an Steinobst sowie unter den tierischen Schaderregern der Apfelwickler, die Kirschfruchtfliege, Blattläuse, Blutläuse, Spinnmilben, Miniermotten. Nicht gegen alle, aber gegen die meisten Krankheiten und Schädlinge ist eine gezielte Resistenzzüchtung bereits möglich. Somit trägt diese Züchtung dazu bei, daß der Einsatz an Pflanzenschutzmitteln weiter minimiert werden kann. Ein gänzlicher Verzicht wird aber kaum möglich sein.

Erfolgsaussichten in der Resistenzzüchtung bestehen dann, wenn innerhalb eines Sortimentes einer Obstart deutliche Befallsunterschiede gegenüber bestimmten Krankheiten oder Schädlingen gefunden werden, die züchterisch genutzt werden können. Außerdem bedarf es entsprechender Infektions- und Selektionsmethoden, um die resistenten Pflanzen auch auslesen zu können. In der Züchtung kommt es zudem auf eine hohe Leistungsfähigkeit der eingesetzten Methoden bezüglich des Umfangs zu prüfender Pflanzen, ihrer Schnelligkeit und Sicherheit an. Die Weiterentwicklung des methodischen Instrumentariums erlaubt es den Züchtern, immer mehr Schaderreger in das Resistenzzüchtungsprogramm aufzunehmen.

Fruchtqualität

In der Obstzüchtung stand zu jeder Zeit die Verbesserung der Fruchtqualität im Vordergrund der Selektion. Die Fruchtqualität ist ein sehr komplexes Merkmal. Züchterisch lassen sich nur die »einfachen« Merkmale

beeinflussen bzw. verändern. Im allgemeinen wird in der Obstzüchtung auf folgende Fruchtmerkmale selektiert:
- äußere Qualität, wie Größe, Form, Farbe, Berostung, Wachsbelag, Glanz, Stiel- bzw. Kelchlösbarkeit,
- innere Qualität, wie Zucker, Säure, Aromastoffe, Pektine, phenolische Verbindungen, Saftigkeit, Textur, Fleischfarbe, die in ihrer Gesamtheit die Geschmacksqualität ausmachen,
- Zeit und Dauer der Genußreife,
- Lagerfähigkeit der Früchte unter verschiedenen Lagerbedingungen,
- Krankheiten der Früchte, wie Stippigkeit, Glasigkeit, Fleischbräune, Schalenbräune, Schorf, Monilia, Fruchtfäulen.

Erschwerend bei der Selektion wirkt, daß die Ausbildung der Fruchtqualität sehr stark modifikativ, das heißt durch äußere Umstände und nicht erblich, beeinflußt wird. Wesentliche Einflußfaktoren sind Kulturmaßnahmen, Witterungsbedingungen oder die Verwendung verschieden stark wachsender Unterlagen bei Kern- und Steinobst. Die Sorten reagieren darauf mehr oder weniger stark sortentypisch, was erst durch mehrjährige Prüfungen erkannt werden kann.

Fruchtgröße

Das Merkmal Fruchtgröße hat eine große Variationsbreite und ist durch Umwelteinflüsse modifizierbar. In Kreuzungsnachkommenschaften finden wir aber immer wieder ein Vorherrschen der Kleinfrüchtigkeit, so daß die Elternwahl zur Erzielung großfrüchtiger Nachkommen sehr sorgfältig getroffen werden und eine entsprechend große Anzahl von Nachkommen vorhanden sein muß, um die gewünschten Exemplare zu finden. Das betrifft alle Obstarten.

Deckfarbe

Das Merkmal Deckfarbe der Frucht unterliegt einer außerordentlichen Streubreite und wird ebenfalls stark durch Umwelteinflüsse modifiziert. Die Vererbung ist kompliziert, da sehr viele Erbanlagen der Farbausbildung beteiligt sind. In Nachkommenschaften der verschieden gefärbten Elternsorten entstehen die vielfältigsten Farbvarianten, Formen mit und ohne Deckfarbe, gestreifte, flächig gefärbte Früchte, helle oder dunkle Töne. Rote Deckfarbe scheint bei Apfel und Birne dominant über Grün und Gelb zu sein, ein Vorteil für die Selektion. Von vielen Sorten ist inzwischen bekannt, in welcher Weise sie ihre Fruchtfärbung vererben, so daß ein lenkender züchterischer Einfluß möglich ist.

Geschmack

Neben zahlreichen Aromastoffen ist dafür vor allem das Zucker-Säure-Verhältnis maßgebend. Es unterliegt in den Nachkommenschaften einer kontinuierlichen Aufspaltung, d.h. wir finden alle Übergänge von sehr sauer bis extrem süß, wobei süß über sauer dominiert. Der Anteil Nachkommen mit süßen Früchten ist wesentlich höher als der mit sauren Früchten. Die Vererbung ist von vielen Sorten bekannt, so daß auch hier das Ergebnis züchterisch lenkend beeinflußt werden kann. Daraus ergibt sich auch die Möglichkeit, gezielt Kreuzungseltern für die Züchtung von Sorten für spezifische Nutzungsrichtungen auszusuchen, um z.B. beim Apfel »Säureträger« für die Verarbeitungsindustrie auslesen zu können. Günstige Zuckerwerte liegen beim Apfel beispielsweise zwischen 11 und 16% der löslichen Trockensubstanz, günstige Säurewerte zwischen 0,6 und 1,2%. Die meisten guten Apfelsorten und Neuzüchtungen liegen in diesem Bereich. Auch die resistenten Apfelsorten liegen in diesem Bereich, was beweist, daß die Kombination hoher Tafelqualität mit Resistenzeigenschaften ohne weiteres zu erreichen ist. Es verwundert nicht, daß chemische Analysen zur Bewertung der Geschmacksqualität von Sorten wenig erfolgversprechend sind, da sie niemals die Vielzahl möglicher Varianten in einem »Endwert« Geschmack ausdrücken können. Hier helfen nur organoleptische Prüfungen durch geschulte Personen, die – trotz unterschiedlicher Geschmacksvorstellungen – eine relativ sichere allgemeine Bewertung der Geschmacksqualität vornehmen können.

Lagerfähigkeit
Lange Lagerfähigkeit der Früchte ist für viele Obstarten ein weiteres erstrebtes Zuchtziel. Viele Komponenten beeinflussen dieses Merkmal. Da es polygen, d. h. durch viele Erbanlagen gesteuert wird, wird man auch hier immer wieder auf Langlagersorten als Eltern zurückgreifen müssen, um ähnliche Formen auslesen zu können. Der natürliche Reifetermin der Vorfahren unserer heutigen Kultursorten liegt bei Apfel und Birne im Bereich der Frühsorten. Die Vererbung tendiert auch immer wieder in Richtung kurze Lagerdauer und Frühreife. Sicher hat bereits eine natürliche Auslese in früheren Zeiten dazu beigetragen, daß wir heute über zahlreiche Langlagersorten verfügen. Als Merkmalsträger unter den alten Sorten sind solche wie 'Boiken', 'Bohnapfel' oder 'Ontario' schon denkbar. Aus heutiger Sicht würden sie den Qualitätsanforderungen nicht mehr genügen, man muß deshalb auf 'Golden Delicious', 'Pinova', 'Jonagold', 'Florina' oder ähnliche Sorten für Kreuzungsprogramme zurückgreifen.

Ertrag und Kronenmorphologie

Neben den zahlreichen Möglichkeiten, den Ertrag durch Anbaumaßnahmen und durch die Wahl der Unterlage zu beeinflussen, wird mit der Sortenwahl ein bestimmtes Ertragsniveau festgelegt, denn das Ertragspotential einer Sorte ist erblich fixiert. Es ist allgemein bekannt, daß es alternierende und regelmäßig tragende, daß es »faule«,

»fleißige« und auch überreich tragende Sorten gibt. Mit der Ertragshöhe wird gleichzeitig über die Fruchtqualität und über die Regelmäßigkeit des Ertrages entschieden. Regelmäßiger und hoher Ertrag bei gleichbleibend ausreichender Fruchtgröße und -qualität ist daher ein sehr hoher züchterischer Anspruch. Um dem zu genügen, müssen einzelne Komponenten der Ertragsbildung, wie Blütenzahl, Blühorte, Fruchtungstendenz, Fruchtgröße, Befruchtungsfähigkeit der Blüten, Blütenfrostverträglichkeit u. a. im Selektionsprozeß Beachtung finden. Es ist leicht vorstellbar, daß viele Wechselwirkungen zwischen diesen Merkmalen bestehen, die im Selektionsprozeß beachtet werden müssen. Es ist deshalb auch nur möglich, von ertragreichen Sorten als Eltern auszugehen, um wieder ertragreiche Nachkommen selektieren zu können.

Eine wichtige Komponente der Ertragskapazität einer Baumobstsorte ist ihre Kronenmorphologie, d. h. ihr Verzweigungsverhalten (viele oder wenige Seitentriebe, viele oder wenige Kurztriebe, Verzweigungswinkel). Diese morphologischen Merkmale lassen sich gut und frühzeitig erfassen und bilden wesentliche Selektionskriterien. Man muß hier aber, in Korrespondenz mit der Beurteilung der Fruchtqualität, schon rechtzeitig auf eine mögliche spezifische Nutzungsrichtung einer neuen Sorte hinarbeiten:

– Intensivsorten für den Erwerbsanbau (Ziel: geringer Schnittaufwand, gute Belichtung der Früchte)
– Industriesorten (Ziel: schüttelfähige Kronen)
– Sorten für den landschaftsprägenden Streuobstanbau (Ziel: starker Wuchs, robuste Krone)
– Sorten für Liebhaber und Hobbygärtner (Ziel: »schöne« bis extreme Wuchsformen, leicht handhabbar)

Anschauliches Beispiel sind die Columnarbäume beim Apfel, die Säulenäpfel, die extrem kurze Internodien besitzen und sich nahezu nicht verzweigen, also wie eine Säule im Garten (oder auf dem Balkon im Blumentopf) stehen und dennoch Früchte tragen. Es gibt davon bereits mehrere Sorten, die unter dem Sammelbegriff »Ballerina-Bäume« gehandelt werden. Sie sind ein ansprechendes Hobby-Objekt, aber für den Erwerbsanbau kaum sinnvoll einsetzbar.

Sorten für den landschaftsprägenden Streuobstbau haben sich nicht nur als solche durchgesetzt, weil sie gesund und robust sind, sondern weil sie ganz einfach auch schöne Kronen bilden. Landschaftsprägend kann ein Gehölz erst im hohen Alter sein, ebenso alt sind auch die bisher dafür genutzten Sorten. Warum sollen aber neben den alten Sorten nicht auch einige neue erprobt werden? Die resistente Pillnitzer Apfelsorte 'Relinda' als Beispiel würde sich mit ihrem gesunden Laub und ihrer auffallenden eleganten Wuchsform sicher gut dafür eignen.

Welchen Einfluß eine unterschiedliche Kronengestalt auf das Ertragsverhalten einer Sorte ausübt, soll am Beispiel der Unterlagenwirkung auf Apfelsorten erläutert werden. Unterlagen beeinflussen nicht nur die Wuchsstärke, sondern damit auch die Verzweigungsdichte, die Astwinkel und die Ansatzstellen der Blütenknospen. Die Unterlagenwirkung kann dabei sehr sortenspezifisch sein, so daß das Leistungspotential einer Sorte recht unterschiedlich zur Wirkung kommen kann.

Spezielle Nutzungsrichtungen

Bereits die Namensgebung für alte Apfelsorten, wie 'Manks Küchenapfel', 'Roter Trierer Weinapfel', 'Gelbmöstler', weist auf ihre vorwiegende Nutzungsrichtung Verarbeitung hin. Bei Sauerkirschen, Johannisbeeren oder Stachelbeeren ist eine häusliche oder industrielle Verarbeitung mehr oder weniger selbstverständlich, bei vielen anderen Obstarten gibt es spezielle Sortimente für die Nutzung als Tafelfrucht, zur Kompottherstellung, Saft- oder Mostproduktion oder zur Trocknung. Auch eine pharmazeutische Nutzung, vor allem von Wildobst, wie Sanddorn, kann das Ziel einer Selektion sein. War es früher mehr oder weniger üblich, Obstsorten vielseitig im Haushalt zu verwenden, ist heute eine starke Spezialisierung aufgrund wesentlich gestiegener Ansprüche unumgänglich. Der Verarbeitungsindustrie können heute spezielle Sortimente in Reifezeitstaffelung angeboten werden, die den Forderungen industriemäßiger Fruchtproduktion und -verarbeitung weitgehend entgegenkommen. Die Selektion dieser Sortimente war ausgerichtet auf hohen Fruchtsäuregehalt, hohen Gehalt an Aromastoffen, gute Preßbarkeit und hohe Saftausbeute der Früchte, dazu kamen hohe und regelmäßige Ertragsleistung und für die Herstellung von besonders wertvollen Verarbeitungsprodukten aus Früchten, die mit geringstmöglichem Einsatz chemischer Pflanzenschutzmittel aufgewachsen sind, Sorten mit Resistenz gegen verschiedene Pilzkrankheiten. Für Kindernahrung zum Beispiel kann der Anspruch an die Produktqualität nicht hoch genug sein.

Spezifische Zuchtziele für einzelne Obstarten

Apfel

Hauptzuchtziel ist die Kombination von hoher Fruchtqualität, gleichmäßig hoher Ertragsleistung mit Resistenz gegen Schorf, Mehltau, Feuerbrand, Rindenkrankheiten, tierische Schaderreger sowie Winterfrost und – soweit möglich – Blütenfrost. Diese Zielstellung gilt für alle Reifegruppen, von den Sommer- bis zu den Langlagersorten. Schwacher bis mittlerer Wuchs bei mäßiger Verzweigungsdichte, nicht zu früher Austrieb und zu frühe Blüte und rechtzeitiger Triebabschluß sind wünschenswert. Aus befruchtungsbiologischer Sicht sind diploide Sorten triploiden vorzuziehen. Gutes Aussehen, glatte Schale und runde Form, knakkiges, nicht schnell verbräunendes, saftiges Fruchtfleisch, gute Manipulierbarkeit sind die Hauptforderungen an die Früchte. Die Fruchtgröße sollte zwischen 130 und 180 g liegen. Anfälligkeit für Lagerkrankheiten und Stippigkeit werten eine Sorte stark ab.

Als strategische Zielstellung in der Resistenzzüchtung wird die Kombination von monogen – d.h. durch nur eine Erbanlage – bedingter Resistenz mit polygen – d.h. durch viele Erbanlagen – bedingter Resistenz angesehen. Dabei sind Wildarten (für monogene Resistenz) und alte Kultursorten (für polygene Resistenz) als Resistenzquellen zu nutzen. Ziel ist stabile »Feldresistenz«, nicht Immunität. In verschiedenen Malusarten, die für die Pilzresistenzzüchtung genutzt wurden, konnten auch Erbanlagen für Feuerbrandresistenz gefunden werden, so daß über mehrere Kreuzungsschritte Dreifachresistenz gegen Schorf, Mehltau und Feuerbrand zu erreichen ist. Ziel sind Sorten, die problemlos für integrierte und biologisch orientierte Anbauverfahren eingesetzt werden können.

Birne

Wichtigste Zuchtziele sind neben hoher Fruchtqualität und gleichmäßig hoher Ertragsleistung Resistenz gegen Feuerbrand, Schorf, Holz- und Winterfrost sowie Birnenverfall (pear decline – eine Mykoplasmose) und Rindenbrand. Mittlerer bis schwacher Wuchs mit flachen Astwinkeln sind ebenso wichtig wie später Blühbeginn. Der Fruchtqualität kommt entscheidende Bedeutung zu, schmelzendes Fruchtfleisch von trotzdem transportfesten Früchten mit feiner Schale wäre das Ideal. Folgernde Reife und vorzeitiger Fruchtfall sowie schnelles Teigigwerden sind unerwünscht. Gute Lagersorten fehlen weitgehend, solche Sorten sollten bevorzugt ausgelesen werden.

Süßkirsche

Über eine Reifezeitstaffelung von etwa 8 Wochen werden Sorten angestrebt, die großfrüchtig und trotzdem platzfest, trokken vom Stiel lösend, reich tragend und möglichst dunkel gefärbt sind. Die Fruchtfleischkonsistenz der Knorpelkirschen wird weichfleischigen Sorten vorgezogen. Selbstfertilität ist ein weiteres Zuchtziel. Für Brenn- und Industriekirschen wird Schüttelfähigkeit vorausgesetzt, aber auch für Tafelkirschen ist dies ein lohnendes, wenn auch schwer erreichbares Ziel.

Die Züchtung strebt eine Kombination von hoher Fruchtqualität und mittlerer Wuchsleistung mit Resistenz gegen Rindenkrankheiten, ausgelöst durch *Pseudomonas* (Bakterienbrand) und *Valsa* (Krötenhautkrankheit), an. Die Resistenzzüchtung muß einhergehen mit Bestandshygiene und geeigneten Schnittverfahren. Bakterienbrand kommt häufig zusammen mit der Valsa-Krankheit vor. Sie sind äußerlich nur schwer zu trennen. In England ist es bereits gelungen, gegen *Pseudomonas* resistente Süßkirschensorten zu züchten ('Merla', 'Mermat', 'Merpet'). Sie dienen als Ausgangsmaterial für weitere Kreuzungen und lassen hoffen, daß es gelingen wird, widerstandsfähige Sorten zu züchten, die auch über die notwendige Fruchtqualität verfügen.

Sauerkirsche

Für Sauerkirschen werden vor allem mehr süß-saure, großfrüchtige Sorten für die häusliche Verwertung und ausgesprochene Industriesorten mit hoher Ertragsleistung, hohem Säuregehalt und Schüttelfähigkeit angestrebt, außerdem wird nach Typen gesucht, die keinen intensiven Schnitt benötigen, d.h. nicht zum Verkahlen neigen. Eine wichtige Rolle kommt der Toleranz oder besser noch der Resistenz gegen das Nekrotische Ringfleckenvirus zu, das die Ursache der gefürchteten Stecklenberger Krankheit ist.

Pflaume

Hauptzuchtziel für alle Sorten ist Scharka-resistenz. Zumindest wird Fruchtscharkatoleranz gefordert. Die Resistenz sollte gepaart sein mit hoher Fruchtqualität (Backfähigkeit bei Spätsorten eingeschlossen) von mittelgroßen bis großen, blauen und steinlösenden, transportfähigen und einige Zeit lagerfähigen Früchten. Platzfestigkeit, geringe Alternanzneigung, geringes Folgern bei der Ernte, nur mittlerer Wuchs und Widerstandsfähigkeit gegen *Monilia* und *Phytophthora* sind weitere Zuchtziele. Eine leichte Pflückbarkeit ist wünschenswert, gute Konservierbarkeit als Ganzfrucht erhöht den Wert einer Sorte.

Pfirsich, Aprikose, Nektarine

Neben hoher Fruchtqualität, Steinlösbarkeit und Platzfestigkeit spielen für unsere Breiten Blütenfrostwiderstandsfähigkeit; Scharkatoleranz und Moniliaresistenz die entscheidende Rolle. Verarbeitungssorten sind nach ihren Inhaltsstoffen anders zu bewerten als solche für den Frischmarkt. Für die bei uns anzubauenden Sorten wird eine Kombination beider Nutzungsrichtungen angestrebt. Züchtung wird in Deutschland derzeit nicht betrieben, es erfolgt lediglich eine Eignungsprüfung ausländischer Sorten.

Erdbeere

Anbau im Hausgarten oder im Erwerbsobstbau für Frischmarkt, Selbstpflücke oder industrielle Verarbeitung erfordern unterschiedliche Sorteneigenschaften. Wünschenswert ist neben hohem Ertrag guter Geschmack, was sich in einem kräftigen Aroma mit ausgewogenem Zucker-Säure-Verhältnis zeigt. Die Fruchtfarbe soll leuchtend hellrot sein und im Zusammenwirken mit den Fruchtnüßchen dekorativ wirken und gleichmäßig an der Frucht ausgeprägt sein. Nicht erwünscht sind weißliche Zonen im Kelchbereich oder an der Fruchtspitze.

Das Fruchtfleisch soll leuchtend rot und gleichmäßig ausgefärbt sein. Eine zu dunkle Fruchtfarbe erweckt den Anschein der Überreife. Für den Transport und den Frischmarkt ist eine hohe Fruchtfestigkeit wichtig. Die Fruchtform sollte »erdbeertypisch« sein. Leichtes Lösen vom Fruchtstiel oder vom Kelch erleichtert das Pflücken, die Früchte sollen gleichmäßig reifen und nicht verdeckt an den Pflanzen liegen. Leichte Greifbarkeit ist notwendig für eine rasche Ernte. Für mechanische Ernte sind freistehende Fruchtstände Voraussetzung. Eine vom vorhandenen Sortiment abweichende Reifezeit (besonders frühe oder sehr späte Sorten) ist ebenso ein wichtiges Zuchtziel. Von erstrangiger Bedeutung in der Züchtung sind jedoch Widerstandsfähigkeit gegenüber pilzlichen Krankheiten, wie Wurzelfäule, Welke und Fruchtfäule.

Brombeere

Neben den Haupteigenschaften Geschmack und Ertrag sind insbesondere die Widerstandsfähigkeit gegenüber Winterfrost und Frühzeitigkeit der Fruchtreife wichtige Zuchtziele. Vorteilhaft sind eine möglichst gleichmäßige Reife der Früchte und ein guter Geschmack schon zu Beginn der Vollreife. Einige neue Sorten weisen eine hohe Süße bei kräftigem Aroma auf. Für gute Pflückleistung ist eine möglichst geringe oder fehlende Bestachelung Voraussetzung. Widerstandsfähigkeit gegenüber Fruchtfäule und Gallmilbenbefall sind hervorzuheben, aber durch Züchtung nur schwer einkreuzbar.

Himbeere

Anzustreben sind gut schmeckende, aroma- und ertragreiche Sorten mit hoher Fruchtfestigkeit. Hohe Wuchsleistung und Standfestigkeit der Ruten ist eine Voraussetzung für das zunehmend angewandte zweijährige Anbausystem. Geringe Bewehrung der Ruten ist für die zügige Handernte bedeutend.

Gute Ertrags- und Wuchsleistungen erfordern eine weitgehende Widerstandsfähigkeit gegenüber virusübertragenden Insekten bzw. Toleranz gegenüber Virusinfektion. Mit Reduzierung oder Wegfall des Fungizideinsatzes ist die Widerstandsfähigkeit gegen Fruchtfäulen und Rutenkrankheiten gegenwärtig der anbaubeschränkende Faktor und damit oberstes Zuchtziel.

Heidelbeere

Heidelbeersorten sind gegenüber Krankheiten sehr widerstandsfähig. Zuchtziele sind hier mehr Großfrüchtigkeit und hoher Ertrag. Späte Blüte mindert die Gefahr von Spätfrostschäden. Wünschenswert sind Sorten, die früher oder später als das derzeitige Sortiment reifen. Leichtes Lösen der Beere erleichtert insbesondere die mechanische Ernte und führt zu einer geringeren Verletzung der Früchte beim Ablösen der Frucht vom Stiel.

Stachelbeere

Widerstandsfähigkeit der Pflanzen gegenüber Blatt- und Fruchtmehltau ist gegenwärtig bei dieser Obstart die wichtigste Sorteneigenschaft. Geringe Bewehrung ist für eine leichte Ernte bedeutend. Als wichtige Fruchteigenschaften sind geringe Behaarung, dünne, nicht zu feste Schale, möglichst kein Rieseln der jungen und reifen Frucht und ein ausgewogenes Zucker-Säure-Verhältnis zu nennen. Mit beginnender Reife sind eine gute Fruchtfestigkeit und geringe Platzneigung der Früchte nach Regen wichtig. Die Fruchtschale der reifen Frucht soll auch bei intensiver Sonneneinstrahlung keinen Sonnenbrand aufweisen.

Wildfrüchte

Hier sind vor allem die Inhaltsstoffe für diverse Verarbeitungszwecke bis hin zu pharmazeutischen Produkten die entscheidenden Selektionskriterien. Geringe Bedornung und gutes Regenerationsvermögen

spielen vor allem bei Sanddorn eine entscheidende Rolle. Von erheblicher Bedeutung ist der Zierwert.

Alte und neue Züchtungsmethoden

Vor Jahrhunderten bereits entdeckten Gärtner und Naturfreunde, daß aus Samen gezogene Apfel- oder Birnbäume nicht mehr der Ausgangssorte gleichen. Durch die Kunst des Veredelns wurde es möglich, die Eigenschaften einer neu gefundenen Sorte zu fixieren und diese zu vermehren. Man entdeckte auch sehr schnell, daß durch gezielte Bestäubung der Blüten einer Muttersorte mit Pollen einer ausgewählten Vatersorte Nachkommen aus den Samen herangezogen werden konnten, die den eigenen Vorstellungen näher kamen, als wenn man diese Bestäubung dem Zufall überließ. Das noch heute im modernen Obstzüchtung angewandte Prinzip der Kombinationszüchtung, der gezielten Kombination zweier Elternsorten über den Weg einer gelenkten Bestäubung, war gefunden. Mit zunehmender Kenntnis der Sorteneigenschaften gelangte man zu einer gezielten Elternwahl, so daß es zunehmend besser gelang, gewünschte Eigenschaften in neuen Nachkommen zu kombinieren.

Kombinationszüchtung

Die Kombinationszüchtung im klassischen Sinne ist nach wie vor die Hauptmethode in der Obstzüchtung. Je besser die Vererbung bestimmter Merkmale durch einzelne Sorten bekannt ist, desto zielsicherer kann die Kombination der zwei Elternsorten vorgenommen werden. Elternsorten mit bekannter Vererbung wichtiger Merkmale nennt man Donoren (Spender). Eine Aufstellung von Donoren enthält Tab. 3 als Beispiel aus der Apfelzüchtung. Diese Donorenliste ist das Ergebnis langjähriger Vererbungsstu-

Tab. 3. Apfelsorten als Donoren für wichtige obstbauliche Merkmale (C. Fischer, 1993)

Sorte	Merkmale						
	günstiger Wuchs	hoher gleichmäßiger Ertrag	Fruchtgröße	rote Deckfarbe	Geschmack	lange Lagerzeit	späte Blüte
Alkmene	+	+		+	+	–	–
Auralia	–	+	–	+	+	–	
Berlepsch	–	–	–	+	–	+	+
Carola	–	–	–	–	+		
Clivia		+	–	+	+	–	–
Cox	+	–	–	–	+	–	–
Elstar				–	+		
Gala		+	–	+	–	–	–
Gloster	–				–		+
Golden Del.	+	+	+	–		+	+
Helios	–	+	–	–		–	–
Idared	+	+	+	+	–	+	–
James Grieve	+	+	+		+	–	–
Jonagold			+		+		
Jonathan	–	–		+	+	–	–
Pilot	+	+	–	+	+	+	
Pinova	+	+	–	+	+		
Piros			–	+	+	–	–
Undine	–		+		+	+	

+	guter Vererber für das betreffende Merkmal
–	schlechter Vererber für das betreffende Merkmal
ohne Zeichen	keine eindeutige Aussage möglich

dien an Zehntausenden von Nachkommen. Erst diese Größenordnungen gestatten derartige Aussagen in der Obstzüchtung.

Ganz gleich, ob man Apfel-, Kirschen- oder Erdbeersorten kreuzen will, das Grundprinzip ist immer das gleiche: Die Blüten der Muttersorte müssen vor Fremdbestäubung durch Insekten geschützt, also isoliert werden. Um Pollen zu gewinnen, werden die Staubgefäße der Vatersorte, ebenfalls bevor Insekten die Blüte beflogen haben, im Ballonstadium entnommen, vorsichtig getrocknet, bis sie platzen, und extrem trocken in Gläschen aufbewahrt. Mit einem feinen Pinsel kann dann der Blütenstaub entnommen und auf die Narben der mütterlichen Blüten aufgebracht werden. Selbstfertile Muttersorten von Erdbeeren, Sauerkirschen, Pflaumen usw. müssen im Ballonstadium kastriert werden, damit eine unerwünschte Selbstbestäubung verhindert wird. Bei selbststerilen Sorten, z.B. beim Apfel oder den meisten Süßkirschensorten, kann man auf diese aufwendige Arbeit verzichten. Ist die gezielte künstliche Bestäubung gelungen, entwickeln sich die Früchte, denen nach der Vollreife die Samen entnommen werden. Diese sind die Träger der

Erbanlagen von Mutter- und Vatersorte und ergeben nach Aussaat die Sämlingspflanzen der Nachkommenschaft, eine Population, aus der nach langjähriger Selektion im Gewächshaus und auf dem Feld die besten ausgelesen werden. Nach umfangreichen Prüfungen an verschiedenen Standorten kann daraus eine neue Sorte entstehen.

Die Selektion auf die wichtigsten Merkmale erfolgt in mehreren Stufen. Dabei vergehen bei Kernobst 18 bis 20, bei Steinobst 15 bis 20, bei Beerenobst 10 Jahre, bis eine neue Sorte alle Prüfstufen durchlaufen hat und zum Handel freigegeben werden kann.

Rückkreuzung

Das Prinzip der Rückkreuzungszüchtung besteht im wiederholten Einsatz qualitativ hochwertiger Sorten als einen Elter bei Kombination z.B. mit qualitativ problematischen Resistenzdonoren. Durch die Rückkreuzung über mehrere Generationen wird die Aufspaltung der Merkmale um ein Vielfaches reduziert, wie aus folgendem rein theoretischen Zahlenspiel hervorgeht (Abb. 1). Verglichen wird eine normale Kreuzung zweier Elternsorten nach der 2. Kreuzungsgeneration (F_2 = 2. Filialgeneration) mit einer Rückkreuzungsgeneration ($F_1 \times P$ = 1. Filialgeneration × Parentalgeneration/Elterngeneration). Aus der $F_1 \times F_1$-Generation spalten 4 verschieden geartete Nachkommen, aus der $F_1 \times P$-Generation nur 2 verschieden geartete Nachkommen heraus, im Sinne der Erhaltung der Fruchtqualität im genannten Beispiel also ein sehr erwünschter Effekt. Da Merkmale wie Ertrag, Qualität der Frucht, Lagerfähigkeit durch zahlreiche Erbfaktoren gesteuert werden, wird die Wirkung einer Rückkreuzung erst richtig deutlich. Alle resistenten Sorten der Neuzeit sind durch Rückkreuzung von Wildartenkreuzungen mit großfrüchtigen und hochwertigen Kultursorten entstanden, so auch die Pillnitzer »Re-Sorten«.

F_2-Spaltung $F_1 \times F_1$

Eizellen	Pollen	
	A	a
A	AA	Aa
a	Aa	aa

Rückkreuzung $F_1 \times P$

Eizellen	Pollen
	a
A	Aa
a	aa

Zahl der Gene	Zahl der Genotypen bei	
	F_2	Rückkreuzung
1	3	2
2	9	4
3	27	8
4	81	16
5	243	32
10	59049	1024
n	3^n	2^n

Abb. 1: Unterschiedliche Anzahl Genotypen nach »normaler« Kreuzung und nach Rückkreuzung

Konvergenzzüchtung

Diese Methode heißt Annäherungszüchtung. Man nähert sich dem Zuchtziel schrittweise an, in der Regel durch Aufbau bestimmter Linien, die dann zusammengeführt werden. Für die Züchtung mehrfachresistenter Sorten wird dieses Verfahren erfolgreich angewendet. Das Zuchtschema zeigt Abb. 2.

Mutationszüchtung

Die Anwendung von ionisierenden Strahlen oder Chemikalien findet nur begrenzt An-

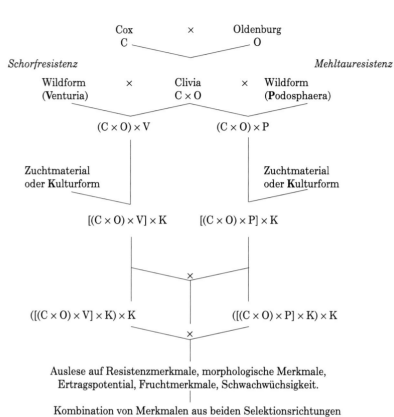

Abb. 2: Zuchtaufbau nach den Grundsätzen der Konvergenzzüchtung (Beispiel Apfel)

wendung, da die aus Bestrahlung hervorgegangenen Produkte selten stabil sind und oft bei der unumgänglichen obstbaulichen Prüfung in ihre ursprüngliche Ausgangsform zurückfallen. In der Strauchbeerenobstzüchtung sind Artbastarde zwischen Stachelbeere und Schwarzer Johannisbeere gelungen, indem die Keimzellen mittels chemischer Mutagene polyploidisiert und damit zu fertilen Hybridpflanzen herangezogen werden konnten. Die diploiden Artbastarde nach der ersten Kreuzung waren völlig steril. Die bekannten Produkte daraus sind die 'Jostabeere' und die 'Jochelbeere'. Natürliche Mutanten treten öfter auf, sie müssen nur entdeckt werden. Leider wird ihre Bedeutung oft aus kommerziellen Gründen überbetont.

Biotechnologie

In den letzten 20 Jahren haben immer stärker biotechnologische Verfahren und Methoden in die Obstzüchtung Eingang gefunden. Es wird geschätzt, daß der jährlich mögliche Beitrag der Pflanzenzüchtung am Leistungsanstieg in der Pflanzenproduktion durch den Einsatz biotechnologischer Verfahren etwa verdoppelt werden kann. Das heißt aber keinesfalls, daß konventionelle Züchtungsverfahren überflüssig wären. Es kommt auf die sinnvolle Kombination aller vorhandenen Möglichkeiten an.

Das Verfahren, bei dem grüne Pflanzenteile auf künstlichem Nährmedium in kleinen Gläsern im Labor wesentlich schneller als im Gewächshaus oder Freiland vermehrt werden, hat genauso Eingang in die Erdbeerzüchtung und Erdbeerjungpflanzenproduktion gefunden wie in der Unterlagenzüchtung und -produktion. In der Erdbeerzüchtung kann man mit einer Zuchtzeitverkürzung von etwa 2 bis 3 Jahren durch schnellere Vorvermehrung rechnen. Gleiches gilt für die Unterlagenvermehrung zur Testung von Kern- und Steinobstunterlagen und zur Erstellung von wüchsigem Ausgangsmaterial für die Mutterbeetvermehrung. Außerdem bieten sich Möglichkeiten, Sorten autovegetativ, d.h. nicht durch Veredlung, sondern durch In-vitro-Verklonung auf eigener Wurzel schnell im Labor zu vermehren. Dieses Verfahren eignet sich zur Herstellung gesunden Ausgangsmaterials für Reiserschnittanlagen. Einige nicht völlig geklärte Probleme, wie die mögliche Konservierung des juvenilen Zustandes, eines Zustandes der Gehölze, in dem sie physiologisch bedingt nicht in der Lage sind, Blütenknospen anzulegen, verhindern derzeit eine breitere Nutzung dieser Möglichkeit. Die Pflanzung von Kernobstbäumen auf eigener Wurzel für die Fruchtproduktion ist abzulehnen. Die durch die Veredlung auf verschiedene Unterlagen gegebene Möglichkeit der Anpassung der Baumgröße an Boden und Kleinklima und damit an das Anbauverfahren ginge damit verloren. Fast alle Kernobstsorten würden stark, wie auf Sämlingsunterlagen veredelt, wachsen. Für Steinobstsorten ist die Möglichkeit der autovegetativen Vermehrung allerdings wesentlich günstiger zu beurteilen.

Es ist möglich, an In-vitro-Pflanzen im Labor die Variabilität zu erhöhen und bereits dort durch gezielte biochemische Tests eine Auslese vorzunehmen. Deren Sicherheit bedarf aber noch der Freilandüberprüfung. Weiterhin wird intensiv an Methoden zur Rückgewinnung vollwertiger Pflanzen aus bestimmten Gewebeteilen oder sogar aus einzelnen Zellen gearbeitet. Diese Methoden sind Voraussetzung, moderne Techniken, wie Haploidenkultur oder Zell- und Protoplastenkulturverfahren einzusetzen. Haploide Individuen müssen über Mutationsverfahren zu Doppel-Haploiden entwickelt werden, sollen sie züchterisch wirksam eingesetzt werden können. Einzelheiten sind hierzu sicher nicht am richtigen Platz. Diese Arbeiten befinden sich noch im Stadium der Grundlagenforschung. Die Erfolgsaussichten lassen sich noch nicht mit Sicherheit abschätzen, da alle Obstarten mit Ausnahme der Süßkirsche primär oder sekundär polyploid sind und dadurch einfache Erbfolgen auch beim Einsatz gedoppelter Haploider nicht zu erwarten sind.

Die größten Erfolgsaussichten werden diesen Verfahren für die Resistenzzüchtung eingeräumt, da für einige Pathogene soviel Erkenntnisvorlauf besteht, daß das methodische Instrumentarium auch für In-vitro-Techniken einsetzbar ist, um selektieren zu können. Mögliche Einsatzgebiete von In-vitro-Methoden in der Resistenzzüchtung könnten in der Selektion auf Schorf-, Mehltau- oder Feuerbrandresistenz bei Apfel, *Valsa*- und *Pseudomonas*resistenz bei Kirsche, Scharkaresistenz bei Pflaume oder *Verticillium*- und *Botrytis*-Resistenz bei Erdbeere liegen. Der Einsatz von Haploiden- und Zelltechniken setzt als erstes die Lösung des Problems der Regeneration intakter fertiler Pflanzen aus Zellen oder aus Kallusgewebe voraus, was bei unseren

Obstgehölzen noch nicht endgültig gelöst ist.

Ideal für alle Züchter wäre ein gezielter Gentransfer. Dieses enorme Ziel birgt natürlich auch Gefahren in sich, auf die vielerorts sehr lautstark verwiesen wird. Man sollte diese Dinge nicht übertreiben, aber auch nicht unterschätzen. Hier sei nur darauf hingewiesen.

Befruchtungsbiologie

Viele unserer Obstarten, so auch Apfel und Birne, sind selbststeril, d.h. jede Sorte benötigt den Pollen einer anderen Sorte zur Befruchtung. Bei Steinobst finden wir selbstfertile und selbststerile Formen innerhalb einer Art nebeneinander, so bei Sauerkirsche, Pflaume und neuerdings auch bei Süßkirsche. Auch bei Erdbeeren gibt es neben selbstfertilen Sorten noch ältere Sorten, die infolge schlechter Pollenfertilität auf Bestäubersorten angewiesen sind. 'Mieze Schindler' ist eine rein weibliche Sorte, die gar keine Antheren ausbildet und deshalb auf Fremdbestäubung angewiesen ist. Strauchbeerenobstsorten sind in der Regel selbstfertil, ebenso wie Pfirsich, Aprikose und Quitte. Sanddorn ist ein Windbestäuber, er ist zweihäusig, d.h. man muß männliche und weibliche Pflanzen nebeneinander pflanzen. Einige *Malus*-Arten vermehren sich apomiktisch, also generativ, aber ohne Befruchtung. Aus Samen gezogene Nachkommen dieser Formen sind dann zum größten Teil muttergleich. Es gibt also alle möglichen befruchtungsbiologischen Varianten zu beachten. Grundvoraussetzung für eine ausreichende Bestäubung ist ein ausreichender Insektenbeflug, Windbestäubung spielt nur bei Sanddorn eine Rolle.

Am wichtigsten sind Befruchtungsangaben für Süßkirschen. Bis auf wenige selbstfertile Sorten wie die neuen Sorten 'Stella', 'Sunburst' und 'Lapins' (weitere selbstfertile Sorten sind in naher Zukunft zu erwarten) sind unsere Süßkirschen selbststeril. Das Sterilitätssystem wird durch wenige Erbanlagen gesteuert, die sogenannten S-Allele. Besitzen zwei Sorten die gleichen S-Allele, sind diese auch untereinander steril, sie sind intersteril. Man faßt diese Sorten zu Intersterilitätsgruppen zusammen. Bekannte Intersterilitätsgruppen umfassen z.B. die Sorten

- 'Hedelfinger', 'Farnstädter', 'Nadino', 'Große Schwarze Knorpel', 'Burlat';
- 'Altenburger', 'Querfurter Königskirsche', 'Kordia';
- 'Nalina', 'Van', 'Burlat';
- 'Vic', 'Sam'.

Offenbar besitzen sie jeweils die gleichen S-Allele. Diese in einer Gruppe befindlichen Sorten benötigen andere Sorten als Befruchter, da sie sich untereinander nicht befruchten können. Leider sind die Angaben der S-Allele nicht immer sicher bzw. bei vielen Sorten noch nicht bekannt oder auch widersprüchlich. Befruchtersorten zu testen bleibt also vorerst nicht erspart. Die S-Allel-Struktur zu ermitteln, erfordert außerdem ein komplettes Testersortiment und erheblichen Aufwand.

Wer Süßkirschen pflanzen möchte, sollte sich also vorher genau informieren, welche Sorten befruchtungsbiologisch zusammenpassen. Einzeln stehende Süßkirschenbäume – außer selbstfertile Sorten – sind immer der Gefahr ausgesetzt, durch unzureichende Bestäubung unzureichenden Ertrag zu bringen.

Neben der gegenseitigen Befruchtungsfähigkeit ist auf Überschneidung der Blühzeiten zu achten. In Tabelle 4 sind alle in Pillnitz befruchtungsbiologisch mehrfach untersuchten Kombinationen aufgenommen. Keine Angaben bedeuten dabei nicht, daß die Kombination steril ist, sondern nur, daß sie in Pillnitz lediglich noch nicht untersucht worden ist.

Tab. 4. Befruchtungsverhalten von Süßkirschensorten

♀ \ ♂	Badeborner	Büttners	Burlat	Early Rivers	Frühe Meckenheimer	Große Schwarze Kn.	Heidi	Hulda	Hedelfinger	Kassins	Knauffs	Kordia	Lapins	Maibigarreau	Merla	Mermat	Merpet	Nadino	Nalina	Namare	Namosa	Nanni	Regina	Sam	Schneiders	Span'sche Knorpel	Star	Stark Hardy Giant	Stella	Sunburst	Teickners	Ulster	Valeska	Van	Vic	Victor	Werdersche Braune
Badeborner	–	–																																			
Bütt. Sp. Rote Kn.	–	–	+	+		+			+	+	+	–											+	+	+	+		+			+			+	+		+
Burlat	+	–	+			–			–	+	+	○						+	–				+	+		+		+			+			+	+		+
Early Rivers	+		–			+			+	+	+	+		–					+		○			+				+			+						+
Frühe Meckenheimer					–				+																												
Gr. Schw. Kn.	+	–	+			–			–	+	+	+						–					+	+	+			+			+			+	+		+
Heidi							–																														
Hulda								–																													
Hedelfinger	+	–	+			–			–	+	+	○						–					+	+	+			+			+			+	+		+
Kassins Frühe	+	+	+			+			+	–	+							○			+		+	+	+			+			+			+	+		+
Knauffs Schw. Herzk.	+	+	+			+			+	+	–	+								+	+		+	+	+						+			+	+		+
Kordia	–	○	+			+			+	+		–						+					+	+		+								+	+		
Lapins														+																							
Maibigarreau						–								–																							
Merla															–																						
Mermat																–																	–				
Merpet																	–																				
Nadino		+				–			–					+				–		+	+		+		+									+			
Nalina		–	+						+	+	+	+						+	–	+	+			○										–			
Namare		+							+		+								–	–	+		+		+							–		+	+		+
Namosa		+	+						+	+	+	+							+	–	–	+	+		+									+	+		+
Nanni	+	+									+	+									+	–			+									+			
Regina																							–		+												
Sam	+	+	+			+			+	+	+							+			○			–	+			+			+			+	–		
Schneiders Sp. Kn.	–	+	+	+		+			+	+	+	+													+	+	–	+			+			+	+	+	○
Span'sche Knorpel	+	+	+			+			+	+	+							+			+		+	+	–			+			+			+	+		
Star	–								+																		–										
Stark Hardy Giant	+	+				+			+	+	+												+	+				–						+	+		
Stella																													+								
Sunburst																														+							
Teickners Schw. Herzk.	+	+	+			+			+	+	+												+	+							–			–	+		+
Ulster																																–			+		
Valeska	+																								+								–				
Van	+	+	+			+			+	+	+	+						+	+		○	+	+	+	+			+			–		–		+		+
Vic	+	+				+			+	+	+												–	+	+			+			+			+	–		
Victor									–																												
Werdersche Braune	+	+	+	○					+	+																					+			+			–

+ Kombination fertil, Fruchtansatz über 15%   – Kombination steril
○ Kombination teilweise fertil, Fruchtansatz 8–15%

Bei Apfel ist die Befruchtungsproblematik weniger kompliziert. Hier ist darauf zu achten, daß triploide Sorten, wie 'Boskoop', 'Jonagold', 'Gravensteiner', 'Jakob Lebel' u. a. selbst keine Pollenspender und – wie alle anderen diploiden Apfelsorten – auf Fremdpollen angewiesen sind. Triploiden Sorten muß man also immer zwei diploide Sorten dazu pflanzen, zur Bestäubung der triploiden Sorte und zur Bestäubung der diploiden Sorten untereinander. Wichtiger als bei Kirschen ist bei Apfel die Übereinstimmung der Blühzeiten. Intersterilität kommt bei Apfel ebenfalls vor, meist unter eng verwandten Sorten, was aber nicht immer zutreffen muß, so z. B. bei 'Golden Delicious' und seinem direkten Nachkommen 'Pinova'. Beide bestäuben sich untereinander ausgezeichnet im Gegensatz zu 'Jonagold', ebenfalls ein direkter Nachkomme von 'Golden Delicious', die untereinander nahezu steril sind. Tabelle 5 enthält nur die in Pillnitz mehrfach geprüften Bestäuberkombinationen. Dabei sind nicht alle Kombinationen in beiden Richtungen geprüft worden. Reziproke Bestäubungsfähigkeit ist zwar bei diploiden Sorten sehr wahrscheinlich, aber nicht sicher.

Tab. 5. Befruchtungsverhalten neuer Apfelsorten

♀ \ ♂	Pikant	Pikkolo	Pilot	Pinova	Piros	Reanda	Reglindis	Reka	Relinda	Remo	Rene	Retina	Rewena	Elstar	Gala	Golden Del.	Gloster	Idared	Jonagold	Shampion	James Grieve	McIntosh	Melrose	Undine
Pikant	–	+	+	+	+	+	+	+	+	+	+		+	+		+	+	+	–	+	+	+		
Pikkolo	+	–	+	+									+			+	+	–	+	+				
Pilot	+	+	–	+		+		+		+			+	+		+	+	+	–	○			+	
Pinova	+	+	+	–	+	+	+	+		+			+	+		+	+	+	–	+	+		+	
Piros	+			+	–	+		+		+		+				+		+	–	+	+		○	
Reanda	+		+	+	+	–	+	+	+	+		+	+			+		+		+				+
Reglindis	+			+		+	–	+	+	+	+	+				+		+						
Reka	+		+	+	+	+	+	–		+	+	+	+			+		+						
Relinda	+					+	+		–	+	+		+			+		+						
Remo	+		+	+	+	+	+	+	+	–	+	+	+			+		+						
Rene	+					+	+	+	+	+	–	+	+			+		+						
Retina	○			+	+	+	+			+	+	–	+			+		+						
Rewena	+		+	+		+	+	+	+	+	+	+	–			+		+						
Elstar	+		+	+				+	+		+	+		–	+	+	+			–	–		+	
Gala		○	–												–		–	○	+	–		○	+	
Golden Del.	+		+	+	+	+		+		+		+	+	+		–	+	+	–		○		+	
Gloster	+	+	+	+										+	+	+	–		+		+		+	
Idared	+	+	+	+			+			+	+		+			+	+	–	–		+		+	
Jonagold	○	○	○											+		–	○	+	–		–		+	+
Shampion	+	+	+	+										+	○	○	+	–		–		+		○
Undine	+		+				+	+		+								+						–

+   Kombination fertil, Fruchtansatz über 15%
○   Kombination teilweise fertil, Fruchtansatz 8–15%
–   Kombination steril

Nicht alle Sauerkirschen und Pflaumen sind selbstfertil. Bei diesen Obstarten finden wir alle Übergänge von voll selbstfertil (z.B. 'Schattenmorelle', 'Hauszwetsche') über teilweise selbstfertil – bei diesen Sorten bringt Fremdbestäubung meist mehr Fruchtsatz als Selbstbefruchtung – bis zu selbststerilen Formen ('Köröser Weichsel' oder 'Große Grüne Reneklode'). Sie bringen ohne Fremdbestäubung keinen Ertrag. Auf Blühzeitüberschneidung ist auch bei diesen Arten zu achten. Die Tabellen 6 und 7 enthalten die Testergebnisse von Pflaumensorten, wie sie in Hohenheim erarbeitet wurden.

Bei Erdbeeren wird seit langem im Zuchtprozeß auf ausreichende Selbstbestäubungsfähigkeit der Sorten ausgelesen, bei Steinobst ist Selbstfertilität ein erstrebtes Zuchtziel. Durch Mutationsauslösung ist es bei Süßkirschen gelungen, den Hemmechanismus im Griffel außer Betrieb zu setzen, der normalerweise das Durchwachsen des eigenen Pollens verhindert. Diese Mutation ist stabil und wird nach Mendelschen Erbgesetzen vererbt. Es ist also heute durch Kreuzung selbstfertiler und selbststeriler Sorten ohne große Schwierigkeiten möglich, weitere selbstfertile Sorten zu züchten. Für Kleingärtner dürfte das auf alle Fälle von Vorteil sein, im Erwerbsobstbau werden wohl immer mehrere Sorten gepflanzt werden, so daß eine gegenseitige Bestäubung gewährleistet werden kann.

An Versuchen, Apfel oder Birne selbstfertil zu machen, hat es nicht gefehlt. Aufgrund der erblichen Struktur von Apfel und Birne ist dies als vorerst aussichtslos wieder aufgegeben worden. Ein geringer Fruchtansatz nach Selbstung ist unter sehr guten Witterungsbedingungen während der Blühzeit bei einigen Sorten manchmal möglich, das ist aber keinerlei Ertragsgarantie.

Tab. 6. Fertilität verschiedener Pflaumen- und Zwetschensorten

♀ \ ♂	Ersinger	Ruth Gerstetter	President	Fellenberg	Opal	Stanley	Ortenauer	Hauszwetsche	Auerbacher
Ersinger	x	x	x		x	x	x		x
Ruth Gerstetter	x	–	x	x	x	x			
President	x	x	–	x	x	x	x	x	x
Fellenberg	x	x	x	x	x	x	x	x	x
Opal	x	x	x	x	–	x	x	x	x
Stanley	x	x			x	x			x
Ortenauer	x	x	x	x	x	x	x		x
Hauszwetsche								x	
Auerbacher									x

Kombination:

| x | fertil | – | steril | | nicht durchgeführt |

Tab. 7. Fertilität neuerer Pflaumen und Zwetschensorten

♀ \ ♂	Cac. Beste	Cac. Fruchtbare	Cac. Frühe	Cac. Schöne	Elena	Hanita	Herman	Katinka	St. Hubertus	Valjevka	Valor
Cac. Beste	–	x		x		x				x	x
Cac. Fruchtbare	x										
Cac. Frühe			–			x	x	x			x
Cac. Schöne					x						x
Elena				x	x						
Hanita	x			x	x						x
Herman							x				
Katinka			x			x	x	x			
St. Hubertus								x		x	x
Valjevka	x									x	
Valor	x		x					x	x	x	–

Kombination:

| x | fertil | – | steril | | nicht durchgeführt |

29

Virusproblematik

Viruskrankheiten beeinflussen negativ Wuchsstärke, Ertrag, Berostung der Früchte (Apfel, Birne), Fruchtqualität der Pflaume, die Verträglichkeit in der Baumschule zwischen Unterlage und Edelreis, im Mutterbeet die Abrißleistung bei Unterlagen. Es ist daher notwendig, nur virusfreies Pflanzgut zu handeln. Ein Testsystem bei der Gewinnung der Edelreiser aus Reisermuttergärten muß die Virusfreiheit für Vermehrungsmaterial garantieren. Das trifft für Kern- und Steinobst ebenso zu wie für Strauchbeerenobst und – sinngemäß – auch für Erdbeerpflanzgut.

Bevor eine Sorte in einen staatlich kontrollierten Reisermuttergarten aufgenommen wird, müssen entweder der Originalsämling oder nachweislich davon entnommene virusfrei vermehrte Nachkommen vorhanden sein oder es müssen leistungsfähige, gesunde sortenechte Mutterbäume angekört werden, von denen dann Reisermaterial entnommen wird. Nicht virusfrei vorhandene Sorten müssen über bestimmte Verfahren virusbereinigt werden, bevor Reiserschnittbäume angezogen werden können. Das ganze Verfahren erfordert große Sorgfalt und erstreckt sich über mehrere Jahre.

Die Viruseliminierung ist Teil der Erhaltungszüchtung. Alle Sorten sollten 5 bis 8 Jahre bei Baumobstsorten, 3 bis 5 Jahre bei Strauchbeerenobstsorten und sofort bei Erdbeeren nach der Freigabe zum Handel in ein Erhaltungszuchtprogramm aufgenommen werden, das auf längere Sicht die Eigenschaften der Sorte, ihre Echtheit, garantiert, Leistungsabfall verhindert und den einwandfreien Gesundheitszustand des Ausgangsmaterials für die Vermehrung sichert. Mit Pflanzgut aus der Erhaltungs-

Blühende Apfelanlage

züchtung sind ebenso Kontroll- bzw. Leistungsprüfungen durchzuführen wie mit Neuzüchtungen. Der Aufwand lohnt bei Baumobst aber nur bei langlebigen Spitzensorten. Ansonsten werden die erhaltungszüchterischen Aktivitäten durch Sorten-Neuzüchtungen ein- und überholt und ad absurdum geführt.

Genbank Obst

Die Genbank Obst hat die Aufgabe, genetische Ressourcen von Kern-, Stein-, Beeren- und Wildobst zu erhalten, zu bewerten und züchterischen, landschaftsgestaltenden, pomologischen, taxonomischen und phytopathologischen Aufgabenstellungen zuzuarbeiten. Neben landeskulturellen und pomologischen Aufgaben bei der Bewahrung alter deutscher Sorten und heimischer Wildobstarten dienen die Genbankbestände vor allem als Grundlage und Ausgangsmaterial für die Obstzüchtung. Besondere Bedeutung kommt dabei in heutiger Zeit dem Auffinden und der Erhaltung von Resistenzdonoren zu.

Mit der Neuorganisation der Obstforschung in Pillnitz wurde u. a. auch eine Außenstelle des Instituts für Pflanzengenetik und Kulturpflanzenforschung Gatersleben eingerichtet, – die Genbank Obst Dresden-Pillnitz, der diese Aufgaben zufallen. Sie bietet heute die Gewähr dafür, daß die vorhandenen umfangreichen Sammlungen an Kulturorten und Wildarten weiter wissenschaftlich und praktisch betreut werden und für zahlreiche Anwender, allen voran für die Züchter, zur Verfügung stehen.

Aus zahlreichen deutschen Instituten und Versuchsstationen liegen die Sortimentslisten in Form des Obstarten-Sortenverzeichnisses des Verbandes der Landwirtschaftskammern vor. Diese Sortimente können gemeinsam mit den Pillnitzer Beständen und den zeitweiligen Sortimenten des Bundessortenamtes als deutscher Genbankbestand an Obstarten und -sorten angesehen werden.

Genbanken sind für künftige Generationen essentielle Grundlage zur Sicherung des globalen Ernährungssystems. Industrialisierung und moderne Pflanzenzüchtung selbst tragen zur ständig größere Ausmaße annehmenden Generosion bei. Die Züchtung von Hochleistungssorten ist in der Regel auf ein relativ enges Spektrum von Ausgangsmaterial angewiesen, so daß wertvolle Eigenschaften, wie bestimmte abiotische und biotische Resistenzen oder morphologische, phänologische und physiologische Merkmale verloren gehen können. Die Zerstörung ganzer Biotope weltweit leistet ebenso Vorschub für einen Artenrückgang wie Umweltverschmutzung oder Klimaveränderungen.

Genbanken haben die Aufgabe, der Generosion Einhalt zu gebieten. Sie können das tun durch *Ex-situ*-Erhaltung von Kulturpflanzensorten, Primitiv- und Landsorten sowie von Wildarten. *Ex situ* heißt Erhaltung in einer künstlich angelegten Sammlung außerhalb des natürlichen Standortes. Aber auch für die *In-situ*-Erhaltung, also die Erhaltung am natürlichen Standort, können Genbanken gemeinsam mit Naturschutz- und Landespflegeeinrichtungen ihren Beitrag leisten. Dabei sollen Genbanken nicht als Museum für Uraltes und »Verstaubtes« dienen, sie müssen aktive Partner von Züchtern, Naturschützern, Botanikern, Phytopathologen und gleichgelagerten Wissensgebieten sein. Das können sie durch intensive Bewertung ihrer Bestände und benutzerfreundliche Bereitstellung der gewonnenen Daten, ein internationaler Daten- und Materialaustausch eingeschlossen. Ohne langjährige intensive Genbankarbeit in Pillnitz z. B. wären die Pillnitzer Züchtungsergebnisse der Gegenwart nicht denkbar gewesen.

Ahrina

'Ahrina' ist eine farbige, geschmacklich gute Winterapfelsorte für den Erwerbs- und Selbstversorgeranbau.

Herkunft: 'Ahrina' wurde in der Obstbauversuchsanstalt Jork und in der Bundesforschungsanstalt Ahrensburg aus einer Mehrfachkreuzung mit den Elternsorten 'Glockenapfel', 'Ingrid Marie', 'Roter James Grieve', 'Jonathan' und 'Melba' gezüchtet und 1993 herausgegeben (Sortenschutz).

Wuchs und Anbaueignung: Der Baum wächst mittelstark und verzweigt sich gut. Die Sorte gedeiht gut auf nährstoffreichen, gut durchlässigen Böden. Die Standorteignung muß weiter geprüft werden. Als Unterlagen werden schwach und mittelstark wachsende Unterlagen benutzt.

Blüte, Befruchtung, Ertrag: Die Sorte blüht reich. Über Befruchtersorten und Pollenspender wurde noch nichts bekannt. Der Ertrag beginnt früh und ist hoch.

Frucht und Verwertung: Die Früchte sind groß, flachrund, gelb und leuchtend rot gefärbt. Der Geschmack ist fein säuerlich, schwach süß und sehr saftig. Stippe wurde bisher nicht beobachtet. Pflückreife ist Mitte bis Ende September, Genußreife November bis Februar. Die Lagerung kann gut im Normal- und Kühllager erfolgen. Die Sorte eignet sich zum Frischverzehr. Über ihre Eignung zur Verarbeitung ist noch nichts bekannt.

Apfel

Albrechtapfel
Originalname 'Prinz Albrecht von Preußen'

'Albrechtapfel' ist eine robuste Spätherbstsorte für den Liebhaber-, Streuobst- und Erwerbsanbau. Die Sorte zeichnet sich durch eine gute Frosthärte in Holz und Blüte aus und ist wenig anfällig für Schorf und Mehltau. Sie stellt keine besonderen Ansprüche an den Standort und gedeiht noch gut in höheren Lagen und rauhem Klima.

Herkunft: 'Albrechtapfel' ist in freier Abblüte von 'Kaiser Alexander' entstanden und wurde 1865 in Kamenz bei Glatz ausgelesen.

Wuchs und Anbaueignung: Der Baum wächst mittelstark, später schwächer mit schräg aufrecht stehenden Gerüstästen, einem hohen Besatz an Seitenästen und Fruchtholz. Die Sorte kann in allen Lagen angebaut werden. Als Unterlagen eignen sich je nach Standort M9, M26, MM106, A2 und Slg.

Blüte, Befruchtung, Ertrag: Die Sorte blüht reich, mittelspät, am zwei- und mehrjährigen Holz. Sie ist diploid und ein guter Pollenspender. Befruchtersorten sind u. a. 'James Grieve', 'Croncels', 'Goldparmäne', 'Idared', 'Golden Delicious'. Der Ertrag setzt früh ein, ist regelmäßig und hoch.

Frucht und Verwertung: Die Früchte sind mittelgroß bis groß, an Stiel- und Kelchseite etwas abgeplattet. Sie können hell- bis dunkelrot gefärbt sein, auf grünlichgelbem Grund. Sie besitzen einen feinen süßsäuerlichen Geschmack mit etwas schwachem, typischem Aroma. Die Früchte sind druckempfindlich. Pflückreife: Ende September bis Anfang Oktober, Genußreife: Oktober bis Dezember/Januar. Die Lagerung erfolgt am besten im Normallager. Die Temperatur sollte nicht unter +4 °C sinken, sonst entstehen Schalenverfärbungen. Die Lagerdauer reicht bis Dezember/Januar. Die Früchte können vielseitig verwendet werden, für Frischverzehr und häusliche Verarbeitung.

Apfel

Alkmene

'Alkmene' besitzt als farbige Herbstsorte hohe Fruchtqualität, insbesondere gute Geschmackseigenschaften. Ein typisch kräftiges Coxaroma zeichnet die Sorte aus. Sie hat vor allem Liebhaberwert. Für den Erwerbsanbau eignet sie sich nur in spätfrostsicheren, milden Lagen.

Herkunft: 'Alkmene' entstand aus der Kreuzung 'Oldenburg' × 'Cox Orange' in der Abteilung Obstzüchtung des Instituts für Acker- und Pflanzenbau Müncheberg/Mark durch Martin Schmidt und Murawski und kam 1962 in den Handel.

Wuchs und Anbaueignung: Der Baum wächst nur in den ersten Standjahren stärker, mit kräftigen Gerüstästen, dicken Trieben und kurzen Internodien. 'Alkmene' verzweigt sich stark und bildet viel kurzes Fruchtholz. Die Sorte bevorzugt gute Apfellagen ohne Spätfrostneigung. Als Unterlage sollte vorwiegend M9 verwendet werden.

Blüte, Befruchtung, Ertrag: 'Alkmene' blüht reich. Wegen ihrer frühen Blütezeit ist sie blütenfrostempfindlich. Sie ist diploid, bildet guten Pollen aus und eignet sich als Pollenspender. Befruchtersorten sind 'Carola', 'Piros', 'Auralia', 'James Grieve', 'Cox Orange', 'Idared', 'Pinova', 'Golden Delicious'. Der Ertrag ist mittelhoch bis hoch, setzt früh ein und neigt kaum zu Alternanz.

Frucht und Verwertung: Die Früchte sind mittelgroß, rundlich, etwas abgeplattet, auf gelbem Grund leuchtend rot. Geschmack süßlich mit zurücktretender Säure und kräftigem Aroma. Pflückreife: Mitte bis Ende September, Genußreife September bis November. Die Lagerfähigkeit reicht im Kühllager bei etwa +2 °C bis Ende November. 'Alkmene' ist eine sehr gute Tafelapfelsorte für den Frischverzehr.

Apfel

Ananasrenette

Eine altbekannte Winterapfelsorte.
Herkunft: Wahrscheinlich im 19. Jh. aus Holland nach Deutschland eingeführt.
Wuchs und Anbaueignung: Der Baum wächst schwach und gedrungen, Gerüstäste aufrecht, mit viel kurzem Fruchtholz. Nur für nährstoffreiche, warme Böden mit ausreichender Feuchtigkeit. Die Sorte ist anfällig für Apfelwickler, Blutlaus, Krebs und Mehltau, kaum für Schorf. Unterlagen: M26, MM106.
Blüte, Befruchtung, Ertrag: Blühbeginn mittelfrüh, lange andauernd. Guter Pollenspender. Befruchtersorten: 'Klarapfel', 'Cox Orange', 'Goldparmäne'. Ertrag setzt früh ein, ist regelmäßig, mittelhoch bis hoch.
Frucht und Verwertung: Die Früchte sind klein, länglich, mit gelber Grundfarbe, Lentizellen berostet. Der Geschmack ist angenehm säuerlich mit würzigem Aroma. Pflückreife Mitte bis Ende Oktober, Genußreife November bis Februar/März. Für den Liebhaberanbau geeignet.

Auralia
Synonym: 'Tumanga'

Gelbe Frühwintersorte mit guten Geschmacksqualitäten und Liebhaberwert.
Herkunft: Aus 'Cox Orange' × 'Schöner aus Nordhausen' durch M. Schmidt und Murawski, Müncheberg, seit 1962 im Handel.
Wuchs und Anbaueignung: Wächst stark, Gerüstäste flach bis schräg aufrecht. Krone dicht verzweigt. Für alle Lagen bis zu mittleren Höhen, besonders in maritimem Klima. Anfällig für Mehltau, weniger für Schorf. Unterlagen: M9, M26, Pi80.
Blüte, Befruchtung, Ertrag: Blüte mittelfrüh bis mittelspät, reich, Diploid, Pollenspender. Befruchter: 'James Grieve', 'Idared', 'Golden Delicious', 'Carola', 'Alkmene'. Der Ertrag setzt früh ein, ist hoch.
Frucht und Verwertung: Frucht mittelgroß, grünlichgelb bis gelb, Geschmack süß, mit etwas Säure und intensivem Aroma. Pflückreife Anfang Oktober, Genußreife November, bis Februar/März im Kühllager. Für Frischverzehr und Verarbeitung.

Apfel

Berlepsch
Originalname: 'Goldrenette Freiherr von Berlepsch'

'Berlepsch' ist eine wertvolle, farbige Winterapfelsorte für den Liebhaber- und Streuobstanbau, aber auch für den Erwerbsanbau. Sie zeichnet sich durch einen feinsäuerlichen, hocharomatischen Geschmack, hohen Vitamin-C-Gehalt sowie geringe Schorf- und Mehltauanfälligkeit aus.

Herkunft: Die Sorte wurde um 1880 von Uhlhorn in Grevenbroich aus der Kreuzung 'Ananasrenette' × 'Ribston Pepping' gewonnen.

Wuchs und Anbaueignung: Der Baum wächst mittelstark mit schräg aufrecht stehenden Gerüstästen und dichter Verzweigung. Die Sorte bevorzugt beste, nährstoffreiche, milde Lagen mit ausreichend feuchten Böden. Spätfrostlagen sind zu meiden. Als Unterlagen eignen sich nur schwach- bis mittelstarkwüchsige Unterlagen.

Blüte, Befruchtung, Ertrag: Die Sorte blüht spät, lange und mittelstark. Sie ist diploid und ein guter Pollenspender. Geeignete Befruchtersorten sind 'Klarapfel', 'Gravensteiner', 'James Grieve', 'Ananasrenette', 'Idared', 'Cox Orange', 'Goldparmäne', 'Spartan', 'Jonathan'. Der Ertrag setzt früh ein, ist mittelhoch und regelmäßig.

Frucht und Verwertung: Die Früchte sind mittelgroß, bei starkem Behang klein, etwas abgeplattet und am Kelch typisch gerippt. Die Schale ist rauh, gelblich grün mit roter bis dunkelroter Deckfarbe, mitunter etwas wachsig. Der Geschmack ist feinsäuerlich und edelaromatisch. Pflückreife Anfang bis Mitte Oktober, Genußreife November bis Februar/März. Im Kühllager läßt sich die Sorte ohne besondere Welke- und Fäuleneigung lagern. 'Berlepsch' eignet sich als Tafelapfel für den Frischverzehr und für die industrielle und häusliche Verarbeitung.

Apfel

Bittenfelder

Vollständiger Name: 'Bittenfelder Sämling'

'Bittenfelder' ist eine der besten Verarbeitungssorten, vor allem für Apfelsäfte. Die Sorte ist eine Winterapfelsorte für den Streuobst- und Selbstversorgeranbau. Die Sorte hat eine hohe Widerstandskraft und ist robust. Sie dient auch als Samenspender für Sämlingsunterlagen.

Herkunft: Die Sorte wurde als Zufallssämling in der Gemarkung Bittenfeld, Baden-Württemberg, gefunden.

Wuchs und Anbaueignung: Der Baum wächst in jungen Jahren schwach und aufrecht, im Alter stark mit breiter Krone. Die Böden sollten fruchtbar und gut durchlässig sein, um hohe Erträge zu erzielen. Die Sorte ist wenig anfällig für Schorf und Krebs und frosthart, daher auch sehr gut als Samenspendersorte für Sämlingsunterlagen geeignet. Als Unterlagen eignen sich schwach und mittelstark wachsende Unterlagen.

Blüte, Befruchtung, Ertrag: Die Blüte beginnt mittelspät. Die Sorte ist ein guter Pollenspender. Der Ertrag setzt sehr spät ein und ist auf fruchtbaren Böden sehr hoch. Die Sorte alterniert.

Frucht und Verwertung: Die Frucht ist klein bis mittelgroß und rundlich. Die Schale ist glatt, hellgrün bis gelb, mitunter leicht rötlich gefärbt. Die Früchte erreichen hohe Zucker- und Säuregehalte und einen hohen Oechslegrad. Damit besitzt die Sorte eine sehr hohe Verarbeitungsqualität für Saft, Most und als Verschnitt. Pflückreife Ende Oktober bis Mitte November, Verarbeitungsreife November bis März. Die Lagerung kann im Normal- und Kühllager erfolgen. Die Sorte eignet sich auch sehr gut für den erwerbsmäßigen Mostobstanbau.

Apfel

Boskoop
Originalname: 'Schöner von Boskoop'

'Boskoop' ist eine wohlschmeckende, farbige Winterapfelsorte mit einem breiten Anbauspektrum bis in mittlere Höhenlagen. Sie ist eine Intensivsorte für den Erwerbsanbau, aber auch für Selbstversorger und den Streuobstbau.

Herkunft: Die Sorte wurde 1856 in Boskoop, Holland, gefunden. Die Abstammung ist unklar. Eine rote Mutation 'Roter Boskoop' (Synonym: 'Schmitz Hübsch') wurde 1923 von Schmitz-Hübsch als Knospenmutation entdeckt.

Wuchs und Anbaueignung: Der Baum wächst stark. Die Gerüstäste stehen schräg aufrecht bis waagerecht mit guter Verzweigung. Die Sorte kann in allen Lagen angebaut werden, bis in höhere Lagen auf nährstoffreichen, feuchten Böden. 'Boskoop' ist anfällig für Schorf und Blutlaus, holz- und blütenfrostempfindlich. Beste Unterlage: M9.

Blüte, Befruchtung, Ertrag: Die Sorte blüht früh, mittelstark bis stark und ist frostempfindlich. Sie ist triploid und deshalb nicht als Pollenspender geeignet. Befruchtersorten sind 'Baumann', 'Cox Orange', 'Goldparmäne', 'Klarapfel', 'James Grieve', 'Idared', 'Spartan', 'Gloster'. Der Ertrag setzt auf M9 früh bis mittelfrüh ein, ist mittelhoch und neigt zu Alternanz.

Frucht und Verwertung: Die Früchte sind mittelgroß bis groß, grünlichgelb mit zimtartiger karminroter Deckfarbe und größtenteils berostet. Bei guter Ausreife am Baum entwickelt sich eine hohe Geschmacksqualität mit erfrischender Säure, ausreichender Süße und kräftigem, renettentypischem Aroma. Pflückreife Mitte Oktober, Genußreife Ende Dezember bis April. Die Früchte sind gut lagerfähig im nicht zu trockenen Normallager (Welke) und im Kühllager nicht unter +4 °C (anfällig für Fleischbräune). 'Boskoop' ist eine beliebte Sorte für Frischverzehr und Verarbeitung. Sie ergänzt im Sortiment die süßen Sorten durch ihren feinsäuerlichen Geschmack.

Carola
Synonym: 'Kalco'

'Carola' ist eine farbige, reichtragende Frühherbstsorte für den Erwerbs- und Liebhaberanbau. Aufgrund ihrer vorzüglichen Geschmackseigenschaften eignet sie sich sehr
gut als Tafelapfel. Sie besitzt eine große
Anbaubreite bis in mittlere Höhenlagen.

Herkunft: 'Carola' entstand aus freier Ab-
blüte von 'Cox Orange' in der Abteilung
Obstzüchtung des Instituts für Acker- und
Pflanzenbau Müncheberg/Mark (Martin
Schmidt und Murawski), kam 1953 in den
versuchsweisen Anbau und 1962 in den
Handel.

Wuchs und Anbaueignung: Der Baum
wächst anfangs mittelstark, später eher
schwach. Die Gerüstäste stehen erst schräg
aufrecht, dann fast waagerecht. Die Krone
ist mäßig verzweigt, vorwiegend mit Kurztrieben. Die Sorte kann in allen Lagen bis
ins Vorgebirge auf offenen, nährstoffreichen
Böden angebaut werden. Sie ist anfällig für
Schorf, wenig empfindlich für Mehltau und
Blütenfrost. Als Unterlagen dienen mittelstarkwüchsige Unterlagen.

Blüte, Befruchtung, Ertrag: Die Sorte
blüht früh und reich. Sie ist diploid und ein
guter Pollenspender. Als Befruchter eignen
sich 'Alkmene', 'Auralia', 'Cox Orange', 'James Grieve', 'Goldparmäne' 'Klarapfel', 'Oldenburg', 'Golden Delicious' , 'Idared'. Der
Ertrag setzt früh ein, ist hoch bis sehr hoch.
Die Sorte neigt zu Alternanz.

Frucht und Verwertung: Die Früchte
sind mittelgroß, etwas flach gebaut und am
Kelch typisch gerippt. Die Schale ist glatt,
grünlichgelb bis gelb, rot bis purpurrot,
leicht bereift, nicht berostet. Ein feiner süß-
säuerlicher Geschmack mit fruchtigem Coxaroma zeichnet die Sorte aus. Pflückreife
Mitte September, Genußreife September
bis November. Die Lagerung kann im Normallager bis November und im Kühllager
bis Dezember erfolgen. 'Carola' ist eine gute
Tafelapfelsorte und dient auch der häuslichen Verarbeitung.

Apfel

Champagnerrenette

Die 'Champagnerrenette' ist eine Dauer-apfelsorte für den Selbstversorger- und Streuobstbau für den Frischverzehr, besonders aber für alle häuslichen Verarbeitungsarten, und bringt regelmäßige Erträge.

Herkunft: Die Abstammung ist unklar. Die Sorte kommt vermutlich aus Frankreich. Sie wurde bereits 1799 von Diel als 'Loskrieger' beschrieben.

Wuchs und Anbaueignung: Der Baum wächst anfangs mittelstark, später schwach mit aufrecht stehenden Gerüstästen und etwas Spurtypcharakter. Die Sorte eignet sich nur für wärmere Lagen. Nasse, kalte und trockene Lagen sind ungeeignet. Die Sorte fordert nährstoffreiche, gut durchlüftete Böden. Sie ist stark krebsanfällig und neigt zu Holzfrostschäden an einjährigen Trieben. Die mittelstark wachsenden Unterlagen M26, Pi80, MM106 werden bevorzugt.

Blüte, Befruchtung, Ertrag: Die Blüte beginnt spät, ist lang andauernd und reich. Die Sorte ist diploid und ein guter Pollen-spender. Als Befruchtersorten dienen 'Baumann', 'Cox Orange', 'Croncels', 'Goldparmäne', 'James Grieve', 'Jonathan', 'Klarapfel', 'Oldenburg'. Der Ertrag setzt früh ein, ist nur mittelhoch, aber regelmäßig.

Frucht und Verwertung: Die Früchte sind klein bis mittelgroß, breit abgeplattet. Die Schale ist glatt, fettig, grünlichgelb bis wachsgelb, orange bis blaßrosa gefärbt, wenn Deckfarbe überhaupt vorhanden ist. Der Geschmack ist säuerlich, kaum süß und schwach würzig. Die Früchte sind druck-empfindlich. Pflückreife Ende Oktober, Genußreife Februar bis Juni. Die Früchte lagern sich im Normallager vorzüglich bis Mai, ohne Welke und Verluste. Übergroße Früchte neigen zu Stippe. Die Verwertung erfolgt ab März zum Frischverzehr und zur häuslischen Verarbeitung. Die Sorte ist nur für Liebhaber interessant.

Cox Orange

Originalname: 'Cox Orangenrenette'
'Cox's Orange Pippin'

Die Sorte gilt als geschmacklich beste Tafelapfelsorte für den Erwerbs- und Liebhaberanbau. Als Winterapfel besitzt sie einen hohen Marktwert, auch wenn sie im Anbau Probleme bereitet und nur in spezifischen Lagen anbauwürdig ist.

Herkunft: 'Cox Orange' wurde 1830 von M.R. Cox in Colnbrook, England, aus einem Samen von 'Ribston Pepping' gezogen und um 1859 in den Handel gebracht.

Wuchs und Anbaueignung: Der Baum wächst anfangs stark, später mittelstark mit schräg aufrechten Gerüstästen und dichter Verzweigung. Die Sorte verlangt feste, gut humose, durchlässige Böden, mildes, maritimes, mäßig feuchtes Klima und anspruchsvolle Pflege. Sie ist stark anfällig für Schorf, Mehltau, Krebs, Kragenfäule, Blutlaus, Spitzendürre, Feuerbrand und Virosen. Als Unterlagen eignen sich schwach bis mittelstark wachsende Unterlagen.

Blüte, Befruchtung, Ertrag: Die Blüte beginnt mittelfrüh und ist lang andauernd. Die Sorte ist diploid und ein guter Pollenspender. Als Befruchter eignen sich 'James Grieve', 'Goldparmäne', 'Jonathan', 'McIntosh', 'Oldenburg', 'Ontario', 'Idared'. Der Ertrag ist eher mäßig und alternierend, nur an optimalen Standorten jährlich hoch.

Frucht und Verwertung: Die Frucht ist klein bis mittelgroß, rundlich, abgeplattet. Auf gelbgrünem bis gelbem Grund variiert die Deckfarbe von hellerem Rot bis Braunrot, flächig und gestreift. Der hervorragende Geschmack ist kräftig süßsäuerlich mit typischem, edlem Aroma, saftigem und feinzelligem Fruchtfleisch. Die Früchte sind stark stippeempfindlich. Pflückreife Ende September bis Anfang Oktober, Genußreife Oktober bis März. Die Lagerung der Früchte sollte im Kühllager nicht unter +3 °C erfolgen, sonst tritt Fleischbräune ein. Im Normallager neigt sie zum Welken. Die Sorte ist geschmacklich eine Spitzensorte für den Frischverzehr und die häusliche Verarbeitung.

Apfel

Dülmener Rosenapfel
Vollständiger Name: 'Dülmener Herbstrosenapfel'

Die Sorte ist eine farbige Herbstapfelsorte mit gutem Geschmack und guter Widerstandsfähigkeit gegen Mehltau, Schorf, Blut- und Blattläuse sowie Holzfrost. Sie eignet sich vor allem für Liebhaber, Selbstversorger und im Streuobstbau.

Herkunft: Die Sorte wurde um 1870 von Jäger in Dülmen als Sämling von 'Gravensteiner' ausgelesen.

Wuchs und Anbaueignung: Der Baum wächst mittelstark mit schräg aufrecht stehenden Gerüstästen, später mehr geneigt und mit dichter Verzweigung. Die Sorte eignet sich in allen Lagen zum Anbau, vor allem aber in Mittelgebirgslagen wegen ihrer Widerstandskraft gegen verschiedene Schaderreger und gegen Winterfrost. Als Unterlagen werden schwach und mittelstark wachsende Unterlagen benutzt.

Blüte, Befruchtung, Ertrag: Die Blüte beginnt früh, ist relativ kurz und frostempfindlich. Die Sorte ist diploid und ein guter Pollenspender. Als Befruchter eignen sich 'Klarapfel', 'James Grieve', 'Goldparmäne', 'Cox Orange', 'Oldenburg'. Der Ertrag beginnt früh und ist mittelhoch. Die Sorte neigt zu Alternanz.

Frucht und Verwertung: Die Frucht ist groß, kantig und abgeplattet. Die Schale ist glatt mit gelblicher Grundfarbe und kräftig roter Deckfarbe. Der Geschmack ist harmonisch süßsäuerlich und aromatisch. Die Früchte neigen zur Stippigkeit und sind druckempfindlich. Pflückreife Mitte bis Ende September, Genußreife September bis November. Die Lagerung der Früchte kann im Normal- und Kühllager ohne Probleme erfolgen. Die Sorte besitzt wegen ihrer Robustheit einen hohen Liebhaberwert als guter Tafelapfel. Sie eignet sich auch gut für die häusliche Verarbeitung.

Elstar

Die Sorte zeichnet sich als farbiger Frühwinterapfel durch sehr hohe Geschmacksqualität mit einem sehr hohen Marktwert für den Erwerbsanbau aus. Trotz spezifischer Anforderungen hat 'Elstar' einen hohen Anbauumfang erreicht.

Herkunft: Die Sorte wurde in Wageningen, Niederlande, aus der Kreuzung 'Golden Delicious' × 'Ingrid Marie' gezüchtet und 1975 in den Handel gebracht. (Sortenschutz).

Wuchs und Anbaueignung: Der Baum wächst mittelstark mit aufrecht stehenden Gerüstästen und dichter Verzweigung. Bei 'Elstar' ist Sommerschnitt unbedingt zu empfehlen. Die Sorte eignet sich zum Anbau in optimalen Apfellagen, auf wärmeren, gut versorgten Standorten, nicht in frostgefährdeten Lagen. Die Sorte ist bei spätem Triebabschluß frostempfindlich, mäßig anfällig für Krebs, weniger für Schorf und Mehltau. Als Unterlage eignet sich vor allem M9.

Blüte, Befruchtung, Ertrag: Die Sorte blüht mittelspät und reich. Sie ist diploid. Als Befruchter eignen sich 'Summerred', 'Jerseymac', 'James Grieve', 'Cox Orange', 'Spartan', 'Gala', 'Golden Delicious'. Der Ertrag setzt mittelfrüh ein, ist mittel bis hoch, teilweise alternierend.

Frucht und Verwertung: Die Früchte sind mittelgroß, rund und leicht abgeplattet. Die Schale ist glatt, goldgelb mit leuchtend roter Deckfarbe. Der hervorragende Geschmack wird gekennzeichnet durch ein angenehmes Zucker-Säure-Verhältnis und kräftiges Aroma, mittelfestes, feinzelliges Fruchtfleisch. Die Früchte neigen zu Stippigkeit und Schalenbräune, Pflückreife Ende September bis Anfang Oktober, Genußreife Oktober bis März. Die Lagerung kann im Normal-, Kühl- und CA-Lager erfolgen. Bei zu langer Lagerung neigen die Früchte zum Welken. Die Verwertung erfolgt vorwiegend als Tafelapfel mit einem sehr hohen Marktwert, aber auch in häuslicher Verarbeitung. Die Sorte gilt gegenwärtig als eine Hauptsorte im Erwerbsanbau.

Apfel

Erwin Baur

Die Sorte ist als farbige Frühwintersorte eine Ergänzung im Sortiment für Liebhaber und Selbstversorger.

Herkunft: 'Erwin Baur' wurde in der Abteilung Obstzüchtung des Instituts für Akker- und Pflanzenbau Müncheberg/Mark durch Martin Schmidt und Murawski aus freier Abblüte von 'Oldenburg' gezüchtet und 1955 in den Handel gebracht.

Wuchs und Anbaueignung: Der Baum wächst anfangs stark, später mittelstark, mit aufrecht stehenden Gerüstästen und geringer Verzweigung. Der Anbau beschränkt sich auf warme, nährstoffreiche, genügend feuchte Lagen. Ungeeignet sind kalte Lagen, Höhenlagen und Küstengebiete. Die Sorte ist hochanfällig für Schorf, geringer empfindlich für Mehltau. Als Unterlagen eignen sich M9, M26, MM106.

Blüte, Befruchtung, Ertrag: Die Blüte beginnt mittelfrüh, ist reich, aber frostempfindlich. Die Sorte ist diploid und ein guter Pollenspender. Als Befruchter eignen sich 'Klarapfel', 'James Grieve', 'Alkmene', 'Carola', 'Clivia', 'Cox Orange', 'Ontario'. Der Ertrag setzt früh ein und ist auf M9 hoch und regelmäßig.

Frucht und Verwertung: Die Früchte sind mittelgroß und rundlich. Die Schale ist trocken und später klebrig. Auf grüngelbem Grund überzieht die Frucht eine rotbraune Deckfarbe, streifig und flächig. Der Geschmack ist süßsäuerlich, aromatisch, teilweise auch fade. Die Früchte neigen zu Stippigkeit und Fleischbräune. Pflückreife Anfang Oktober, Genußreife Dezember bis März. Die Lagerung kann im Normal- und Kühllager erfolgen. Die Früchte eignen sich als Tafelapfel und in der häuslichen Verarbeitung.

Apfel

Florina
Synonym: 'Querina'

Schorfresistenter, farbiger Winterapfel für Erwerbs- und Liebhaberanbau.

Herkunft: Aus einer Kreuzung mit *Malus floribunda* 821 und 'Rome Beauty', 'Golden Delicious', 'Starking', 'Jonathan', seit 1977 im Handel (Sortenschutz).

Wuchs und Anbaueignung: Starkwüchsig, wenig verzweigt, in der Krone verkahlt. Für wärmere, nährstoffreiche Böden. Anfällig für Mehltau und Feuerbrand.

Blüte, Befruchtung, Ertrag: Blüte früh, diploid, guter Pollenspender. Befruchter: 'James Grieve', 'Reka', 'Reglindis', 'Idared', 'Gala', 'Golden Delicious', 'Elstar', 'Gloster'. Ertrag setzt früh ein, mittelhoch. Sorte neigt zu Alternanz.

Frucht und Verwertung: Früchte mittelgroß bis groß, gerippt. Schale glatt, grünlichgelb mit dunkelroter Deckfarbe. Geschmack süßsäuerlich, aromatisch, mitunter fad. Pflückreife Oktober, Genußreife November bis März.

Gala
Synonym: 'Gala Delicious'

Attraktive, farbige Herbst- bis Frühwintersorte für den Erwerbsanbau.

Herkunft: Aus einer Kreuzung von 'Kidds Orange' × 'Golden Delicious' in Neuseeland, seit 1960 im Anbau.

Wuchs und Anbaueignung: Wächst mittelstark mit schräg aufrechten Gerüstästen und mitteldichter Verzweigung. Für gute Apfellagen auf wärmeren, nährstoffreichen Böden. Empfindlich für Schorf und Krebs, wenig für Mehltau. Unterlagen: M9, M26.

Blüte, Befruchtung, Ertrag: Blüte mittelspät, sehr reich. Diploid, guter Pollenspender. Befruchter: 'Jerseymac', 'Cox Orange', 'Jonathan'. Ertrag setzt früh ein, ist sehr hoch, ohne Neigung zu Alternanz.

Frucht und Verwertung: Früchte mittelgroß, länglich rund, leuchtend rote Deckfarbe. Geschmack vorwiegend süß, knackiges Fruchtfleisch. Pflückreife Ende September, Genußreife Oktober bis März. Tafelapfel für den Frischverzehr.

Apfel

Gelber Edelapfel

Originalname: 'Golden Noble'
Synonyme: 'Wachsapfel', 'Zitronenapfel'

Die Sorte ist eine robuste, gelbe Herbstapfelsorte mit einer kräftigen typischen
Säure und hohem Vitamin-C-Gehalt. Die
Sorte eignet sich gut für den Selbstversor-
ger- und Streuobstbau in allen Lagen.

Herkunft: 'Gelber Edelapfel' wurde um
1800 in einem alten Garten in Downham,
England, gefunden. In manchen Gegenden
ist er unter Synonymen bekannt.

Wuchs und Anbaueignung: Der Baum
wächst mittelstark bis stark, aufrecht mit
dichter Verzweigung. Die Sorte eignet sich
in allen Lagen zum Anbau, von der Küste
bis in Höhenlagen, Voraussetzung sind aber
ausreichend versorgte, durchlüftete Böden.
Die Sorte ist an ungeeigneten Standorten
empfindlich für Schorf und Krebs. Sie ist
widerstandsfähig gegen Holz- und Blütenfrost. Als Unterlagen eignen sich alle im
Handel erhältlichen, vorzugsweise schwach-
wachsende Typ-Unterlagen.

Blüte, Befruchtung, Ertrag: Die Sorte
blüht früh und mittelmäßig. Sie ist diploid.
Als Befruchter eignen sich 'Klarapfel',
'Goldparmäne', 'Landsberger', 'Croncels',
'Cox Orange', 'Ananasrenette', 'Baumann'.
Der Ertrag setzt mittelfrüh bis mittelspät
ein und ist jährlich nur mäßig hoch.

Frucht und Verwertung: Die Früchte
sind mittelgroß bis groß, gleichmäßig und
rund. Die Schale ist glatt, gelbgrün bis zitronengelb, selten bildet sich Deckfarbe. Der
Geschmack ist weinsäuerlich und aromatisch. Die Frucht ist druckempfindlich und
wird gern vom Apfelwickler befallen. Pflückreife ab Mitte September, Genußreife September bis Dezember. Die Lagerung der
Früchte kann gut im Normal- und Kühllager
erfolgen. Verluste können durch Fruchtfäulen auftreten. Die Verwertung erfolgt vorwiegend für die häusliche und industrielle
Verarbeitung wegen des säuerlichen Geschmacks. Liebhaber nutzen die Früchte
auch als Tafelapfel. Die Sorte eignet sich
nicht für den Erwerbsanbau von Tafeläp-
feln.

Glockenapfel

Die Sorte ist eine farbige Winterapfelsorte mit einer guten Bestandssicherheit in für sie typischen Anbaulagen. In diesen Lagen ist sie für den Erwerbsanbau geeignet, aber auch für den Selbstversorger- und Streuobstbau. Sie ist anfällig für Schorf, wenig anfällig für Mehltau.

Herkunft: Die Sorte ist ein Zufallssämling und sehr alt. Die Herkunft ist unsicher – aus der Schweiz oder dem Alten Land, Deutschland. Auch in Tschechien ist sie eine alte, bekannte Sorte.

Wuchs und Anbaueignung: Der Baum wächst anfangs stark, später mittelstark mit hängenden Fruchtästen und Neigung zu Verkahlung. Die Standortansprüche sind hoch – gute, fruchtbare Böden mit regelmäßiger Wasserversorgung, nicht zu kühle Lagen. Die Sorte ist empfindlich für das Erfrieren der Triebspitzen bei unzureichender Holzausreife. Als Unterlagen eignen sich schwach wachsende Typ-Unterlagen, besonders M9.

Blüte, Befruchtung, Ertrag: Die Sorte blüht mittelspät und mäßig, ist diploid und ein guter Pollenspender. Als Befruchter eignen sich 'Klarapfel', 'James Grieve', 'Berlepsch', 'Idared', 'Goldparmäne', 'Cox Orange', 'Spartan', 'Golden Delicious', 'Ontario'. Der Ertrag setzt mittelfrüh ein und ist mittelhoch. Die Sorte neigt zu Alternanz und zum Vorerntefruchtfall wegen zu kurzer Stiele.

Frucht und Verwertung: Die Früchte sind mittelgroß bis groß, länglich, gerippt, stielbauchig und unregelmäßig in Form und Größe. Die Schale ist glatt, gelblichgrün bis gelb mit leicht braunroter Deckfarbe. Im Geschmack überwiegt eine kräftig hervortretende Säure mit leichtem Aroma. Die Früchte neigen zu Stippigkeit und sind anfällig für Schorf. Pflückreife Mitte bis Ende Oktober, Genußreife Dezember bis Mai. Die Früchte können im Normal-, Kühl- und CA-Lager gelagert werden. Sie neigen zum Schrumpfen. Die Sorte besitzt in lokalen Anbaugebieten hohen Wert im Erwerbsanbau.

Apfel

Gloster

'Gloster' ist eine rote, reichtragende Winterapfelsorte für den Erwerbsanbau. Sie hat im Anbau weitestgehend die Sorten aus der Gruppe von 'Delicious' und 'Red Delicious' ersetzt und sich einen relativ hohen Marktanteil erobert. Sie ist empfindlich für Schorf, aber kaum für Mehltau.

Herkunft: Die Sorte entstand 1951 in der Obstbauversuchsanstalt Jork (Loewel, Saure) im Alten Land, Deutschland, aus der Kreuzung von 'Glockenapfel' × 'Richared Delicious' und wurde 1969 in den Handel gebracht.

Wuchs und Anbaueignung: Der Baum wächst stark, steil aufrecht mit enger Krone und sehr langem Neutrieb. Er verlangt einen spezifischen Schnitt. Der Anbau sollte in typischen Apfellagen erfolgen, auf nährstoffreichen, humosen, tiefgründigen Böden. Die Sorte ist empfindlich für Schorf und Krebs, wenig empfindlich für Mehltau. Als Unterlagen eignen sich am besten M9 und schwächer wachsende Unterlagen.

Blüte, Befruchtung, Ertrag: Die Blüte beginnt spät und dauert nur kurz. Der Baum blüht nur mittelmäßig, zumeist am endständigen Fruchtholz. Die Sorte ist diploid. Als Befruchter eignen sich 'James Grieve', 'Idared', 'Pikant', 'Pinova', 'Pilot', 'Golden Delicious', 'Cox Orange', 'Spartan', 'Gala', 'Jonathan', 'Elstar'. Der Ertrag setzt früh ein, ist sehr hoch und regelmäßig.

Frucht und Verwertung: Die Früchte können mittel bis groß, auch sehr groß sein. Sie haben eine längliche, etwas unregelmäßige Form mit starker Rippung und sind zumeist stielbauchig. Auf weißlichgrünem Grund bedeckt die Frucht ein kräftiges Karminrot. Der Geschmack ist süßsäuerlich mit leichtem Aroma. Die Früchte sind empfindlich für Kernhausschimmel, vereinzelt auch für Stippe. Pflückreife Anfang bis Mitte Oktober, Genußreife November bis April. Die Lagerung erfolgt gut im Normal-, Kühl- und CA-Lager. Die Sorte wird vorwiegend zum Frischverzehr genutzt. Sie besitzt einen hohen Anbauwert im Erwerbsanbau und bisher einen hohen Marktwert.

Golden Delicious
Synonym: 'Gelber Köstlicher'

Die Sorte ist eine gelbe, wohlschmeckende Winterapfelsorte mit einem hohen Markt- und Anbauwert, insbesondere für den Erwerbsanbau. Als Weltsorte »Nummer 1« hat sie einen hohen Anbauumfang und Marktanteil, auch in Deutschland.

Herkunft: 'Golden Delicious' ist um 1890 als Zufallssämling von Mullins in USA gefunden worden und seit 1916 im Handel.

Wuchs und Anbaueignung: Der Baum wächst mittelstark mit schräg aufrecht stehenden Gerüstästen und mitteldichter Verzweigung. Die Sorte stellt höhere Ansprüche an den Standort und eignet sich für warme, nährstoffreiche, durchlässige und mäßig feuchte Böden, besonders im Weinbauklima, nicht in Lagen über 300 m. Die Sorte ist stark anfällig für Schorf und die Virosen Apfelmosaik und Gummiholzkrankheit, wenig anfällig für Mehltau, mittel anfällig für Feuerbrand. Als Unterlagen eignen sich M9, M26, Pi80 und MM106.

Blüte, Befruchtung, Ertrag: Die Sorte blüht mittelspät und mittellang andauernd. Sie ist diploid und ein guter Pollenspender. Als Befruchter eignen sich 'James Grieve', 'Alkmene', 'Pikant', 'Cox Orange', 'Remo', 'Rewena', 'Idared', 'Elstar', 'Pinova', 'Pilot', 'Gloster', 'Goldparmäne', 'Oldenburg'. Der Ertrag setzt früh ein und ist sehr hoch, ohne Neigung zu Alternanz.

Frucht und Verwertung: Die Früchte sind mittelgroß bis groß, länglich, leicht gerippt, stielbauchig. Auf gelbem Grund können die Früchte in sehr guten Lagen leicht rotorange färben. Die Frucht kann berosten. Der Geschmack ist mehr süßlich, wenig säuerlich, fein aromatisch, teilweise auch wäßrig fade. Die Früchte neigen zu Lentizellenröte und Gleosporiumfäule. Pflückreife Anfang bis Mitte Oktober, Genußreife Oktober bis Mai. Die Lagerung erfolgt im Kühl- und CA-Lager. Die Früchte neigen zum Welken. Sie eignen sich vorwiegend zum Frischverzehr als Tafelapfel und haben einen hohen Vitamin-C-Gehalt. Die Sorte ist eine Hauptsorte im Erwerbsanbau.

Goldparmäne

Vollständiger Name: 'Wintergoldparmäne'

Die Sorte ist eine gelbe, wohlschmeckende Winterapfelsorte, vorwiegend für den Liebhaber- und Selbstversorgeranbau, aber auch lokal für den Erwerbsanbau. Durch einen höheren Wärmebedarf für die sortentypische Ausprägung des Aromas stellt die Sorte hohe Standortansprüche.

Herkunft: 'Goldparmäne' ist eine sehr alte Sorte, die bereits um 1700 in Frankreich, um 1800 über England nach Deutschland kam und 1853 zum Anbau empfohlen wurde. Die Abstammung ist unbekannt.

Wuchs und Anbaueignung: Der Baum wächst mittelstark, später schwächer. Die Gerüstäste stehen steil aufrecht mit mäßiger Verzweigung. Die Sorte erfordert nährstoffreiche, wärmere und leichtere Böden mit mäßiger Feuchtigkeit und ist auch noch in wärmeren Höhenlagen geeignet. Sie ist anfällig für Schorf, Mehltau, Blutlaus, stark anfällig für Krebs. Als Unterlagen eignen sich M9 und M26.

Blüte, Befruchtung, Ertrag: Die Sorte blüht mittelspät und lang andauernd. Sie ist diploid und ein guter Pollenspender. Als Befruchter eignen sich 'Klarapfel', 'James Grieve', 'Alkmene', 'Baumann', 'Carola', 'Clivia', 'Idared', 'Golden Delicious', 'Jonathan', 'Berlepsch'. Der Ertrag setzt mittelfrüh bis mittelspät ein und ist nur mäßig hoch, teilweise alternierend.

Frucht und Verwertung: Die Früchte sind mittelgroß, rundlich, mit typisch flacher offener Kelchgrube, gelblichgrüner Grundfarbe, rötlicher bzw. roter Deckfarbe. Der Geschmack ist fein süßsäuerlich mit typischem Aroma. Die Früchte neigen zu Stippigkeit und Fleischbräune. Pflückreife Mitte September bis Anfang Oktober, Genußreife Oktober bis Februar. Die Früchte lassen sich gut im Normallager lagern. Nicht geeignet ist Kühllagerung, die Fleischbräune und Glasigkeit hervorruft. Die Verwertung erfolgt als Tafelapfel und in häuslicher Verarbeitung. Die Früchte haben einen sehr hohen Vitamin-C-Gehalt.

Apfel

Granny Smith

'Granny Smith' ist eine alte Sorte vom australischen Kontinent, die in den letzten Jahren zunehmend nach Europa eingeführt wurde und im Handel als Winterapfel zum Frischverzehr angeboten wird.

Herkunft: Die Sorte wurde als Zufallssämling um 1868 von Frau Smith in Eastwood bei Sydney, Australien, gefunden und seit etwa 1950 durch Exportfrüchte in Europa gehandelt.

Wuchs und Anbaueignung: Der Baum wächst mittelstark, mit mehr hängenden Fruchtästen und mit Verkahlung im Inneren der Krone. Die Sorte erfordert warme Lagen mit sehr langer Vegetationsperiode, damit die Früchte am Baum ausreifen. Für die gemäßigten Lagen in Deutschland ist die Sorte nicht geeignet, da sie dort erst im November pflückreif wird. Sie ist mäßig anfällig für Schorf, aber anfällig für Mehltau, Krebs und Spinnmilben. Die Unterlageneignung muß unter deutschen Anbaubedingungen weiter geprüft werden.

Blüte, Befruchtung, Ertrag: Die Blüte beginnt mittelspät. Die Sorte ist diploid. Befruchter sind 'Vista Bella', 'Jerseymac', 'Idared', 'Cox Orange', 'Goldparmäne', 'Golden Delicious', 'Jonathan', 'Gloster', 'Gala', 'Elstar', 'Florina'.

Frucht und Verwertung: Die Früchte sind mittelgroß bis groß und rundlich. Die Schale bleibt grünlich. Die deutlich sichtbaren Lentizellen haben einen hellen Hof. Deckfarbe prägt sich unter den gemäßigten Klimabedingungen zumeist sonnenseits als braunroter Hauch aus. Der Geschmack ist säuerlich, weniger süß, teilweise fade mit wenig Aroma. Die Früchte neigen zu Stippigkeit. Pflückreife Mitte November, Genußreife November bis Februar. Die Verwertung erfolgt als Tafelapfel zum Frischverzehr. Der Anbau ist aufgrund der späten Ausreife am Baum problematisch und der Geschmack genügt dann nicht.

Apfel

Gravensteiner

'Gravensteiner' ist eine farbige, sehr wohlschmeckende Spätsommersorte für den Liebhaberanbau. Sie eignet sich nicht für den Erwerbsanbau, da die Erträge zu gering bleiben, die Ansprüche an den Standort sehr spezifisch und hoch sind. Außerdem ist sie frostempfindlich, anfällig für Schorf, Mehltau und Krebs.

Herkunft: Die Herkunft der Sorte ist unklar. Die Sorte ist sehr alt und wurde vermutlich aus Italien nach Gravenstein in Schleswig-Holstein gebracht. Von dort hat sie sich unter Liebhabern verbreitet.

Wuchs und Anbaueignung: Der Baum wächst sehr stark mit zumeist steil aufrecht stehenden Gerüstästen und mittlerer Verzweigung. An den Standort stellt die Sorte hohe spezifische Anforderungen, nährstoffreiche, tiefgründige, gut durchlüftete Böden mit ausreichender Wasserversorgung, ebenso intensive Boden- und Baumpflege. Als Unterlagen eignen sich vor allem die schwach wachsenden Typ-Unterlagen.

Blüte, Befruchtung, Ertrag: Die Blüte beginnt früh, lang andauernd und ist frostempfindlich. Die Sorte ist triploid und deshalb ein schlechter Pollenspender. Als Befruchter eignen sich 'Klarapfel', 'Oldenburg', 'Cox Orange', 'Goldparmäne', 'Ananasrenette', 'Baumann', 'McIntosh', 'Berlepsch', 'Idared', 'Golden Delicious'. Der Ertrag setzt spät ein und ist gering bis mittelhoch. Die Sorte kann alternieren, ist nicht windfest und neigt zu Vorerntefruchtfall.

Frucht und Verwertung: Die Früchte können mittelgroß bis sehr groß sein, breitkugelig und gerippt. Auf gelbem Grund ist die Frucht leuchtend rot geflammt und gestreift. Der Geschmack ist vorzüglich, kräftig süßsäuerlich mit hervorragendem, edlem Aroma. Große Früchte neigen zu Stippigkeit. Pflückreife Ende August bis Mitte September, Genußreife August bis Oktober. Die Lagerung der Früchte reicht im Normallager aus, Kühllagerung ist entbehrlich. Die Sorte eignet sich hervorragend als Tafelapfel zum Frischverzehr, aber auch für die häusliche Verarbeitung.

Havelgold

'Havelgold' ist eine großfrüchtige, qualitativ hochwertige Wintersorte, deren Früchte sich durch intensives Aroma und interessante Färbung auszeichnen. Form und Farbe erinnern etwas an 'Braeburn', der aber im Geschmack deutlich übertroffen wird. Durch ihren intensiven Geschmack und ihr von anderen Hauptsorten deutlich unterschiedliches Aussehen ist 'Havelgold' eine interessante Ergänzung des Winterapfelsortiments.

Herkunft: Die Sorte entstammt einer Kreuzung zwischen 'Undine' und 'Auralia' und wurde im Institut für Obstforschung Dresden-Pillnitz gezüchtet (Murawski, C. Fischer, M. Fischer). Im Handel seit 1992.

Wuchs und Anbaueignung: Der Baum wächst mittelstark mit mittlerer bis starker Verzweigung. Gerüstäste schräg aufrecht, als schlanke Spindel geeignet. Regelmäßiger Fruchtastumtrieb ist erforderlich. Die Sorte reagiert positiv auf Zusatzbewässerung. Blütenfrostlagen sollten gemieden werden. Günstigste Unterlage: M9. Besondere Anfälligkeiten wurden bisher nicht beobachtet, auf Mehltaubefall ist aber zu achten.

Blüte, Befruchtung, Ertrag: 'Havelgold' blüht früh, ist daher etwas blütenfrostgefährdet. Die Sorte ist diploid, geeignete Befruchter sind 'Pinova', 'Golden Delicious', 'Idared', 'James Grieve', 'Pilot', 'Remo'. Der Ertrag setzt früh ein und ist mittelhoch bis hoch (etwas unter 'Golden Delicious'). Ausdünnen ist in der Regel nicht erforderlich.

Frucht und Verwertung: Die Frucht ist groß, länglich, mit glatter Schale, kaum berostet. Das Fruchtfleisch ist knackig, zum Ende der Genußreife mürbe werdend. Bei zu hohem N-Angebot kann Stippe auftreten. Das Aroma ist kräftig aromatisch, süßsäuerlich. Erntereif sind die Früchte Ende September, genußreif ab Oktober, lagerfähig bis Februar/März, im CA-Lager auch bis April. 'Havelgold' ist eine hervorragende Tafelfrucht, Verarbeitung nach der Ernte scheint möglich.

Apfel

Helios

'Helios' ist eine gelbe, wohlschmeckende Sommersorte für den Erwerbs- und Liebhaberanbau. Sie ist relativ robust, gering anfällig für Schorf, kaum für Mehltau, verträglich für Winterfrost und in allen Lagen von der Küste bis in mittlere Höhenlagen anbauwürdig.

Herkunft: 'Helios' entstand aus freier Abblüte von 'Oldenburg' in der Abteilung Obstzüchtung des Instituts für Acker- und Pflanzenbau Müncheberg/Mark durch Martin Schmidt und Murawski und wurde 1969 in den Handel gebracht.

Wuchs und Anbaueignung: Der Baum wächst anfangs stärker, später mittelstark. Die Gerüstäste stehen schräg aufrecht mit geringer Verzweigung. In der Krone wird viel kurzes Fruchtholz gebildet. Die Sorte ist breit anbaufähig. Sie gedeiht am besten auf nährstoffreichen Böden. Als Unterlagen eignen sich alle schwach bis mittelstark wachsenden Unterlagen, wie M9, M26, Pi80, MM106, auch A2.

Blüte, Befruchtung, Ertrag: Die Blüte beginnt früh und dauert mittellang. Die Sorte blüht reich, ist diploid und ein guter Pollenspender. Als Befruchter eignen sich 'Alkmene', 'Carola', 'James Grieve', 'Idared', 'Auralia', 'Clivia', 'Golden Delicious'. Der Ertrag setzt früh ein und ist hoch mit geringer Neigung zu Alternanz.

Frucht und Verwertung: Die Früchte sind mittelgroß, rundlich, sehr gleichmäßig. Die glatte Schale färbt sich gelb, an spezifischen Standorten mit orangerotem Hauch. Der Geschmack ist zart süßsäuerlich und fein aromatisch. Die Früchte sind druckempfindlich, ohne Neigung zu Stippigkeit. Pflückreife Anfang August (10 bis 14 Tage nach 'Klarapfel'), Genußreife im August über 2–3 Wochen. Die Früchte können im Normallager etwa 14 Tage genußreif gelagert werden. Die Sorte ist für den Frischverzehr zwischen 'Klarapfel' und 'James Grieve' sehr gut geeignet, aber auch für die häusliche und industrielle Verwertung.

Apfel

Herrnhut
Originalname: 'Schöner von Herrnhut'

'Herrnhut' ist eine alte Lokalsorte, als farbige Herbstsorte vorwiegend für den Lieb-
haber- und Streuobstanbau zum Frischverzehr geeignet. Sie ist robust und breit anbaufähig, auch noch sehr gut bis in rauhe
Gebirgslagen und Grenzlagen für den Apfelanbau. Sie ist im Holz sehr, in der Blüte
mäßig frosthart und wenig anfällig für
Schorf, Mehltau und Krebs.

Herkunft: 'Herrnhut' stammt aus Sachsen
und wurde um 1880 von Heintze in Herrnhut bei Zittau gefunden. Etwa seit 1900 befindet sich die Sorte im Handel, heute ist
sie nur noch vereinzelt anzutreffen.

Wuchs und Anbaueignung: Der Baum
wächst mittelstark mit aufrecht (steil und
schräg) stehenden Gerüstästen und dichter
Verzweigung. Die Sorte eignet sich in allen
Anbaulagen bis in rauhe Gebirgslagen, die
Böden sollten genügend feucht und nähr-
stoffreich sein. In der Unterlagenwahl gibt
es keine Einschränkungen.

Blüte, Befruchtung, Ertrag: Die Blüte
beginnt mittelspät und währt mittellang.
Sie ist reich und wenig witterungsempfind-
lich. Die Sorte ist diploid. Als Befruchter ist
nur 'Goldparmäne' bekannt. Der Ertrag
setzt mittelfrüh ein, ist hoch bis sehr hoch.
Die Sorte alterniert bei zu hohen Erträgen.

Frucht und Verwertung: Die Früchte
sind mittelgroß, hochrund und grünlichgelb
mit braunroter Deckfarbe gefärbt. Die
Schale fettet. Der Geschmack ist schwach
süßsäuerlich mit leichtem, meist parfümier-
tem Aroma. Die Früchte sind etwas druckempfindlich. Sie neigen kaum zu Stippe.
Pflückreife Ende September, Genußreife
Ende Oktober bis Dezember. Die Früchte
lassen sich gut im Normal- und Kühllager
lagern, fetten aber stark im Normallager.
Die Verwertung erfolgt als Speiseapfel für
den Frischverzehr und für alle Arten der
Verarbeitung.

Apfel

Idared

Die Sorte ist eine farbige, ertragreiche Spätwintersorte für den Erwerbsanbau und eine Weltsorte mit einem großen Anbauumfang. Trotz nur mittlerer Geschmacksqualität besitzt die Sorte ihre Bedeutung wegen hoher, sicherer Erträge und verlustarmer Lagerung.

Herkunft: 'Idared' entstand in USA um 1935 aus der Kreuzung 'Jonathan' × 'Wagenerapfel' und kam 1942 in den Handel.

Wuchs und Anbaueignung: Der Baum wächst schwach und verzweigt sich gut. Ein Überwachungsschnitt ist für die Beseitigung stark mehltaubefallener Triebe erforderlich. 'Idared' liebt offene wärmere Lagen, nährstoffreiche, gut durchlüftete Böden mit mäßiger Feuchtigkeit. Die Sorte ist stark anfällig für Mehltau, weniger für Schorf, aber blütenfrostempfindlich. Als Unterlagen eignen sich die schwach bis mittelstark wachsenden Unterlagen.

Blüte, Befruchtung, Ertrag: Die Blüte beginnt früh und dauert mittellang. Die Sorte blüht reich, ist diploid und ein guter Pollenspender. Als Befruchter eignen sich 'Klarapfel', 'Vista Bella', 'Goldparmäne', 'Jerseymac', 'James Grieve', 'Berlepsch', 'Pikant', 'Pinova', 'Pilot', 'Remo', 'Reglindis', 'Rewena', 'Golden Delicious', 'Gloster'. Der Ertrag setzt früh ein, ist hoch und regelmäßig.

Frucht und Verwertung: Die Früchte sind groß, flachrund, leicht gerippt. Auf grünlicher Grundfarbe wird eine braunrote bis kräftig rote Deckfarbe gebildet. Die Schale ist glatt. Der Geschmack ist flach süßsäuerlich mit schwachem Aroma, das Fruchtfleisch mittelfeinzellig und saftig. Die Früchte fetten nicht, neigen nicht zu Stippigkeit oder anderen Fruchtfleischkrankheiten. Pflückreife Anfang bis Mitte Oktober, Genußreife Dezember bis Juni. Die Lagerung erfolgt sehr verlustarm im Normal-, Kühl- oder CA-Lager. Die Früchte haben einen hohen Vitamin-C-Gehalt. 'Idared' ist ein guter Tafelapfel für den Frischverzehr, auch für die häusliche Verarbeitung.

Ingol

'Ingol' ist eine gut gefärbte, wohlschmekkende Frühwinterapfelsorte für den Er-
werbs- und Liebhaberobstbau. Die Sorte
bringt an geeigneten Standorten hohe Erträge, schmackhafte Früchte mit guter
Transportfähigkeit.

Herkunft: 'Ingol' wurde in der Obstbauversuchsanstalt Jork von Loewel und Saure
1954 aus der Kreuzung 'Ingrid Marie' × 'Golden Delicious' gezüchtet.

Wuchs und Anbaueignung: Der Baum
wächst stark mit schräg aufrecht stehenden
Gerüstästen und geringer Verzweigung, aber
guter Fruchtholzbildung. Die Sorte liebt
mäßig warme, tiefgründige, nährstoffreiche
Böden und scheint sich an Standortbedingungen gut anzupassen. Aber Spätfrostlagen sollten vermieden werden. Die Sorte ist
anfällig für Schorf und Mehltau, mäßig anfällig für Krebs. Als Unterlagen eignen sich
die schwach wachsenden Typ-Unterlagen.

Blüte, Befruchtung, Ertrag: Die Blüte
beginnt mittelfrüh. Die Sorte ist diploid. Als
Befruchter eignen sich 'James Grieve', 'Oldenburg', 'Goldparmäne', 'Jonathan', 'Cox
Orange', 'Glockenapfel'. Der Ertrag setzt
früh ein, ist hoch und regelmäßig.

Frucht und Verwertung: Die Früchte
sind mittelgroß bis groß, flachrund mit
grünlichgelber Grundfarbe und leuchtend
roter bis dunkelroter Deckfarbe. Der Geschmack ist ausgeglichen süßsäuerlich mit
angenehm zartem Aroma. Die Früchte können berosten und reißen. Pflückreife Ende
September bis Anfang Oktober, Genußreife
November bis Januar. Die Lagerung kann
im Normal- und Kühllager durchgeführt
werden. Die Verwertung erfolgt als Tafelapfel für den Frischverzehr und für die
häusliche Verarbeitung.

Apfel

James Grieve

Die Sorte ist eine farbige, wohlschmekkende Frühherbstsorte mit einer großen Verbreitung für Erwerbs- und Liebhaberanbau bis in höhere Lagen. Sie dient gleichzeitig als guter Pollenspender.

Herkunft: 'James Grieve' entstand aus freier Abblüte der Sorte 'Potts Sämling' in Schottland. 1890 wurde die Sorte in den Handel gegeben.

Wuchs und Anbaueignung: Der Baum wächst mittelstark mit schräg bis waagerecht stehenden Gerüstästen und mittlerer Verzweigung. Die Sorte ist breit anbaufähig bis in mittlere Höhenlagen auf offenen, nährstoffreichen, mäßig feuchten Böden. Die Sorte ist robust, anfällig für Mehltau, gering anfällig für Schorf, sehr stark anfällig für Feuerbrand, anfällig für Blut- und Blattläuse, Kragenfäule, Krebs. Als Unterlagen eignen sich schwach bis mittelstark wachsende Unterlagen.

Blüte, Befruchtung, Ertrag: Die Blüte beginnt früh und dauert lange. Die Sorte blüht reich, ist diploid und ein sehr guter Pollenspender. Als Befruchter eignen sich 'Klarapfel', 'Summerred', 'Vista Bella', 'Piros', 'Jerseymac', 'McIntosh', 'Berlepsch', 'Idared', 'Golden Delicious', 'Cox Orange', 'Goldparmäne', 'Spartan', 'Jonathan', 'Elstar'. Der Ertrag setzt früh ein und ist jährlich hoch bis sehr hoch.

Frucht und Verwertung: Die Früchte sind mittelgroß bis groß, rundlich, teils leicht gerippt. Die Schale ist glatt, mitunter leicht fettend, mit gelblicher Grundfarbe und leuchtend roter Deckfarbe. Die Früchte sind druckempfindlich und neigen zu Stippe. Der Geschmack ist kräftig süßsäuerlich, sehr fruchtig aromatisch, mit feinzelligem schaumigem Fruchtfleisch. Pflückreife Anfang September folgernd, Genußreife September bis Oktober. Die Sorte ist zum Sofortverbrauch, aber auch für Normal- und Kühllagerung geeignet. Die Verwendung erfolgt als Tafelapfel und für die häusliche Verarbeitung.

Jerseymac

'Jerseymac' ist eine rote, wohlschmeckende Spätsommersorte für Erwerbs- und Liebhaberanbau. Die Sorte ist relativ robust, weil wenig empfindlich für Mehltau und Blütenfrost, aber anfällig für Schorf, Krebs und Feuerbrand.

Herkunft: 'Jerseymac' wurde aus der Kreuzung 'N.J. 24' × 'Julyred' an der Rutgers Universität, New Brunswick, New York, USA, gezüchtet und 1972 benannt.

Wuchs und Anbaueignung: Der Baum wächst mittelstark bis stark mit schräg aufrecht stehenden Gerüstästen und guter Verzweigung. Der Wuchs ähnelt dem der Sorte 'McIntosh'. Die Sorte ist breit anbaufähig, auf nährstoffreichen, gut durchlässigen Böden bis in mittlere Höhenlagen. Als Unterlagen eignen sich die schwach wachsenden Unterlagen M9, Pi80, M26.

Blüte, Befruchtung, Ertrag: Die Sorte blüht mittelfrüh, mittellang, ist diploid und ein guter Pollenspender. Als Befruchter eignen sich 'Vista Bella', 'James Grieve', 'Gold-parmäne', 'Cox Orange', 'Spartan', 'Idared', 'Golden Delicious', 'Gala', 'Elstar'. Der Ertrag setzt früh ein und ist mittelhoch. Die Sorte neigt zum Vorerntefruchtfall.

Frucht und Verwertung: Die Früchte sind mittelgroß bis groß, rundlich, mitunter ungleichmäßig. Auf grünlichgelbem Grund breitet sich eine karminrote Deckfarbe aus. Der Geschmack ist fein süßsäuerlich, mild, mit feinzelligem Fruchtfleisch. Die Früchte sind weich, druckempfindlich und schorfanfällig. Pflückreife Mitte August folgernd, Genußreife August bis September. Die Sorte ist nicht lagerfähig und zum sofortigen Verzehr bestimmt. Die Verwertung erfolgt vorwiegend als Tafelapfel zum Frischverzehr.

Apfel

Jonagold

'Jonagold' ist eine farbige, wohlschmeckende Winterapfelsorte mit hohem Marktwert, besonders im Erwerbsanbau.

Herkunft: 'Jonagold' wurde 1943 aus der Kreuzung von 'Golden Delicious' × 'Jonathan' in der Versuchsstation Geneva, New York, USA, gezüchtet. 1968 wurde die Sorte dem Handel übergeben. Inzwischen sind eine Reihe Mutanten, u.a. 'Jonagored', 'Wilmuta', 'Jonica', 'Rubinstar' bekannt geworden.

Wuchs und Anbaueignung: Der Baum wächst stark mit schräg aufrecht stehenden Gerüstästen und dichter Verzweigung. Die Sorte stellt hohe Ansprüche an die Standortbedingungen und bevorzugt spätfrostfreie, wärmere Lagen, nährstoffreiche, humose, tiefgründige, genügend feuchte Böden. Die Sorte ist anfällig für Mehltau, Schorf, Krebs und sie ist blütenfrostempfindlich. Als Unterlagen eignen sich die schwach wachsenden Unterlagen M27, M9, Pi80, M26.

Blüte, Befruchtung, Ertrag: Die Blüte beginnt früh, dauert mittellang und ist frostempfindlich. Die Sorte blüht reich, ist triploid und nicht als Pollenspender geeignet. Befruchter sind 'Vista Bella', 'James Grieve', 'McIntosh', 'Empire', 'Idared', 'Cox Orange', 'Goldparmäne', 'Spartan'. Der Ertrag setzt früh ein, ist hoch und regelmäßig.

Frucht und Verwertung: Die Früchte sind mittelgroß bis sehr groß, länglich rund, mitunter etwas ungleich geformt. Sie sind grünlichgelb bis gelb mit leuchtend roter Deckfarbe. Der Geschmack ist angenehm süßsäuerlich mit feinem Aroma; Schattenfrüchte schmecken fad. Die Früchte sind druckempfindlich und neigen zu Stippigkeit. Pflückreife Anfang Oktober, Genußreife November bis März. Die Früchte können im Normal-, Kühl- und CA-Lager ohne Welken gelagert werden. Sie werden vorwiegend zum Frischverzehr als Tafelapfel, aber auch für häusliche Verarbeitung verwendet.

Apfel

Jonathan

Eine rote Wintersorte für den Liebhaberobstbau, eingeschränkt für den Erwerbsanbau. Der Ertrag ist nur mittelhoch und unter nördlichen Anbaubedingungen wird der Geschmack nicht voll ausgeprägt.

Herkunft: 'Jonathan' wurde aus freier Abblüte der Sorte 'Esopus Spitzenberg' zu Beginn des 19. Jahrhunderts in den USA ausgelesen und um 1880 nach Europa eingeführt.

Wuchs und Anbaueignung: Der Baum wächst schwach bis mittelstark mit schräg aufrecht stehenden Gerüstästen und mittlerer, dünntriebiger Verzweigung. Die Sorte ist nur für wärmere und wärmste Lagen breit anbaufähig, zum Beispiel in Ungarn, auf nährstoffreichen, trockenen Böden. Nur auf diesen Standorten wird eine hohe Fruchtqualität erreicht. Die Sorte ist sehr empfindlich für Mehltau, Krebs und Feuerbrand, in speziellen Lagen auch blütenfrostempfindlich. Als Unterlagen eignen sich M26, Pi80, MM106.

Blüte, Befruchtung, Ertrag: Die Blüte beginnt mittelspät und ist mittellang andauernd. Die Sorte blüht mittelreich, ist diploid und ein guter Pollenspender. Befruchtersorten sind 'James Grieve', 'Oldenburg', 'Goldparmäne', 'Cox Orange', 'McIntosh', 'Idared', 'Spartan', 'Berlepsch', 'Glokkenapfel'. Der Ertrag setzt früh ein, ist mittelhoch und regelmäßig.

Frucht und Verwertung: Die Früchte sind mittelgroß, teils auch klein, rundlich. Die Farbe ist gelbgrün mit trübroter bis dunkel purpurroter Deckfarbe. Der Geschmack ist kräftig süßsäuerlich, fein aromatisch, mitunter etwas parfümiert. Die Früchte sind stark stippeanfällig und empfindlich für Schalen- und Fleischbräune. Pflückreife ist Ende September bis Anfang Oktober, Genußreife November bis März/April. Die Früchte lassen sich gut im Normallager ohne Welken lagern, im Kühllager über +3 °C. Die Früchte werden für den Frischverzehr, besonders als rote Weihnachtsäpfel verwendet.

Apfel

Juno

'Juno' ist eine farbige Spätwinterapfelsorte für den Liebhaberanbau mit verbessertem 'Ontario'-Geschmack. Die Sorte ist nur mittelmäßig ertragreich, empfindlich für Holz- und Blütenfrost.

Herkunft: 'Juno' entstand aus der Kreuzung 'Ontario' × 'London Pepping' in der Abteilung Obstzüchtung des Instituts für Acker- und Pflanzenbau Müncheberg/Mark durch Martin Schmidt und Murawski und wurde 1971 in den Handel gebracht.

Wuchs und Anbaueignung: Der Baum wächst mittelstark mit schräg aufrecht stehenden, später waagerechten Gerüstästen und mitteldichter Verzweigung, dichter als 'Ontario'. Die Sorte ist breit anbaufähig auf offenen, nährstoffreichen, genügend feuchten Böden, auch noch in mittleren Höhenlagen ohne Frostgefahr. Die Sorte ist anfällig für Schorf und Stippe. Als Unterlagen eignen sich M9, M26, Pi80, MM106.

Blüte, Befruchtung, Ertrag: Die Blüte beginnt mittelfrüh und dauert mittellang.

Die Sorte blüht mittelstark und ist diploid. Als Befruchter eignen sich 'Alkmene', 'Cox Orange', 'Clivia', 'Idared', 'Golden Delicious', 'Herma', 'Jonathan'. Der Ertrag setzt früh ein, ist mittelhoch und fast regelmäßig.

Frucht und Verwertung: Die Früchte sind mittelgroß bis sehr groß, abgeplattet und gerippt. Sie variieren in Größe und Form. Die Grundfarbe bleibt zumeist gelblichgrün mit etwas dunkelroter Deckfarbe. Der Geschmack ist angenehm fein süßsäuerlich und zart aromatisch, deutlich besser als 'Ontario'. Die Schale ist glatt und fest. Die Früchte sind stark druckempfindlich. Pflückreife ist Mitte bis Ende Oktober, Genußreife Januar bis Mai. Die Früchte können im Normallager ohne Welken und Geschmacksverlust, aber auch im Kühllager gut gelagert werden. Die Sorte eignet sich vor allem für den Frischverzehr, aber auch gut in der häuslichen Verarbeitung.

Kaiser Wilhelm
Synonym: 'Wilhelmapfel'

Eine farbige, sehr robuste Winterapfelsorte mit hoher Anpassungsfähigkeit an mäßige Standortbedingungen, an denen anspruchsvollere Sorten nicht mehr gedeihen, widerstandsfähig gegen Holz- und Blütenfrost, mäßig anfällig für Schorf. Obgleich nur mäßig im Geschmack, behauptet sie wegen guter Lager- und Transportfähigkeit ihren Platz auf dem Markt.

Herkunft: 'Kaiser Wilhelm' wurde 1864 von Hesselmann in Witzleben, Solingen, gefunden und ab 1877 verbreitet. Vermutlich ist sie ein Sämling von 'Harberts Renette'.

Wuchs und Anbaueignung: Der Baum wächst stark bis sehr stark mit schräg aufwärts bis waagerecht stehenden Gerüstästen und dichter Verzweigung. Die Sorte ist auf allen Böden vom Flachland bis in höhere Lagen anbaufähig. Sie ist anfällig für Krebs. Unterlagen M9, M26, MM106.

Blüte, Befruchtung, Ertrag: Die Blüte beginnt mittelfrüh und ist lang andauernd.

Die Sorte blüht reich, ist triploid und daher als Befruchter nicht geeignet. Als Befruchter dienen 'Klarapfel', 'Landsberger', 'Goldparmäne', 'Cox Orange', 'Gelber Edel', 'Ontario'. Der Ertrag setzt spät ein, ist im Vollertragsstadium hoch, aber alternierend.

Frucht und Verwertung: Die Frucht ist mittelgroß bis groß, rundlich. Die Schale ist glatt und trocken, mit grüngelblicher Grundfarbe und dunkelrot gestreifter Deckfarbe. Typisch ist eine strahlige, bucklige Berostung in der Stielgrube. Der Geschmack ist kräftig süßsäuerlich mit schwachem Aroma. Die Früchte sind stippenanfällig. Sie hängen fest im Wind. Pflückreife ist Ende September bis Anfang Oktober, Genußreife November bis März. Die Früchte lagern sich gut im Normal- und Kühllager. Sie haben einen hohen Vitamin-C-Gehalt. 'Kaiser Wilhelm' ist eine Sorte für Selbstversorger- und Streuobstbau und eignet sich für den Frischverzehr, für häusliche und industrielle Verarbeitung.

Apfel

Klarapfel
Synonym: 'Weißer Klarapfel'

Eine gelbe Sommersorte mit breitem Anbauumfang für Liebhaber- und Selbstversorger, sehr robust, sehr winterfrosthart, wenig anfällig für Schorf und Kragenfäule, deshalb auch in höheren Lagen noch gut anbaufähig. Der Geschmack ist mäßig, aber durch die Säure erfrischend und durch die frühe Reife im Anbau noch immer wertvoll.

Herkunft: 'Klarapfel' wurde 1852 von einer Baumschule aus Riga nach Frankreich abgegeben und von dort über Europa verbreitet. Die Abstammung ist unbekannt.

Wuchs und Abaueignung: Der Baum wächst anfangs mittelstark, später schwach mit steil und schräg aufrechten Gerüstästen und mittlerer Verzweigung. Die Krone muß im Schnitt ständig überwacht werden. Die Sorte ist bis in höhere Lagen auf nährstoffreichen Böden anbaufähig. Sie ist anfällig für Feuerbrand, Krebs, Mehltau und Blutläuse. Als Unterlagen eignen sich mittelstark wachsende wie M26 und MM106.

Blüte, Befruchtung, Ertrag: Die Blüte beginnt früh und dauert mittellang. Die Sorte blüht nicht sehr reich. Sie ist diploid. Als Befruchter eignen sich 'Schöner aus Bath', 'Goldparmäne', 'Oldenburg', 'Cox Orange', 'Ananasrenette', 'Croncels', 'Baumann'. Der Ertrag setzt früh ein und ist nur mittelhoch, an älteren Bäumen alternierend.

Frucht und Verwertung: Die Früchte sind klein bis mittelgroß, rundlich mit Rippen, gelblichgrün bis weißlichgelb, ohne Deckfarbe, mit deutlich sichtbaren Lentizellen. Der Geschmack ist säuerlich, erfrischend, kaum süß. Die Früchte werden schnell mehlig, sind sehr druckempfindlich. Pflückreife ist Mitte Juli bis Anfang August, Genußreife ab Ernte nur etwa eine Woche. Der frühest reifende Tafelapfel für den Frischverzehr, auch für häusliche und industrielle Verarbeitung. Die Sorte ist für den Erwerbsanbau nicht geeignet wegen des zu geringen Ertrages, folgernder Reife und starker Druckempfindlichkeit.

Landsberger

'Landsberger' ist eine farbige Frühwintersorte für den Selbstversorger- und Liebhaberanbau. Der Anbau ist wegen starkem
Krankheits- und Schädlingsbefall (Schorf,
Mehltau, Krebs, Blutlaus) stark zurückge-
gangen. Durch ihre hohe Widerstandsfähigkeit gegen Winter- und Blütenfrost ist die
Sorte aber bis in Höhenlagen anbaufähig.

Herkunft: Die Sorte wurde Mitte des
19. Jahrhunderts von Burchardt in Lands-
berg, Warthe, gezogen. Die Abstammung ist
unbekannt.

Wuchs und Anbaueignung: Der Baum
wächst stark, später mittelstark mit steil
und schräg aufrecht stehenden Gerüstästen
und mitteldichter Verzweigung. Die Sorte
stellt nur mäßige Ansprüche an den Standort und ist bis in Höhenlagen und auch in
Windlagen anbaufähig. Auf nährstoffreichen, durchlässigen, mäßig feuchten Böden
bildet sie wohlschmeckende Äpfel aus. Als
Unterlagen eignen sich alle schwach- und
mittelstark wachsenden Unterlagen.

Blüte, Befruchtung, Ertrag: Die Blüte
beginnt mittelfrüh und ist lang andauernd.
Die Sorte ist diploid und ein guter Pollenspender. Befruchtersorten sind 'Klarapfel',
'Croncels', 'Cox Orange', 'Goldparmäne',
'Baumann', 'Berlepsch'. Der Ertrag setzt
früh ein, ist hoch und regelmäßig.

Frucht und Verwertung: Die Früchte
sind klein bis groß, rundlich abgeplattet,
vom Kelch gerippt. Die Schale ist glatt, später fettend, mit punktartig berosteten Lentizellen und strahlenförmiger Berostung in
der Stielgrube. Auf grünlichgelber Grundfarbe bildet sich eine bräunlichrote Deckfarbe aus. Der Geschmack ist mild süßsäuerlich mit schwachem Aroma, teilweise fad.
Die Früchte sind druckempfindlich, kaum
stippeanfällig. Pflückreife ist Anfang bis
Mitte Oktober, Genußreife Oktober bis Februar. Die Lagerung ist im Normallager und
im Kühllager ohne Welken gut. Die Sorte
eignet sich für den Frischverzehr und alle
häuslichen Verarbeitungsarten.

Apfel

McIntosh

'McIntosh' ist eine sehr alte, dunkelrote Herbstsorte mit hoher Widerstandskraft gegen Holzfrost für den Selbstversorger, aber auch für den Erwerbsanbau.

Herkunft: Die Sorte wurde bereits 1796 von John McIntosh in Ontario, Kanada, als Zufallssämling gefunden und hat sich seit der Jahrhundertwende auch in Europa verbreitet. Inzwischen wurden zahlreiche Mutanten bekannt.

Wuchs und Anbaueignung: Der Baum wächst mittelstark bis stark, mit schräg aufrechten Gerüstästen und dichter Verzweigung. Die Sorte ist breit anbaufähig, auf offenen, gut durchlüfteten, nährstoffreichen, genügend feuchten Böden bis in mittlere Höhenlagen. Windlagen (Fruchtfall) und geschlossene Lagen (starke Schorfanfälligkeit) sind zu meiden. Die Sorte ist außerdem stark anfällig für Krebs, Rindennekrosen, aber gering für Mehltau. Als Unterlagen eignen sich vornehmlich schwächer wachsende.

Blüte, Befruchtung, Ertrag: Die Blüte beginnt früh, dauert nur mäßig lang und ist wenig frostempfindlich. Die Sorte ist diploid, aber der Pollen keimt schlecht, deshalb kein guter Pollenspender. Geeignete Befruchter sind 'Klarapfel', 'James Grieve', 'Goldparmäne', 'Cox Orange', 'Idared', 'Golden Delicious', 'Glockenapfel' 'Jonathan'. Der Ertrag setzt mittelfrüh ein und ist mittelhoch mit Neigung zu Alternanz.

Frucht und Verwertung: Die Früchte sind mittelgroß, gerippt und abgeplattet, sie variieren in Größe und Form. Die Schale ist glatt mit hellen Lentizellen. Die Grundfarbe ist grünlich mit dunkelblau-roter Deckfarbe. Die Früchte sind wenig anfällig für Stippe und Fleischbräune. Die Sorte neigt zu Vorerntefruchtfall. Der Geschmack ist süßlich bis fad mit schwachem Aroma. Pflückreife ist ab Mitte September folgernd, Genußreife September bis Dezember. Die Früchte lassen sich im Normal- und Kühllager gut ohne Welken lagern. Sie eignen sich besonders als Tafelapfel für den lokalen Markt und Eigenbedarf.

Melrose

'Melrose' ist eine farbige Wintersorte für den Erwerbs- und Selbstversorgeranbau. Die Sorte hat eine lange Genußreifedauer und ist wohlschmeckend, bevorzugt aber warme, durchlässige Standorte und ist stark anfällig für Mehltau.

Herkunft: Die Sorte wurde 1932 von Howlett, Ohio, USA, aus einer Kreuzung von 'Jonathan' × 'Delicious' gezüchtet und seit 1944 verbreitet.

Wuchs und Anbaueignung: Der Baum wächst stark mit steilen Gerüst- und Seitenästen und dichter Verzweigung. Die Sorte stellt höhere Ansprüche an den Standort und benötigt nährstoffreiche, warme, gut durchlüftete Böden. Die Sorte ist neben der hohen Mehltauanfälligkeit auch anfällig für Krebs und Feuerbrand, weniger für Schorf. Als Unterlagen eignen sich die schwächer wachsenden M9, M26, Pi80.

Blüte, Befruchtung, Ertrag: Die Blüte beginnt spät und dauert nicht lange an. 'Melrose' ist diploid. Als Befruchter eignen sich 'James Grieve', 'Goldparmäne', 'Alkmene', 'Cox Orange' 'Golden Delicious', 'Gloster', 'Idared'. Der Ertrag beginnt zögernd und ist nur mittelhoch mit Neigung zu Alternanz.

Frucht und Verwertung: Die Früchte sind mittelgroß bis groß, flachrund mit Rippen. Die Schale ist glatt, mit deutlich sichtbaren berosteten Lentizellen, grünlicher Grundfarbe und braunroter, dunkler Deckfarbe. Der Geschmack ist kräftig süßsäuerlich und aromatisch. Die Sorte neigt kaum zu Stippe. Pflückreife ist Anfang bis Mitte Oktober, Genußreife Dezember bis Mai/Juni. Die Lagerung kann im Normal-, Kühl- und CA-Lager erfolgen. Die Früchte eignen sich als Tafelapfel zum Frischverzehr.

Apfel

Mutsu
Synonym: 'Crispin'

'Mutsu' ist eine gelbe Winterapfelsorte für anspruchsvolle Standorte vorwiegend im Erwerbs-, aber auch im Liebhaberanbau. Die Standortansprüche sind der der Muttersorte 'Golden Delicious' sehr ähnlich und entsprechend hoch.

Herkunft: 'Mutsu' wurde 1930 in der Aomori Versuchsstation, Japan, aus der Kreuzung 'Golden Delicious' × 'Indo' gezüchtet und 1948 herausgegeben. Auf dem englischen Markt wird die Sorte seit 1968 als 'Crispin' gehandelt.

Wuchs und Anbaueignung: Der Baum wächst stark. Die Gerüstäste stehen flachwinklig, die Verzweigung ist ähnlich 'Golden Delicious'. Die Sorte ist sehr wärmeliebend und reift später als 'Golden Delicious'. Die Sorte ist stärker schorfanfällig und frostempfindlich. Als Unterlagen eignen sich M9, Pi80, M26.

Blüte, Befruchtung, Ertrag: Die Blüte beginnt spät, ist weniger reich als 'Golden Delicious'. Die Sorte ist triploid. Befruchter sind 'James Grieve', 'Goldparmäne', 'Idared', 'Cox Orange', 'Gloster', 'Jonathan', 'McIntosh'. Der Ertrag setzt früh ein, ist hoch bis sehr hoch, mit Neigung zu stärkerer Alternanz.

Frucht und Verwertung: Die Früchte sind groß bis sehr groß, glattschalig, wenig berostet, grünlichgelblich mit leicht rotem Hauch. Der Geschmack ist süßlich, wenig säuerlich und schwach aromatisch. Das Fruchtfleisch ist abknackend. Die Sorte neigt kaum zu Stippe. Pflückreife ist Mitte bis Ende Oktober, Genußreife im November bis Mai. Die Lagerung kann im Normal-, Kühl- und CA-Lager erfolgen. Die Früchte werden als Tafeläpfel genutzt. Sie haben einen hohen Vitamin-C-Gehalt.

Oldenburg

Vollständiger Name: 'Geheimrat
Dr. Oldenburg'

Die Sorte ist eine alte farbige Herbstsorte
für den Liebhaber- und Streuobstbau mit
größerer Anbaubreite in Deutschland.

Herkunft: 'Oldenburg' wurde 1897 in Geisenheim aus der Kreuzung 'Minister von
Hammerstein' × 'Baumanns Renette' gezüchtet.

Wuchs und Anbaueignung: Der Baum
wächst mittelstark mit schräg aufrechten,
später geneigten Gerüstästen und guter
Verzweigung. Die Sorte ist breit anbaufähig
auf leichten, warmen, gut durchlüfteten Böden und bis in mittlere Höhenlagen auf genügend feuchten Böden. Die Sorte ist relativ unempfindlich für Holz- und Blütenfrost,
ebenso für Mehltau und Schorf, wird auch
vom Apfelwickler wenig befallen. Als Unterlagen werden M9, M26, Pi80 und MM106
empfohlen.

Blüte, Befruchtung, Ertrag: Die Blüte
beginnt früh, ist lang andauernd und reich.
Die Sorte ist diploid und ein guter Pollen-
spender. Als Befruchter dienen 'Klarapfel',
'Landsberger', 'Croncels', 'Goldparmäne',
'Cox Orange', 'Baumann', 'Ananasrenette',
'Carola', 'James Grieve'. Der Ertrag setzt
früh ein, ist sehr hoch und regelmäßig,
Massenträger.

Frucht und Verwertung: Die Früchte
sind klein bis mittelgroß, rund und ebenmäßig. Die Schale ist glatt, später leicht
fettend, gelblich, mit kräftig roter Deckfarbe. Der Geschmack ist mild süßsäuerlich, aromatisch, saftig. Die Früchte sind
gut transportfähig, mäßig empfindlich für
Stippe, nicht windfest. Sie neigen zu
Fruchtfall. Pflückreife im September, Genußreife September bis November. Die Lagerung ist gut im Normal- und Kühllager.
Die Früchte werden als Tafelapfel und für
die Verarbeitung verwendet. Die Sorte eignet sich weniger für den Erwerbsanbau.

Ontario

'Ontario' ist eine alte Dauersorte für den Selbstversorger- und Liebhaberanbau. Durch ihre breite Anbaufähigkeit von der Küste bis in mittlere Höhenlagen ist sie trotz verschiedener Mängel nicht entbehrlich.

Herkunft: 'Ontario' wurde 1820 von Arnold in Ontario, Kanada, aus der Kreuzung 'Northern Spy' × 'Wagener' gezüchtet und 1882 in den Handel gebracht.

Wuchs und Anbaueignung: Der Baum wächst mittelstark mit schräg aufrecht stehenden Gerüstästen, schwacher Verzweigung und Gefahr des Verkahlens. Die Sorte ist breit anbaufähig, in warmen und mäßig warmen Lagen, auf tiefgründigen, gut durchlüfteten Böden. Sie ist sehr empfindlich für Winterfrost und anfällig für Mehltau und Krebs, wenig empfindlich für Schorf, resistent gegen Blutlaus. Geeignete Unterlagen sind M9 und M26.

Blüte, Befruchtung, Ertrag: Die Büte beginnt mittelspät und dauert lang. Die Sorte ist diploid und ein guter Pollenspender. Befruchter sind 'Oldenburg', 'Goldparmäne', 'Cox Orange', 'Baumann', 'Glockenapfel', 'Gelber Edelapfel'. Der Ertrag beginnt früh, ist mittelhoch und regelmäßig, an älteren Bäumen alternierend.

Frucht und Verwertung: Die Früchte sind groß bis sehr groß, abgeplattet, kantig mit grünlicher bis grünlichgelber Grundfarbe und bräunlichroter Deckfarbe. Der Geschmack ist säuerlich, wenig aromatisch, mit einem hohen Vitamin-C-Gehalt. Die Früchte sind stark druckempfindlich und empfindlich für Fruchtfäulen, wenig für Stippe. Pflückreife ist Ende Oktober, Genußreife Februar bis Mai/Juni. Die Früchte lagern gut über +4 °C im Normallager, Kühllager ist nicht erforderlich. Sie eignen sich gut als Tafelapfel für den Frischverzehr. 'Ontario' ist weniger für den Erwerbsanbau geeignet.

Pikant

Eine gut gefärbte, attraktive, großfrüchtige Herbstsorte als Ergänzungssorte bis Dezember für Selbstvermarkter.

Herkunft: Züchter ist das Institut für Obstforschung Dresden-Pillnitz (Murawski, Schmadlak, C. Fischer, M. Fischer). Die Sorte entstammt einer Kreuzung zwischen 'Undine' und 'Carola' und wurde 1988 in den Handel gegeben. Es besteht Sortenschutz.

Wuchs und Anbaueignung: Der Wuchs ist mittelstark mit guter Verzweigung und schräg aufrechten Gerüstästen. 'Pikant' trägt auch endständig, was beim Schnitt zu beachten ist. Das großblättrige Laub ist relativ wenig empfindlich gegen Schorf- und Mehltaubefall, aber blütenfrostgefährdete Lagen sollten gemieden werden. Der Anbau kann auf der Unterlage M9 erfolgen, aber auch auf M26 oder MM106.

Blüte, Befruchtung, Ertrag: Die Sorte blüht mittelfrüh bis spät und regelmäßig. 'Pikant' ist diploid und eine gute Befruchtersorte. Geprüfte Befruchter für 'Pikant' sind 'James Grieve', 'Idared', 'Golden Delicious', 'Gloster', 'Pinova', 'Pilot', 'Shampion', 'Spartan', 'Elstar' und zahlreiche Re-Sorten. Der Ertrag liegt etwa bei 85–90% zu 'Golden Delicious'. Die Alternanzneigung der Vatersorte 'Carola' wurde nicht vererbt, so daß 'Pikant' regelmäßig trägt.

Frucht und Verwertung: Die sehr große Frucht ist flach, leicht gerippt mit kräftig zinnoberroter Deckfarbe auf gelblichem Grund, Bedeckungsgrad etwa 70–80%. Ihr Fruchtfleisch ist feinzellig, saftig abknakkend, angenehm mild süß-säuerlich und aromatisch. Die Schale ist glatt und ohne Rost. Pflückreif ist 'Pikant' im September. Ein Durchpflücken lohnt, bei überschrittener Baumreife fallen die relativ schweren Früchte. Angeschnittene Früchte bleiben weiß, so daß sie sich auch für Apfelstücke oder ähnliche Produkte eignen. Außerdem sind die Früchte sehr gut preßbar und ergeben einen angenehm schmeckenden Saft.

Apfel

Pikkolo

'Pikkolo' ist eine farblich sehr ansprechende, wohlschmeckende, mittelgroße Ergänzungssorte in der Reifezeit November bis Februar/März. Durch ihre geringe Anfälligkeit für Schorf und Mehltau, ihren lockeren und schwachen Wuchs und ihre hohe Ertragsleistung ist sie für moderne Intensivanlagen in allen Apfellagen geeignet.

Herkunft: Die Sorte wurde im Institut für Obstforschung Dresden-Pillnitz gezüchtet (H. Murawski, J. Schmadlak, C. Fischer, M. Fischer). Elternsorten waren 'Clivia' und 'Auralia'. Sie ist im Handel seit 1993, es besteht Sortenschutz.

Wuchs und Anbaueignung: Ihr Wuchs ist schwach bis mittelstark mit lockerer Krone, breit wachsend, etwas schleudernd, günstig ist deshalb ein Hochbinden des Mitteltriebes. Der Schnittaufwand ist relativ gering. Als günstige Baumform für Intensivanlagen wird die schlanke Spindel empfohlen. Als Unterlagen kommen M9, M26, auf schlechteren Böden auch MM106 in Frage.

Blüte, Befruchtung, Ertrag: 'Pikkolo' blüht mittelfrüh, sehr reich und regelmäßig. Die Sorte ist diploid und ein guter Pollenspender. Befruchtersorten sind 'James Grieve', 'Idared', 'Golden Delicious', 'Pikant', 'Pinova', 'Pilot', 'Shampion'. Der Ertrag setzt früh ein, ist regelmäßig und sehr hoch. Bei zu hohem Behang ist Ausdünnen empfehlenswert.

Frucht und Verwertung: Die Frucht ist mittelgroß mit attraktiver, leuchtend roter Deckfarbe (70–100%) auf gelbem Grund, das Fruchtfleisch ist saftig, abknackend, spritzig und hat ein kräftiges, süß-säuerliches Aroma, die Schale ist glatt, ohne Berostung. Pflückreife ist Mitte bis Ende September, lagerfähig sind die Früchte bis Februar/März, bei CA-Lagerung bis April. 'Pikkolo' ist ein ausgesprochener Tafelapfel.

Apfel

Pilot

'Pilot' stellt ein Novum auf dem Apfelmarkt dar. Die Früchte entwickeln ihr spezifisches, kräftiges Aroma erst ab Februar und besitzen in ihrer vollen Genußreifezeit bis Juni einen säuerlich-süßen Geschmack. Sie sind sehr widerstandsfähig gegenüber Stoß- und Druckbelastung und dadurch problemlos bei Ernte, Transport und Lagerung. Ein weiterer Vorteil ist eine geringe Empfindlichkeit gegenüber Feuerbrand, Schorf und Mehltau.

Herkunft: Die Sorte entstammt einer Kreuzung zwischen 'Clivia' und 'Undine' und wurde 1988 in den Handel gegeben. (Sortenschutz). Züchter ist das Institut für Obstforschung Dresden-Pillnitz (Murawski, C. Fischer, Schmadlak, M. Fischer).

Wuchs und Anbaueignung: 'Pilot' wächst mittelstark bis schwach, die Verzweigung ist locker, die Gerüstäste wachsen annähernd waagerecht, was sie für die Erziehung als schlanke Spindel gut geeignet macht. Der Schnittaufwand ist gering. Bei zu starkem Behang ist Fruchtausdünnung notwendig. Unterlagen: M9 und M26.

Blüte, Befruchtung, Ertrag: Die Sorte blüht mittelfrüh bis mittelspät, reich und regelmäßig. 'Pilot' ist diploid und ein guter Befruchter. Geprüfte Befruchtersorten sind 'Idared', 'Golden Delicious', 'Gloster', 'Elstar', 'Melrose', 'Pinova', 'Remo', 'Rewena'. Der Ertrag setzt früh ein und ist hoch und regelmäßig. Im Vergleich zu 'Golden Delicious' zwischen 80 und 140%.

Frucht und Verwertung: Die Deckfarbe ist leuchtend rot auf orangefarbenem Grund, manchmal etwas berostet um Stielgrube und Blüte. Die Fruchtoberfläche ist mitunter etwas wellig. Das Fruchtfleisch ist fest und in der vollen Genußreife ab Februar saftig abknackend. Pflückreif ist 'Pilot' im Oktober mit bzw. nach 'Golden Delicious'. Die Früchte hängen fest am Baum. Die Sorte eignet sich als Langlagersorte (bis Juni im Kühllager) insbesondere als Tafelapfel, liefert aber auch ausgezeichnete Verarbeitungsprodukte, auch noch bei Spätverarbeitung.

Apfel

Pinova

'Pinova' ist eine ertragssichere und ertragreiche Winterapfelsorte mit hervorragendem Aussehen und gutem Geschmack. Die Genußreife ist ähnlich der Sorte 'Golden Delicious'. Hervorzuheben ist die geringe Empfindlichkeit gegenüber Feuerbrand, Winterfrost und Spätfrost. Sie ist eine rotfrüchtige attraktive Alternative bzw. Ergänzung zu 'Golden Delicious'. Haltbarkeit, Lagerverhalten und Ertragssicherheit sind ähnlich bzw. etwas besser als bei 'Golden Delicious'.

Herkunft: Die Sorte entstammt der Kreuzung 'Clivia' × 'Golden Delicious' und ist seit 1986 im Handel. (Sortenschutz). Gezüchtet wurde sie im Institut für Obstforschung Dresden-Pillnitz (Murawski, Schmadlak, C. Fischer, M. Fischer).

Wuchs und Anbaueignung: Der Wuchs ist schwach bis mittelstark. Die Sorte verzweigt sich willig und eignet sich vorzüglich zur Erziehung als schlanke Spindel. Breit erzogene Kronen bringen Kleinfrüchtigkeit mit sich. Ein regelmäßiger Fruchtastumtrieb ist erforderlich. Aufgrund der hohen Fruchtbarkeit von 'Pinova' ist Fruchtausdünnung zu empfehlen. Als Unterlage wird M9 und M26 empfohlen.

Blüte, Befruchtung, Ertrag: Die Sorte blüht mittelspät, regelmäßig und sehr reich, sie ist diploid und ein sehr guter Bestäuber. Geprüfte Befruchtersorten sind 'James Grieve', 'Golden Delicious', 'Elstar', 'Gloster', 'Melrose', 'Shampion', 'Piros', 'Pilot', 'Pikant'. Der Ertrag setzt sehr früh ein, ist sehr hoch (95–160% zu 'Golden Delicious') und regelmäßig.

Frucht und Verwertung: Die zinnoberrote, mittelgroße Frucht ist fest, saftig abknackend, angenehm süß-säuerlich. 'Pinova' sollte mit oder nach 'Golden Delicious' geerntet werden, um die volle Ausfärbung zu erreichen. Die Früchte hängen fest am Baum. Lagerfähig sind sie im Kühllager bis April/Mai, im CA-Lager bis Juni. Auf hohe Luftfeuchtigkeit im Lager ist zu achten. Sie sind für Verarbeitung weniger geeignet.

Apfel

Pirol
Synonym: 'Pirella'

'Pirol' ist eine bunte Herbstsorte mit hervorragender Fruchtqualität für den Erwerbs- und Liebhaberanbau. Die Sorte stellt ähnliche Anforderungen wie 'Golden Delicious' und ist wenig krankheitsanfällig, insbesondere gegenüber Feuerbrand.

Herkunft: Die Sorte wurde im Institut für Obstforschung Dresden-Pillnitz (C. Fischer, Schmadlak) aus der Kreuzung 'Golden Delicious' × 'Alkmene' gezüchtet und 1992 zum Sortenschutz angemeldet.

Wuchs und Anbaueignung: Der Baum wächst mittelstark mit schräg aufrecht stehenden Gerüstästen und guter Verzweigung. Die Sorte gedeiht gut auf nährstoffreichen, gut durchlüfteten Böden. Die Standortansprüche entsprechen denen von 'Golden Delicious'. 'Pirol' ist wenig anfällig für Schorf, Mehltau und Feuerbrand.

Blüte, Befruchtung, Ertrag: Die Sorte blüht mittelfrüh bis mittelspät, reich und lang andauernd. Befruchtersorten sind 'James Grieve', 'Idared', 'Piros', 'Remo', 'Retina', 'Reglindis'. Weitere Sorten befinden sich in Prüfung. Der Ertrag setzt früh ein und ist hoch. Bisher wurde keine Alternanz festgestellt.

Frucht und Verwertung: Die Früchte sind groß bis sehr groß, länglich rund und stielbauchig. Die Schale ist glatt, im überreifen Zustand der Frucht fettend. Auf gelber Grundfarbe wird die Frucht zu 30 bis 70% mit einem leuchtenden Rot bedeckt. Der Geschmack ist kräftig süßsäuerlich mit einem intensiven fruchtigen Aroma. Pflückreife ist Mitte September, Genußreife von der Ernte bis Ende November. Die Lagerung kann im Normal- und Kühllager erfolgen. Die Früchte eignen sich hervorragend als Tafelapfel zum Frischverzehr. Die Sorte kann für den Erwerbs- und Liebhaberanbau empfohlen werden.

Apfel

Piros

'Piros' ist eine qualitative Spitzensorte unter den Sommersorten. Ihre hervorragenden Geschmackseigenschaften werden ergänzt durch eine für Sommersorten ungewöhnliche Haltbarkeit von etwa 3 Wochen. Die Ausfärbung der Früchte ist sehr ansprechend, ihre Größe ist ausgeglichen. Die Reifezeit von 'Piros' liegt in der Angebotslücke zwischen 'Vista Bella' und 'Summerred' bzw. 'James Grieve'. Die Sorte stellt eine Bereicherung des Sommerapfelsortimentes dar und dürfte in ihrer Reifezeit unter unseren klimatischen Bedingungen wenig Konkurrenz haben.

Herkunft: 'Piros' stammt aus einer Kreuzung zwischen 'Helios' und 'Apollo' und ist seit 1985 im Handel. Es besteht Sortenschutz. Züchter ist das Institut für Obstforschung Dresden-Pillnitz (Murawski, Schmadlak, C. Fischer, M. Fischer).

Wuchs und Anbaueignung: Der Wuchs ist mittelstark, die Kronen sind sehr locker und gering verzweigt, so daß nur minimaler Schnittaufwand entsteht. Es empfiehlt sich, in den ersten Standjahren verzweigungsfördernd zu schneiden (stummeln). Blütenfrostlagen sind zu meiden. Als Unterlage wird M26, auf besten Böden auch M9 empfohlen.

Blüte, Befruchtung, Ertrag: 'Piros' blüht mittelfrüh, reich und regelmäßig und ist diploid. Geprüfte Befruchtersorten sind 'James Grieve', 'Vista Bella', 'Idared', 'Golden Delicious', 'Pinova' 'Shampion', 'Summerred', 'Jerseymac', 'Remo', 'Retina'. Der Ertrag setzt früh, aber etwas langsam ein, ist später hoch und regelmäßig.

Frucht und Verwertung: Die Frucht ist groß, länglich rund, geflammt bis flächig rot gefärbt auf gelber bis gelb-grünlicher Grundfarbe. Die Früchte hängen meist einzeln und fallen nicht. Ausdünnen ist nicht erforderlich. Pflückreif ist 'Piros' Ende Juli, Anfang August.

Apfel

Reanda

Eine dreifachresistente Sorte aus der Pillnitzer Züchtung, resistent gegen Feuerbrand, Schorf und Mehltau und relativ unempfindlich gegen Blütenfrost. Sie ergänzt als großfrüchtige, rote Wintersorte das resistente Apfelsortiment in der Reifefolge der Re-Sorten® für Frischverzehr: 'Retina' (Sommer), 'Reglindis' (Herbst), 'Reanda' (Spätherbst, Winter), 'Rewena' (Winter).

Herkunft: Die Sorte stammt aus einer Kreuzung von 'Clivia' und einem F_3-Nachkommen von *Malus floribunda*. Sie wurde im Institut für Obstforschung Dresden-Pillnitz (Murawski, C. Fischer, M. Fischer) gezüchtet und 1993 in den Handel gegeben (Sortenschutz).

Wuchs und Anbaueignung: Sie wächst schwach, bildet breite, lockere Kronen mit waagerechten Gerüstästen. Der Neigung zu Verkahlung im Inneren der Krone kann durch Schnitt entgegengewirkt werden. Unterlagen: M26, MM106, auf sehr guten Böden M9.

Blüte, Befruchtung, Ertrag: 'Reanda' blüht mittelfrüh, ist diploid und ein guter Pollenspender. Als geeignete Befruchtersorten unter den Re-Sorten® haben sich 'Reka', 'Reglindis', 'Remo', 'Relinda' und 'Rewena' erwiesen, nicht resistente Befruchter sind 'James Grieve', 'Idared', 'Piros', 'Pilot', 'Pinova', 'Golden Delicious', 'Undine' sowie die resistente Sorte 'Prima'. Der Ertrag setzt früh ein und ist regelmäßig. Ausdünnen kann bei sehr hohem Fruchtbesatz erforderlich werden.

Frucht und Verwertung: Die Frucht ist mittelgroß bis groß, kurzachsig, rund mit kräftiger roter Deckfarbe auf gelbem Grund. Ihr Fruchtfleisch ist saftig, knackig, mittelfeinzellig, angenehm süß-säuerlich und aromatisch. Aufgrund ihres günstigen Zucker-Säure-Verhältnisses (14:1) ist sie auch zur Saftgewinnung gut geeignet. Analysenwerte für die Herstellung von Saft und Nektar: Extrakt 13,2%, Säure 8,1 g/l, Zucker 11,9%. Pflückreife ist Ende September, Genußreife Oktober bis Februar.

Apfel

Reglindis

'Reglindis' ist eine mehrfachresistente, gut gefärbte Herbstsorte, die sich sehr gut als Tafelfrucht, aber auch für die Verarbeitung eignet. Sie ist resistent gegen Schorf und Rote Spinne und nur gering anfällig gegen Mehltau und Feuerbrand. Wichtig ist, daß die Schorfresistenz nicht auf monogener Grundlage von *Malus floribunda* beruht, sondern von 'Antonovka' stammt, dessen polygen bedingte Feldresistenz eine stabilisierende Wirkung auf das natürliche System Wirt – Parasit ausübt, wenn die Sorte mit anderen resistenten *M. floribunda*-Resistenzträgern angebaut wird (z.B. 'Prima', 'Querina', 'Remo', 'Rewena').

Herkunft: Eltern dieser Sorte sind 'James Grieve' und ein F_2-Nachkomme von 'Antonovka'. Sie wurde im Institut für Obstforschung Dresden-Pillnitz (Murawski, C. Fischer) gezüchtet, 1990 in den Handel gegeben und steht unter Sortenschutz.

Wuchs und Anbaueignung: Der Wuchs ist mittelstark, die Krone ist locker aufgebaut mit schräg aufrecht wachsenden Gerüstästen. Erziehung als schlanke Spindel ist möglich. Sie ist für Intensiv- und integrierten Anbau gleichermaßen geeignet. Als Unterlagen werden M9 und M26 empfohlen.

Blüte, Befruchtung, Ertrag: 'Reglindis' blüht mittelfrüh, reich und regelmäßig, die Sorte ist diploid und als Pollenspender geeignet. Geprüfte resistente Befruchtersorten sind 'Prima', 'Retina', 'Rewena', 'Remo', 'Reka', 'Reanda', nicht resistente Befruchter sind 'James Grieve', 'Idared', 'Pikant', 'Pinova'. Der Ertrag liegt etwa bei 90% zu 'Prima' und ist regelmäßig.

Frucht und Verwertung: Die leuchtend rote bis rotbackige, mittelgroße Frucht ist feinzellig, saftig, süß-säuerlich mit feinem Aroma, leicht gerippt und glattschalig und bis November lagerfähig. Pflückreif ist 'Reglindis' im September ähnlich 'James Grieve'. Analysenwerte für die Saft- und Mostherstellung: Extrakt 11,0%, Säure 8,3 g/l, Zucker 10,6%, Z-S-Verhältnis 12:1, Saftausbeute 80%.

Apfel

Reka

'Reka' ist eine schorfresistente Sommersorte zur Ergänzung des Re-Sortiments nach 'Retina' und vor 'Reglindis'. 'Reka' ist zudem nur gering anfällig für Mehltau und Bakterienbrand sowie relativ widerstandsfähig gegenüber Winterfrost. Ihre Schorfresistenz geht nicht auf *Malus floribunda* zurück, so daß die Sorte mit 'Reglindis' zusammen im Anbau mit anderen Sorten mit *Malus floribunda*-Resistenz eine wichtige Rolle für die Stabilität der Schorfresistenz unter Feldbedingungen spielen kann.

Herkunft: 'Reka' entstand aus 'James Grieve' und einer F_2-Hybride von *Malus pumila* als Resistenzträger im Institut für Obstforschung Dresden-Pillnitz (Murawski, C. Fischer, M. Fischer), wurde 1993 in den Handel gegeben und steht unter Sortenschutz.

Wuchs und Anbaueignung: Die Sorte wächst mittelstark bis stark mit schräg aufrechten Gerüstästen, der Neutrieb ist lang und kräftig. Sie ist für integrierten und ökologisch orientierten Anbau zu empfehlen, wobei blütenfrostgefährdete und windexponierte Standorte zu meiden sind. Als Unterlagen sind M9 und M26 möglich.

Blüte, Befruchtung, Ertrag: Die Blüte erfolgt früh und reichlich. 'Reka' ist diploid und ein guter Pollenspender. Von den Re-Sorten® wurden als gute Befruchter ermittelt: 'Retina', 'Reglindis', 'Remo', 'Reanda', 'Rene', 'Rewena'. Ebenso eignen sich die resistente Sorte 'Prima' sowie die nicht resistenten Sorten 'James Grieve', 'Idared', 'Piros', 'Pikant', 'Pinova', 'Pilot' und 'Golden Delicious'. Der Ertrag ist sehr hoch und früh einsetzend. Er liegt über dem von 'James Grieve' und 'Golden Delicious'. Ausdünnen kann erforderlich werden.

Frucht und Verwertung: Die Frucht ist mittelgroß, kurzachsig, gerippt mit leuchtend roter Deckfarbe auf gelbem Grund. Das Fruchtfleisch ist abknackend, sehr saftig mit ausgeglichenem süß-säuerlichen Geschmack. Pflückreife ist Anfang September, Genußreife September bis Anfang Oktober. 'Reka' ist eine Tafelapfelsorte.

Apfel

Relinda

'Relinda' ist eine schorfresistente, robuste Wintersorte für späte Verarbeitung zu Most und Nektar. In wärmeren Gegenden erreichen die Früchte gute Tafelqualität. Ihre Anfälligkeit gegen Mehltau und Bakterienbrand ist gering. Mit ihrem auffälligen gesunden Laub sowie ihrem spezifischen Wuchscharakter dürfte sie sich auch sehr gut für den landschaftsprägenden Obstbau eignen.

Herkunft: Die Sorte entstand aus einer Kreuzung zwischen 'Undine' und einem F_3-Nachkommen von *Malus floribunda* im Institut für Obstforschung Dresden-Pillnitz (Murawski, C. Fischer, M. Fischer), und ist seit 1993 im Handel. (Sortenschutz).

Wuchs und Anbaueignung: Die Sorte wächst mittelstark bis stark, durch relativ starke Verzweigung werden dichte Kronen gebildet. Der Baum ist etwas dünntriebig mit schräg aufrecht wachsenden Gerüstästen. Je nach Verwendungszweck – Mostobstanbau oder Landschaftsgestaltung –

werden als Unterlagen M26 bis Sämling empfohlen, auch M9 ist möglich.

Blüte, Befruchtung, Ertrag: 'Relinda' blüht mittelspät, reichlich, ist diploid und ein guter Pollenspender. Gute Befruchtersorten aus dem Re-Sortiment sind 'Remo', 'Reglindis', 'Rewena', 'Reanda' und 'Rene', nicht resistente Bestäuber sind 'James Grieve' und 'Idared'. Ertraglich reicht 'Relinda' nicht an 'Golden Delicious' heran.

Frucht und Verwertung: Die Frucht ist mittelgroß bis groß, fest mit etwas grobzelligem Fruchtfleisch. Die Früchte sind bis April sehr gut preßbar, der optimale Verarbeitungszeitraum liegt im November bis Februar/März. Die leuchtend roten Früchte sind mitunter leicht netzartig berostet, der Geschmack ist säurebetont, ab Februar sind die Früchte knackig saftig und erreichen, sonnengereift, beachtliche Tafelqualität. Analysenwerte zur Herstellung von Most und Nektar: Extrakt 13,1%, Säure 11,4 g/l, Zucker 11,4%, Z-S-Verhältnis 10:1, Saftausbeute 75%. Pflückreif ist die Sorte Mitte Oktober.

Apfel

Remo

Die erste fünffachresistente Sorte aus deutscher Züchtung, resistent gegen Feuerbrand, Mehltau, Schorf, relativ widerstandsfähig gegen Winter- und Blütenfrost. Ein Anbau ohne Fungizidbehandlung ist möglich. 'Remo' bietet sich für integrierten wie ökologisch orientierten Anbau und für große Anlagen an.

Herkunft: 'Remo' entstand aus einer Kreuzung zwischen 'James Grieve' und einem F_3-Nachkommen von *Malus floribunda* am Institut für Obstforschung Dresden-Pillnitz (Murawski, C. Fischer). Sie wurde 1990 als Mostapfelsorte für den Handel freigegeben. Es besteht Sortenschutz.

Wuchs und Anbaueignung: Der Wuchs ist schwach, etwas dünntriebig mit lockerer Krone. Deshalb sollten nur mittel bis starkwachsende Unterlagen verwendet werden. Beim Schnitt ist auf die Entwicklung stärkerer Gerüstäste zu achten. Der hohe Säuregehalt macht die Sorte sehr gut für die Verarbeitung geeignet, sie sollte aber auch für den landschaftsgestaltenden Extensivanbau Beachtung finden. Fruchtausdünnung erübrigt sich bei Mostobstproduktion.

Blüte, Befruchtung, Ertrag: Die Blüte erfolgt mittelfrüh, reich und regelmäßig. 'Remo' ist diploid und ein ausgezeichneter Pollenspender. Resistente Befruchtersorten sind 'Prima', 'Retina', 'Reglindis', 'Rewena', 'Reka', 'Reanda', 'Rene', nicht resistente Befruchter sind 'James Grieve', 'Idared', 'Golden Delicious', 'Piros', 'Pikant', 'Pinova', 'Pilot', 'Undine'. Der Ertrag setzt sehr früh ein, ist regelmäßig und sehr hoch. 100–150% zu 'Golden Delicious', 120% zu 'Prima'. Die Früchte hängen fest am Baum.

Frucht und Verwertung: Die Frucht ist mittelgroß bis groß, länglich, weinrot auf grünem Grund, oft mit typischer netzartiger Berostung. Der Geschmack ist säurebetont aromatisch. Analysenwerte für die Verarbeitung: Extrakt 13,4%, Säure 15,8 g/l, Zucker 12,9%, Z-S-Verhältnis 8,6:1, Saftausbeute 79%. Pflückreife im September, optimale Verarbeitung im September/Oktober.

Apfel

Rene

'Rene' ist eine reichtragende, mehrfachresistente, farbige Winterapfelsorte, die sich als Tafelapfel ebenso eignet wie für die Verarbeitung. Die Sorte ist resistent gegen Feuerbrand und Schorf, gering empfindlich gegen Bakterienbrand und relativ widerstandsfähig gegen Blütenfrost. Mehltaubefall ist durch Sommerschnitt und Bekämpfung einer Frühinfektion in Grenzen zu halten.

Herkunft: Die Sorte entstand aus einer Kreuzung zwischen 'James Grieve' und einem F$_3$-Nachkommen von *Malus floribunda* im Institut für Obstforschung Dresden-Pillnitz (Murawski, C. Fischer, M. Fischer), ist seit 1993 im Handel (Sortenschutz).

Wuchs und Anbaueignung: Sie wächst mittelstark mit mittlerer Verzweigung und schräg aufrechten Gerüstästen. Der Anbau ist in allen Apfellagen möglich, für Mehltau prädestinierte Lagen sollten aber bei ökologisch orientiertem Anbau vermieden werden. Als Unterlagen werden je nach Verwendung M9, M26, auf leichteren Böden auch MM106, für Industrieapfelanlagen A2 oder andere stark wachsende Unterlagen empfohlen.

Blüte, Befruchtung, Ertrag: 'Rene' blüht mittelfrüh und reichlich und ist ein guter Pollenspender, die Sorte ist diploid. Resistente Befruchtersorten sind 'Remo', 'Reglindis', 'Rewena', 'Retina', 'Reka' und 'Relinda', als nicht resistente Befruchtersorten wurden bisher 'James Grieve', 'Idared', 'Undine' und 'Pikant' ermittelt. Der Ertrag ist sehr hoch und regelmäßig, ähnlich 'Golden Delicious' oder 'Remo'.

Frucht und Verwertung: Die Frucht ist mittelgroß, kurzachsig, rund mit kräftig braunroter Deckfarbe auf grünlichgelbem Grund. Die Früchte hängen mitunter etwas traubig, das Fruchtfleisch ist saftig, säuerlichsüß, aromatisch. Analysenwerte für Most und Nektar: Extrakt 13,6%, Säure 12,7 g/l, Zucker 12,4%, Z-S-Verhältnis 10:1, Saftausbeute 71%. Pflückreife Anfang Oktober, Genußreife November bis März, optimale Verarbeitung bis Dezember.

Retina

'Retina' ist eine mehrfachresistente, dunkelrote, großfrüchtige und wohlschmekkende Spätsommer-Tafelapfelsorte. Sie ist die am frühesten reifende Pillnitzer Re-Sorte®. 'Retina' zeichnet sich aus durch Resistenz gegen Schorf und Obstbaumspinnmilbe sowie durch geringe Empfindlichkeit für Mehltau, Feuerbrand und Blütenfrost.

Herkunft: Die Sorte wurde 1991 in den Handel gegeben. Züchter ist das Institut für Obstforschung Dresden-Pillnitz (Murawski, C. Fischer, M. Fischer). Sie entstammt einer Kreuzung zwischen 'Apollo' ('Cox' × 'Oldenburg') und einer F$_3$-Hybride von *Malus floribunda*. Es besteht Sortenschutz.

Wuchs und Anbaueignung: Der Wuchs ist sehr stark, die Verzweigung des Baumes ist mittelstark bis stark mit schräg aufrechten Gerüstästen. Als Unterlagen werden deshalb M27 oder M9 empfohlen. Sie ist für integrierten und ökologisch orientierten Anbau geeignet.

Blüte, Befruchtung, Ertrag: Die Sorte blüht früh bis mittelfrüh, ist diploid und als Pollenspender geeignet. Resistente Befruchtersorten sind 'Prima', 'Remo', 'Reglindis', 'Reka', 'Reanda', 'Rene', 'Rewena', nicht resistente Befruchter sind 'Golden Delicious', 'Idared', 'Piros', 'James Grieve' u.a. Der Ertrag ist mittelhoch.

Frucht und Verwertung: Die Frucht ist groß, länglich zugespitzt, 70–90 % der Schale sind dunkelrot gefärbt auf gelbgrünlichem Grund, eine attraktive Tafelfrucht. Die grünliche Grundfarbe bleibt oft um die Blüte herum sichtbar, was die Sorte unverwechselbar macht. Die Schale ist glatt und ohne Rost. Das feinzellige Fruchtfleisch ist saftig mit angenehm süßsäuerlichem Geschmack. Reifezeit ist Anfang September, die Genußreife reicht bis Anfang Oktober. Der richtige Pflückzeitpunkt entscheidet über genügende Ausfärbung einerseits und ausreichende Haltbarkeit andererseits. Überreife Früchte fallen. Die Fruchtgröße ist einheitlich, Ausdünnen ist nicht erforderlich.

Rewena

'Rewena' besitzt Fünffachresistenz gegen Feuerbrand, Schorf, Mehltau, Bakterienbrand und ist relativ unempfindlich gegen Blütenfrost. Sie kann ohne Fungizideinsatz angebaut werden. Mit ihrer Genußreife von November bis Februar/März ist sie im Pillnitzer Re-Sortiment ein wichtiger Vertreter der Wintersorten.

Herkunft: Züchter ist das Institut für Obstforschung Dresden-Pillnitz (Murawski, C. Fischer, M. Fischer). Die Sorte stammt aus der Kreuzung 'Cox Orange' × 'Oldenburg' mit einem F_3-Nachkommen von *Malus floribunda*. Sie wurde 1991 in den Handel gegeben. Es besteht Sortenschutz.

Wuchs und Anbaueignung: Der Wuchs ist schwach, die Krone ist locker verzweigt, die Gerüstäste wachsen schräg aufrecht. Als Unterlagen werden deshalb M26 und MM106, nur für beste Böden M9 empfohlen. Die Sorte kann für den landschaftsgestaltenden Obstbau ebenso eingesetzt werden wie für den Erwerbsanbau.

Blüte, Befruchtung, Ertrag: 'Rewena' blüht reich und regelmäßig, mittelspät bis spät, ist diploid und ein guter Pollenspender. Geprüfte resistente Befruchtersorten sind 'Retina', 'Remo', 'Reka', 'Reglindis', 'Reanda', 'Rene' sowie 'Prima', nicht resistente Befruchter sind 'Golden Delicious', 'Idared', 'James Grieve', 'Pikant', 'Pilot', 'Pinova', 'Undine'. Der Ertrag ist hoch und liegt etwas über 'Prima' und 'Golden Delicious', etwas unter 'Remo'. 'Rewena' alterniert nicht.

Frucht und Verwertung: Die Frucht ist mittelgroß bis groß, länglich bis rund, regelmäßig, rotbäckig bis rot und glattschalig. Ihr Fruchtfleisch ist säuerlichsüß, aromatisch, saftig. Analysenwerte zur Saft- und Nektarbereitung: Extrakt 12,3%, Säure 10,3 g/l, Zucker 11,0%, Z-S-Verhältnis 11:1, Saftausbeute 75%. 'Rewena' ermöglicht eine gestaffelte Ernte für die Verarbeitung, wenn sie zusammen mit 'Remo' und 'Rene' angebaut wird. Sie ist prädestiniert für ökologische Anbauverfahren und eignet sich ebenso als Tafelapfel.

Apfel

Roter Trierer Weinapfel

Farbiger Winterapfel für Most und Saft im Erwerbs- und Selbstversorgeranbau.

Herkunft: Wahrscheinlich aus dem Raum Trier. Die Abstammung ist unbekannt.

Wuchs und Anbaueignung: Zunächst starkwüchsig, wächst gut auf warmen, nährstoffreichen Böden in warmen Lagen. Gedeiht noch auf schlechten Böden und in rauhen Lagen, reagiert aber mit Geschmacksverlust. Ist anfällig für Schorf und Blattläuse, aber krebsfest und frosthart. Schwach und mittelstark wachsende Unterlagen sind geeignet.

Blüte, Befruchtung, Ertrag: Blüte mittelfrüh und mittelreich. Der Ertrag beginnt früh, ist reich und regelmäßig.

Frucht und Verwertung: Die Früchte sind klein, länglichrund mit glatter, fester Schale, Grundfarbe grün mit dunkelroter Deckfarbe. Sehr saftig und säurereich. Pflückreife Ende Oktober, Genußreife November bis April, beste Verarbeitungszeit Dezember bis März.

Rubinette
Synonym: 'Rafzubin'

Kleinfrüchtige, farbige Spätherbstsorte für Erwerbs- und Liebhaberanbau, anfällig für Schorf, weniger für Mehltau und Frost.

Herkunft: Von Hauenstein, Schweiz, 1966 als Sämling von 'Golden Delicious' gefunden, 1982 herausgegeben, Sortenschutz.

Wuchs und Anbaueignung: Wuchs mittelstark, gut verzweigt. Für wärmere Lagen, auf schwach wachsenden Unterlagen.

Blüte, Befruchtung, Ertrag: Blüte mittelspät. Diploid, Befruchter: 'James Grieve', 'Idared', 'Cox Orange', 'Golden Delicious', 'Gala'. Ertrag früh, mittelhoch.

Frucht und Verwertung: Früchte klein bis mittelgroß, rund, sehr gleichmäßig. Schale rauh, trocken, grüngelb, orangefarben bis braunrot, etwas berostet. Geschmack vorzüglich, süßsäuerlich und würzig vollaromatisch. Pflückreife Mitte September, Genußreife September bis Dezember. Fruchtausdünnung fördert die Fruchtgröße. Hervorragender Tafelapfel.

Apfel

Shampion

Die Sorte ist eine farbige, ertragreiche Herbstsorte für den Erwerbs- und Liebhaberanbau. Trotz hoher Anfälligkeit für Feuerbrand, Gummiholzkrankheit, auch Holzfrost ist die Sorte wertvoll im Anbau.

Herkunft: 'Shampion' wurde von Louda, Tschechien, aus der Kreuzung 'Golden Delicious' und vermutlich 'Lord Lambourne' gezüchtet, seit 1976 im Handel.

Wuchs und Anbaueignung: Der Baum wächst mittelstark mit lockerer Krone und schräg bis waagerecht stehenden Gerüstästen. Die Sorte ist breit anbaufähig auf nährstoffreichen, tiefgründigen gut durchlüfteten Böden bis in mittlere Höhenlagen. Sie besitzt neben hoher Anfälligkeit für viröse Gummiholzkrankheit, Holzfrost und Feuerbrand eine nur geringe Anfälligkeit für Mehltau. Es sollte nur virusfreies Pflanzmaterial verwendet werden. Als Unterlagen dienen M9, M26, MM106.

Blüte, Befruchtung, Ertrag: Die Blüte beginnt mittelspät und ist länger andauernd. Die Sorte blüht reich und ist diploid. Die Blüte ist frostempfindlich. Befruchter sind 'Idared', 'James Grieve', 'Spartan', 'Pikant', 'Pilot'. Der Ertrag setzt früh ein und ist sehr hoch.

Frucht und Verwertung: Die Früchte sind mittelgroß bis groß, rundlich, abgeplattet, mitunter etwas ungleich geformt. Die Schale ist glatt und trocken, die Grundfarbe ist gelblich, die Deckfarbe hell- bis mittelrot, stark gestreift, oft mit dunkleren Sektorialchimären. Der Geschmack ist schwach süßsäuerlich und zart aromatisch, mitunter etwas fad. Die Früchte neigen zu Stippe. Pflückreife ist Ende September bis Anfang Oktober, Genußreife Oktober bis Dezember. Die Lagerung ist gut im Normal- und Kühllager. Die Früchte werden vorwiegend für den Frischverzehr genutzt. Die Sorte ist eine gute Ergänzung im Herbstangebot für den Markt.

Summerred

Rote Spätsommersorte für die Angebotslücke zwischen 'Helios', 'Piros' und 'James Grieve' für Erwerbs- und Liebhaberanbau.
Herkunft: Aus Summerland, Kanada; freie Abblüte eines Sämlings von 'McIntosh' × 'Golden Delicious', 1964 herausgegeben.
Wuchs und Anbaueignung: Wuchs schwach bis mittelstark, mitteldichte Verzweigung. Nährstoffreiche, warme Böden. Anfällig für Schorf und Krebs, gering anfällig für Mehltau. Unterlagen: M9, M26, MM106.
Blüte, Befruchtung, Ertrag: Blüte früh. Diploid. Befruchter: 'James Grieve', 'Idared', 'Cox Orange', 'Golden Delicious'. Ertrag früh, mittelhoch, Neigung zu Alternanz.
Frucht und Verwertung: Früchte mittelgroß, länglichrund, Schale glatt, gelblichgrün, flächig karminrot. Geschmack erfrischend süßsäuerlich, leicht parfümiert, saftig. Pflückreife ist Mitte August, Genußreife August/September. Vorwiegend Tafelapfel zum Frischverzehr.

Undine

Farbige Wintersorte für den Erwerbs- und Liebhaberanbau bis in mittlere Höhenlagen. Stark anfällig für Mehltau, Feuerbrand, gering für Schorf, Holz- und Blütenfrost.
Herkunft: In Müncheberg von M. Schmidt und Murawski aus freier Abblüte von 'Jonathan' gezüchtet, seit 1961 im Handel.
Wuchs und Anbaueignung: Wuchs stark, dünne Triebe, mitteldichte Verzweigung. Für nährstoffreiche Böden bis in höhere Lagen. Unterlagen: M9, M26.
Blüte, Befruchtung, Ertrag: Blüte mittelspät. Diploid. Befruchter: 'Alkmene', 'Carola', 'Golden Delicious', 'Pikant', 'Pilot', 'Remo', 'Auralia', 'Pinova'. Ertrag beginnt früh, mittelhoch, später alternierend.
Frucht und Verwertung: Früchte mittelgroß, rundlich, Schale rauh, trocken, grünlich mit roter Deckfarbe, netzförmige Berostung. Kräftig süßsäuerlich, aromatisch. Pflückreife Oktober, Genußreife Dezember bis April. Neigt zu Stippe. Tafelapfel und Verarbeitung. Hoher Vitamin-C-Gehalt.

Apfel

Vista Bella

Die Sorte ist eine farbige, wohlschmekkende Sommersorte, allerdings nur für wärmere Standorte. Sie ist sehr schorfanfällig, variiert in Fruchtgröße und Fruchtform erheblich und alterniert. Sie hat trotzdem einen hohen Liebhaber- und Marktwert, da sie nach 'Klarapfel' frühzeitig auf den Markt kommt.

Herkunft: 'Vista Bella' wurde in der Rutgers Universität New Jersey, USA, aus einer Kreuzung von 'Sämling 77349' × 'Julyred' gezüchtet, seit 1944 im Handel.

Wuchs und Anbaueignung: Der Baum wächst anfangs stark, später mittelstark. Er verzweigt sich mittelmäßig. Die Gerüstäste stehen schräg aufrecht. Die Sorte stellt höhere Ansprüche an den Standort und bevorzugt wärmere Lagen mit nährstoffreichen, gut durchlüfteten Böden, keine höheren Lagen. Die Sorte ist sehr stark schorfanfällig, krebsanfällig, wenig mehltauanfällig. Als Unterlagen eignen sich M9, M26 und MM106.

Blüte, Befruchtung, Ertrag: Die Sorte blüht mittelfrüh und mittellang andauernd. Sie ist diploid. Befruchter sind 'Jerseymac', 'Goldparmäne', 'Idared', 'James Grieve', 'Piros', 'Summerred', 'Spartan', 'Golden Delicious'. Der Ertrag setzt früh ein und ist mittelhoch. Ältere Bäume alternieren.

Frucht und Verwertung: Die Früchte können klein, mittelgroß und groß sein. Sie variieren stark in Größe, Form und Farbe, sind rundlich abgeplattet, gerippt. Die Schale ist glatt und etwas wachsig, mit gelblicher Grundfarbe und scharlach- bis dunkelroter Deckfarbe. Der Geschmack ist angenehm säuerlich, auch süßlich, aromatisch, mitunter leicht parfümiert. Pflückreife ist Ende Juli bis Anfang August folgernd, Genußreife von der Ernte etwa 10 bis 14 Tage. Die Sorte kann kurze Zeit im Kühllager gelagert werden. Die Früchte eignen sich als Tafelapfel für den Frischverzehr. Die Sorte kann im Selbstversorger- und Erwerbsobstbau angebaut werden.

Zabergäurenette

Graugrüner, wohlschmeckender Renetten-
typ, robuste Spätwintersorte für den Lieb-
haber- und Selbstversorgeranbau. Widerstandsfähig gegen Holz- und Blütenfrost.
Herkunft: Vermutlich um 1885 als Zufallssämling bei Heilbronn gefunden.
Wuchs und Anbaueignung: Starkwüchsig mit mittlerer Verzweigung. Für tiefgründige, nährstoffreiche Böden. Auf schwach
wachsenden Unterlagen. Anfällig für Mehltau, Krebs, Rote Spinne, Blutlaus.
Blüte, Befruchtung, Ertrag: Blüte mittelfrüh, länger andauernd. Triploid. Befruchter: 'Klarapfel', 'Oldenburg', 'Goldparmäne',
'Golden Delicious', 'Jonathan'. Ertrag mittelfrüh, mittelhoch und alternierend.
Frucht und Verwertung: Früchte groß,
flachrund, zimtfarben berostet. Gelbgrün
mit roter Deckfarbe. Angenehm süßsäuerlich, schwach aromatisch. Stippig, windfest.
Pflückreife Mitte bis Ende Oktober, Genußreife Dezember bis März. Guter Tafel- und
Küchenapfel.

Zuccalmaglio
Synonym: 'von Zuccalmaglios Renette'

Kleinfrüchtiger farbiger Winterapfel für
Liebhaber- und Streuobstbau. Robust,
frosthart, nur mäßig anfällig für Schorf,
Mehltau, Blutlaus, stärker für Krebs.
Herkunft: 1878 von Ulhorn jun. in Greven-
broich aus 'Ananasrenette' × 'Purpurroter
Agatapfel' gezüchtet.
Wuchs und Anbaueignung: Wächst
schwach bis mittelstark mit dichter Verzweigung. Breit anbaufähig von der Küste
bis in mittlere Höhenlagen. Unterlagen: M26.
Blüte, Befruchtung, Ertrag: Blüte mittelfrüh. Diploid, Pollenspender. Befruchter:
'James Grieve', 'Oldenburg', 'Goldparmäne',
'Croncels', 'Cox Orange', 'Ananasrenette',
'Baumann'. Ertrag früh, mittelhoch alternierend.
Frucht und Verwertung: Früchte länglichrund, gelbgrün, Deckfarbe braunrot,
mild süßsäuerlich, druckempfindlich. Pflückreife Ende Oktober, Genußreife November
bis März.

Apfel

Alexander Lucas
Originalname: 'Beurré Alexandre Lucas'

Die großfrüchtige Tafelbirne ist die in
Deutschland im Erwerbs- und Selbstversorgeranbau verbreitetste, sicher ausreifende
Hauptwintersorte mit sehr guten Ertrags-
eigenschaften. Ihre innere Qualität reicht
zwar nicht an internationale Spitzensorten
heran, ist aber allgemein besser als ihr Ruf.
Die Sorte ist kaum schorfanfällig und leidet
wenig unter Feuerbrand.
Herkunft: Die Sorte wurde von Alexander
Lucas um 1870 im Wald bei Blois (Dep.
Loire-et-Cher), Frankreich, gefunden und
gelangte 1874 in den Handel.
Wuchs und Anbaueignung: Der Baum
wächst mittelstark, später schwächer. Die
Leitäste tragen reichlich kurzes Fruchtholz.
Typisch ist der mittelstarke, etwas schleu-
dernde Wuchs. Die Sorte ist in allen Baumformen breit anbaufähig bis in mittlere Höhen, läßt sich problemlos erziehen und eignet sich ideal zum Aufveredeln.

Blüte, Befruchtung, Ertrag: Die Sorte ist
triploid, geeignete Befruchter sind 'Clapps
Liebling', 'Gute Luise', 'Conference', 'Präsi-
dent Drouard', 'Williams Christ'. Die frühe
Blüte ist etwas frostempfindlich und neigt
schwach zu Parthenokarpie. Der Ertrag
setzt früh ein, ist meistens sehr hoch und
regelmäßig.
Frucht und Verwertung: Die Frucht wird
Anfang bis Mitte Oktober baumreif und ist
bis November/Dezember genußreif. Sie wird
groß bis sehr groß, um 120 g schwer. Sie ist
etwas klobig, birnen- und breit stumpfkegelförmig. Die Schale ist glatt und mittelfest.
Das gelblichweiße Fleisch ist halb- bis vollschmelzend, etwas körnig, erfrischend, nur
mäßig saftig und schmeckt süß, schwach
säuerlich und gering aromatisch. Seine Qualität schwankt je nach Standort, Jahr und
Behangstärke. Die Frucht ist wegen der
empfindlichen Schale behutsam und rechtzeitig zu ernten, da mit der Baumreife starker Fruchtfall einsetzt. Im Kühllager ist
'Alexander Lucas' 6 Monate haltbar.

Birne

Boscs Flaschenbirne

Originalname: 'Beurré Bosc',
'Calebasse Bosc'
Synonyme: 'Beurré d' Apremont', 'Kaiser
Alexander', 'Kaiserkrone', 'Kalebasse'

Die Sorte ist als Spätherbst-Tafelbirne eine internationale Marktfrucht und wird sehr stark in Italien (Emilia Romagna, Südtirol), aber auch in Süddeutschland, Österreich und der Schweiz angebaut. Die zimtfarbenen, elegant geformten Früchte sind auch dem Liebhaber vertraut. Das Holz ist frostempfindlich, lokal tritt Schorf auf.

Herkunft: Sie wurde wahrscheinlich durch van Mons in Löwen, Belgien, 1807 gezüchtet, aber nach A. Leroy entdeckte man sie 1793 oder später in oder bei Apremont (Dep. Haute-Saone) als Altbaum.

Wuchs und Anbaueignung: Der Baum wächst mittelstark mit steilen, wenig verzweigten, später hängenden Leitästen, die meistens langes Fruchtholz tragen. Er bildet eine lockere Pyramidenkrone. 'Boscs' eignet sich für alle Baumformen, auf Quitte mit Zwischenveredlung. Sie gedeiht bis in mittlere Höhen, aber bevorzugt an wärmeren, auch etwas trockenen Standorten.

Blüte, Befruchtung, Ertrag: Die Sorte ist diploid. Geeignete Befruchtersorten sind 'Clapps', 'Charneu', 'Conference', 'Verté', 'Williams'. Der Ertrag ist mittelhoch und regelmäßig.

Frucht und Verwertung: Die Frucht wird ab Mitte September baumreif und im Oktober/November genußreif. Sie ist bis vier Wochen haltbar. Die Größe variiert von 120–300 g. Sie ist stets lang birnen-, flaschen- oder keulenförmig. Die trockene bis rauhe, aber dünne und mürbe Schale stört wenig. Die grünliche Grundfarbe ist meist völlig zimtbraun (reif altgold) berostet. Das gelblichweiße Fleisch ist halb- bis vollschmelzend, feinkörnig, saftig, mildsäuerlich und fein würzig. Die Früchte sind vor dem mit der Baumreife einsetzenden Fruchtfall zu ernten und eignen sich sehr gut für lange Kühl- oder CA-Lagerung. Wegen Bräunung sind sie für Konservierung weniger geeignet.

Birne

Charneu

Originalname: 'Legipont'
Synonyme: 'Charneux', 'Fondante de Charneu', 'Köstliche von Charneu', 'Merveille de Charneu' u.a.

Weit verbreitete, gute Spätherbst-Tafelbirne, leidet lokal an Schorf, außerdem an Steinzellenbildung, Birnenverfall und, besonders bei Nachblüten, an Feuerbrand.
Herkunft: Um 1800 von M. Legipont in Charneux bei Luik, Belgien, gefunden.
Wuchs und Anbaueignung: Wuchs stark. Holz brüchig und wie die Blüte frostempfindlich. Bis in mittlere Höhen anbaufähig.
Blüte, Befruchtung, Ertrag: Die Sorte ist diploid. Befruchtersorten: 'Clapps', 'Boscs', 'Gellert', 'Paris', 'Williams'. Der Ertrag beginnt mittelspät, ist hoch und regelmäßig.
Frucht und Verwertung: Baumreife Anfang Oktober, 4 Wochen lagerfähig. Mittelgroß, um 155 g, glatte, dünne Schale, geringe Berostung. Fruchtfleisch schmelzend, saftig, süß, feinsäuerlich und etwas würzig. Für Verwertung weniger brauchbar.

Clairgeau

Einst stark verbreitete, schön gefärbte Frühwinterbirne, bildet riesige Schaufrüchte, deren innere Qualität stark variiert.
Herkunft: Von P. Clairgeau in Nantes, Frankreich, ab 1851 verbreitet.
Wuchs und Anbaueignung: Besenartig, steile Leitäste, geringe Verzweigung. Krone klein, spitzpyramidal. Holz spröde, brüchig, frostempfindlich, lokal schorfanfällig. Für gute Böden an warmen Standorten bis in mittlere Höhen. Gut an Hauswänden.
Blüte, Befruchtung, Ertrag: Die Sorte ist diploid. Befruchtungssorten: 'Boscs', 'Gellert', 'Gute Luise', 'Paris', 'Verté', 'Williams'. Ertrag beginnt früh, ist hoch, regelmäßig.
Frucht und Verwertung: Anfang Oktober pflückreif, bis Anfang Dezember genußreif, bis 500 g. Die Form kann stark variieren. Schale glatt bis rauh, rot umhöfte Schalenpunkte, starke Berostung. Fruchtfleisch halbschmelzend, grießig, saftig, süß-säuerlich, leicht gewürzt, unauffällig teigig werdend. Auch für Kompott und zum Dörren.

Birne

Clapps Liebling
Originalnamen: 'Clapp Favorite' oder 'Clapps Favourite'

Es ist eine mittelgroße, schöne August-Tafelbirne für den Sofortverbrauch mit guten Ertrags- und mittleren Geschmackseigenschaften. Der Liebhaberanbau hat die größte Bedeutung, da die sehr kurze Genußreife sowie hohe Druck- und Transportempfindlichkeit nur eine lokale Vermarktung zulassen. Die Sorte ist anfällig für Feuerbrand und leidet lokal an Schorf.

Herkunft: Sie wurde vor 1860 durch T. Clapp in Dorchester, Mass. USA, erzogen und ist seit um 1867 im Handel. Bekannte Mutanten betreffen rote Fruchtfarbe ('Starkrimson', USA 1939) und größere Früchte ('Jumbo Clapp', NL 1962).

Wuchs und Anbaueignung: Der starkwüchsige Baum bildet eine breitpyramidale, sperrige Krone mit steilen, wenig verzweigten Leitästen. Jene hängen bald bogenförmig über, wobei die Triebspitzen wieder aufrecht nach oben zeigen. Das leicht brüchige Holz ist mittel frostempfindlich. Die Sorte ist breit anbaufähig bis in mittlere Höhen. Wärmere Lagen sind zu bevorzugen, Windschutz und Fruchtausdünnung sind ratsam.

Blüte, Befruchtung, Ertrag: Die späte Blüte ist relativ frostfest und zu Parthenokarpie neigend. Die Sorte ist diploid. Befruchter: 'Boscs', 'Gellert', 'Gute Luise', 'Charneu', 'Verté', 'Williams'. Der Ertrag setzt mittelspät ein, ist aber hoch und regelmäßig.

Frucht und Verwertung: Die Frucht ist Anfang bis Ende August baumreif und bis 20 Tage haltbar. Sie wird um 150 g schwer. Die Schale ist glatt, hart und dick. Die gelbgrüne Grundfarbe ist sonnseits meist von geflammter orange- bis ziegelroter Deckfarbe überzogen. Die vielen kleinen rostartigen Lentizellen sind rot umhöft. Das cremefarbene, feinkörnige Fleisch ist süß, mildsäuerlich, sehr saftig, schmelzend und aromatisch. Die Frucht reift folgernd und ist etwa eine Woche vor der Baumreife zu ernten. Genußreif wird sie rasch teigig oder mehlig.

Birne

Concorde

'Concorde' ist eine interessante Neuheit aus England in der Reifezeit Ende September, Anfang Oktober, die das schmale Angebot an qualitativ guten Winterbirnen ergänzen kann. Sie ist, wie fast alle Birnensorten, feuerbrandanfällig.

Herkunft: Die Sorte ist eine Kreuzung aus 'Vereinsdechant' × 'Conference' und wurde 1984 in den Handel gegeben. Sie gewinnt in Europa zunehmend an Bedeutung.

Wuchs und Anbaueignung: Der Baum wächst mittelstark bis stark, aufrecht, mit mäßiger Verzweigung. Zur Anbaueignung können noch keine Angaben gemacht werden, positive Einschätzungen liegen aber aus zahlreichen europäischen Versuchsstationen vor, die auf eine recht große Anbaubreite hindeuten.

Blüte, Befruchtung, Ertrag: Die diploide Sorte erblüht mittelspät bis spät, entwächst damit etwas Blütenfrösten. Befruchtersorten sind noch nicht bekannt, aufgrund der Diploidie dürften aber keine Schwierigkei-

ten auftreten. Der Ertrag setzt früh ein und ist bisher regelmäßig und hoch.

Frucht und Verwertung: Die großen, grünlich bis höchstens grüngelblich gefärbten Früchte ähneln in der Form etwas 'Conference', zeigen wenig Rost und hängen relativ fest am Baum. Das Fruchtfleisch ist feinzellig, saftig, fast schmelzend (nicht an allen Standorten), angenehm süß bis süßsäuerlich. 'Concorde' ist eine sehr gute Tafelfrucht, über Verarbeitungseigenschaften liegen noch keine Erfahrungen vor. Lagerfähig sind die Früchte bis Februar, im CA-Lager auch bis März.

Birne

Conference

Die im EG-Bereich am meisten neu gepflanzte Sorte, da sie als Spätherbst-Tafelbirne für den Erwerbs- und Liebhaberobstbau einige sehr wertvolle Eigenschaften aufweist: weitgehend schorffest, regelmäßig Spitzenertrag, mittelstarker Wuchs, gute Qualität sowie schnelle, gute Nachreife nach mehrmonatiger Lagerung.

Herkunft: Sie ist eine Züchtung der Baumschule Th. Rivers in Sawbridgeworth, Herts., England. Sie fruchtete erstmals 1884 und ist seit 1894 im Handel. Großfrüchtige Mutanten sind in Erprobung: 'Conference Primo', 'Dubbele Conference', 'Novi Conference'.

Wuchs und Anbaueignung: Der Baum wächst mittelstark mit schräg aufrechten Leitästen und bildet eine hochpyramidale Krone mit dichtem, kurzem Fruchtholz. Wegen geringer Wärmeansprüche ist sie außerdem von der Küste bis in höhere Lagen kulturfähig. Kalkreiche Böden sind wegen Chlorosegefahr zu meiden. 'Conference'

ist für alle Baumformen empfehlenswert und mit Quittenunterlage direkt verträglich.

Blüte, Befruchtung, Ertrag: Die Blüte ist nicht frostempfindlich. Die Sorte ist diploid. Besondere Terminalblüten neigen zur Bildung parthenokarper Früchte mit »Bananenform«. Die Erträge setzen sehr früh ein, sind oft sehr hoch, so daß mitunter Fruchtausdünnung ratsam ist.

Frucht und Verwertung: Die Frucht reift Mitte September/Anfang Oktober und wird im Normallager Oktober/November genußreif. Sie ist mittelgroß bis groß, um 155 g schwer, schlank. Die dicke, feste Schale ist vor dem Fruchtverzehr zu entfernen. Die grünliche Grundfarbe wird reif trübgelb. Große Teile der Frucht sind fleckig und kelchnah flächig berostet. Das Fleisch ist typisch lachsgelblich, sehr saftig, vollschmelzend, süß und schwach melonenartig gewürzt. Vollreif wird es rasch teigig. Die Früchte eignen sich sehr gut für Kühllagerung (1–2 °C) oder CA-Lagerung, wenn nicht zu spät geerntet wurde.

Birne

Präsident Drouard
Originalname: 'President Drouard'

Diese großfrüchtige, ertragswillige Winter-tafelbirne ist eine ideale Liebhabersorte. Durch relativ geringe Standortansprüche verfügt sie über eine beachtliche Anbaubreite von der Küste bis in mittlere Höhen, wo sie gut als Wandspalier genutzt werden kann. Sie eignet sich sehr gut zum Aufveredeln starkwüchsiger Sorten, wobei ihr schwacher Wuchs bremsend wirkt. Der Erwerbsobstbau meidet diese bei der Auslagerung extrem druckempfindliche Frucht.

Herkunft: 'Drouard' ist ein Zufallssämling aus Angers (Dep. Maine-et-Loire), Frankreich, und seit etwa 1870 im Handel.

Wuchs und Anbaueignung: Der Baum wächst anfangs mittelstark, aber bald schwächer, auch auf Sämlingsunterlage. Die Sorte bildet eine kleine, spitzpyramidale Korne mit kurzem Fruchtholz. Bei der Ernte brechen die Äste leicht. Holz und Blüte sind mittel frostempfindlich. Bessere Böden und geschützte Lagen sind natürlich stets zu bevorzugen und regelmäßiger Schnitt muß dem Vergreisen vorbeugen.

Blüte, Befruchtung, Ertrag: 'Drouard' ist diploid. Befruchtersorten sind 'Clairgeau', 'Clapps', 'Gellert', 'Paris', 'Williams'. Der Ertrag setzt früh ein und ist hoch sowie regelmäßig.

Frucht und Verwertung: Die Frucht ist um Mitte Oktober pflückreif und ab November bis Januar genußreif. Diese ist spät, aber behutsam und rechtzeitig zu ernten. Mit der Baumreife beginnt starker Fruchtfall. Sie wird 200–300 g schwer und größer. Der Stiel wirkt wie eingesteckt in die Stielgrube. Die typisch laubfroschgrüne Grundfarbe hellt reif gelb auf. In der Regel fehlt jegliche Deckfarbe, aber zahlreiche braune Schalenpunkte sind vorhanden. Die feinnarbige dünne, aber feste Schale ist vor dem Fruchtverzehr zu entfernen. Das feinkörnige, sehr saftige, schwach aromatische Fleisch wird nur auf besten Standorten schmelzend. Die Schale bräunt sehr rasch bei Temperaturwechsel infolge des Überganges vom Lager in den Wohnraum.

Elsa

Eine breit anbaufähige, schorffeste, stark aromatische Oktober-Tafelbirne mit guten Ertragseigenschaften und nur mittelstarkem Wuchs. Einst war sie stark im bäuerlichen Anbau und im Straßenobstbau verbreitet. Die oft typisch stark fleckig berostete Frucht hat den Vorteil, daß Naßkonserven von ihr schön hell bleiben. Die Sorte ist robust und besonders in höheren Lagen für den Selbstversorger wertvoll.

Herkunft: 'Elsa' wurde von Hofgärtner J.B. Müller in der Wilhelma, Stuttgart-Bad Cannstatt, als Zufallssämling gewonnen und ist seit 1885 im Handel.

Wuchs und Anbaueignung: Der Baum wächst mittelstark, später schwach und bildet eine kompakte, breitpyramidale Krone mit gut verzweigten, später hängenden Leitästen sowie dichtem, kurzem Fruchtholz. Es muß rechtzeitig verjüngt werden.

Blüte, Befruchtung, Ertrag: Die Sorte ist diploid und blüht früh. Befruchtersorten sind 'Charneu', 'Trevoux', 'Williams', 'Sek-kel'. Der Ertrag setzt frühzeitig ein, ist hoch und regelmäßig.

Frucht und Verwertung: Die Frucht wird Anfang Oktober baumreif und bleibt etwa drei Wochen lagerfähig. Sie wird mittelgoß bis groß, um 185 g schwer. Die Stielgrube ist wie die Kelchgrube berostet. Die rauhe, harte Schale ist ledrig und dick, deshalb sollte die Frucht vor dem Verzehr geschält werden. Die Grundfarbe ist trüb grünlich- bis rötlichgelb, die Deckfarbe meistens verwaschen trüborange bis orangerot. Die großen, rostartigen Schalenpunkte sind dicht ausgebildet. Die stets starke Berostung ist meistens fleckig, aber auch netzartig oder flächig ausgeprägt. Das große Kernhaus ist von fast weißem Fruchtfleisch umgeben. Dieses wird halbschmelzend und teils feinkörnig, schmeckt süß, feinsäuerlich und typisch aromatisch. Die Frucht wird vollreif vom Kernhaus aus rasch teigig, obwohl sie außen noch fest ist. Daher ist der Reifezustand im Lager dauernd zu kontrollieren. Kurz vor der Baumreife tritt mitunter starker Fruchtfall ein.

Birne

Gellert
Originalname: 'Beurré Hardy'
Verbreitetes Handelssynonym: 'Hardy'
fälschlich 'Gellerts Butterbirne'

Diese Herbst-Tafelbirne war lange eine dominierende Hauptsorte und kommt im Extensivobstbau noch häufig vor. Für den Erwerb wird sie nur in den Niederlanden noch etwas angebaut. Ihre innere Qualität ist unumstritten, aber die Starkwüchsigkeit behindert den Anbau. 'Gellert' sollte in größeren Hausgärten oder als vitales Landschaftsgehölz gepflanzt werden. Die gegen Feuerbrand relativ widerstandsfähige Sorte wird in der Baumschule als Stammbildner geschätzt. 'Gellert' leidet lokal an Blatt- und Zweigschorf und ist anfällig für Birnenverfall und viröse Steinfrüchtigkeit.

Herkunft: Die Sorte wurde um 1820 durch M. Bonnet in Boulogne-sur-Mer als Sämling gefunden, nach 1830 benannt, gelangte 1840 in den Handel und wurde in Deutschland fälschlich neu benannt. Von ihr existiert eine Spurtyp-Mutante.

Wuchs und Anbaueignung: Der Baum wächst auch auf Quitte sehr stark und bildet mit wenig steilen Leitästen und betonter Mittelachse eine große, schwach verzweigte, hochpyramidale Krone mit kurzem Fruchtholz. Holz und Blüte sind frosthart.

Blüte, Befruchtung, Ertrag: Die Sorte ist diploid und neigt zu Parthenokarpie. Befruchtungssorten sind 'Clapps', 'Charneu', 'Verté', 'Williams'. Der Ertrag beginnt sehr spät, ist dann mittelhoch und alternierend.

Frucht und Verwertung: Die Frucht wird ab Anfang September baumreif und bleibt bis Oktober genußreif, für längeres Kühllager ist sie geeignet. Sie wird mittelgroß bis groß, um 165 g schwer, ist gedrungen und klobig, variiert in der Form. Die Schale ist hart und dick, bei Verzehr etwas störend. Die trüb grünlichgelbe Grundfarbe färbt sich reif ocker- bis bronzefarben und ist stark grünlichbraun berostet. Das gelblichweiße Fleisch ist schalennah grünlich, sehr saftig und schmelzend. Es schmeckt harmonisch süßsäuerlich, etwas würzig. Die Frucht ist nicht zu früh zu ernten.

Birne

General Leclerc

Die aus Frankreich stammende Neuzüchtung ist eine willkommene Bereicherung des Spätbirnensortiments mit qualitativ hochwertigen Tafelfrüchten. Sie ist sowohl für den Liebhaber- als auch für den Marktobstbau geeignet.

Herkunft: In der Baumschule Noblot, Bourg-la-Reine, Frankreich, aus freier Abblüte von 'Vereinsdechant' ausgelesen und 1974 in den Handel gegeben.

Blüte, Befruchtung, Ertrag: Blüte mittelfrüh, reich und regelmäßig. Befruchtersorten nicht bekannt, aufgrund der jährlich hohen Erträge dürften keine Befruchtungsprobleme bestehen, wenn ausreichende Fremdbestäubung gewährleistet ist. Früher Ertragsbeginn, bei zu hohen Erträgen Alternanzgefahr. Die Sorte neigt zur Ausbildung pathenocarper atypischer Früchte.

Wuchs und Anbaueignung: Die relativ stark wachsenden Bäume vermindern ihr Wachstum mit dem Ertragseintritt. Die kräftigen, schräg aufwärts wachsenden Triebe sind mitunter etwas brüchig. 'Leclerc' ist mit Quittenunterlage verträglich. Für alle Birnenstandorte geeignet, jedoch anfällig für Feuerbrand, Birnenblattsauger und *Phytophthora*; die Schorfanfälligkeit ist gering.

Frucht und Verwertung: Die goldgelben, teils bis völlig berosteten Früchte sind birnen- bis kegelförmig, groß, manchmal etwas ungleichförmig. Das Fleisch ist angenehm süß, schmelzend, saftig. Erntezeit ist Anfang Oktober. Nicht ausgereifte Früchte erreichen beim Lagern nicht ihr volles Aroma. Lagerfähig sind die Früchte bis Januar (Kühllager), im CA-Lager sollen sie bis März haltbar sein. Sehr gute Tafelfrüchte, mit Schale zu verzehren.

Birne

Gute Luise

Originalname: 'Bonne de Longueval'
Späterer vollständiger Name: 'Bonne
Louise d'Avranches'
Synonyme: 'Louise Bonne d'Avranches',
'Bonne Louise of Jersey'

Eine beliebte, hochedle Herbst-Tafelbirne,
die in Europa besonders in Hausgärten weit
verbreitet ist. Erwerbsanbau wird vor allem
in Italien und den Niederlanden betrieben.
Sie ist breit anbaufähig bis in mittlere Höhen, aber wärmeres Klima fördert die Güte.
Als großfrüchtige Mutante existiert 'Dubbele Bonne Louise'.

Herkunft: Sie wurde 1778 von de Longueval auf seinem Landgut bei Avranches, Nor-
mandie, Frankreich, gefunden oder gezüchtet.

Wuchs und Anbaueignung: Der Baum
wächst mittelstark, mit schräg aufrechten
Leitästen und bildet eine hochpyramidale
Krone mit vorwiegend kurzem Fruchtholz.
Er eignet sich für jede Erziehung. Holz und
Blüte sind frostempfindlich. Die Standortwahl muß die hohe Schorfanfälligkeit beachten. Kalkreiche Böden sind wegen Chlorosegefahr zu meiden.

Blüte, Befruchtung, Ertrag: Die Sorte ist
diploid und intersteril mit 'Trevoux' und
'Willams Christ'. Befruchtersorten: 'Clapps',
'Charneu', 'Conference', 'Vereinsdechant'.
Neigt zu Parthenokarpie. Der Ertrag be-
ginnt früh, ist mittelhoch und alternierend.

Frucht und Verwertung: Die Frucht wird
September/Anfang Oktober baumreif und
14 Tage danach genußreif. Sie ist vorwiegend mittelgroß, um 150 g schwer, regelmäßig birnenförmig, oft ungleichseitig. Die
grünlichgelbe Grundfarbe wird reif rötlichgelb. Rötlichbraune Deckfarbe umfaßt bis
50% der Frucht. Sehr viele braune Schalenpunkte sind grün bzw. rot umhöft, so daß
Forellen-Punktierung entsteht. Das gelblichweiße Fleisch ist vollschmelzend, sehr
saftig, harmonisch süßsäuerlich und hat typisch melonenartiges Aroma. Die Birne eignet sich für Kühllagerung (−1 °C), CA-Lager
soll das Aroma beeinträchtigen. Gute Kon-
serven- und Dörrfrucht.

Birne

Harvest Queen

'Harvest Queen' ist eine interessante Sommersortenneuheit aus Kanada. Sie ist eine der wenig feuerbrandempfindlichen Sorten und neben anderen feuerbrandunempfindlichen Sorten aus Kanada, wie 'Harrow Sweet' oder 'Harrow Delight', für einen versuchsweisen Anbau unbedingt empfehlenswert.

Herkunft: Die Sorte ist eine Züchtung der Research Station, Agriculture Canada, in Harrow, Ontario, und entstammt einer Kreuzung aus 'Williams' × ('Williams' × ('Williams' × 'Seckel')) von Hough. Sie wurde von Quamme selektiert und 1991 in den Handel gegeben.

Wuchs und Anbaueignung: Der Baum wächst mittel bis schwach, aufrecht, mit mäßiger Verzweigung. Die Breite der Anbaueignung kann noch nicht beurteilt werden.

Blüte, Befruchtung, Ertrag: Die Sorte blüht früh bis mittelfrüh, reich und bisher regelmäßig. Befruchtersorten sind noch nicht bekannt, aufgrund der bisherigen guten Ertragsleistung dürften aber keine Schwierigkeiten auftreten. Der Ertrag setzt früh ein und ist bisher regelmäßig.

Frucht und Verwertung: Die grünlich-gelben bis rein gelb gefärbten Früchte zeigen um die Blüte einen charakteristischen, nicht störenden Rostkranz, sie sind mittelgroß und müssen rechtzeitig geerntet werden, da sie sonst fallen. Ihre Form ist typisch birnenförmig, gleichmäßig, glatt. Das Fruchtfleisch ist feinzellig, saftig, schmelzend, angenehm süß. Reifezeit ist im August einige Tage vor 'Williams'. Die Früchte müssen nach der Ernte alsbald verbraucht werden, sie sind gute Tafelfrüchte und sollen ähnlich gut zu verarbeiten sein wie 'Williams'.

Birne

Jeanne d'Arc

Eine wertvolle Wintertafelbirne, die von der Küste bis in geschützte mittlere Höhen breit anbaufähig ist. Bessere Böden und warme Lagen fördern jedoch die Fruchtqualität, die in Weinbaugebieten vorzüglich ist. An solchen Standorten ist Erwerbsobstbau mit ihr möglich.

Herkunft: Sie wurde durch den Baumschuler A. Sannier, Rouen, Frankreich, aus der Kreuzung 'Diels Butterbirne' × 'Vereinsdechant' gezüchtet und 1893 dem Handel übergeben.

Wuchs und Anbaueignung: Der Baum wächst mittelstark mit wenig verzweigten, typisch aufrechten Leitästen, fast parallel zur Stammverlängerung, und bildet eine schmale, pyramidale Krone mit kurzem und langem Fruchtholz, die ständig Schnitt erfordert. Holz und Blüte sind etwas frostempfindlich. Die Sorte ist mit Quittenunterlage direkt verträglich, bildet aber mit Zwischenveredlung Bäume mit mehr Triebkraft und höherer Lebensdauer. Sie bildet nur kleine Kronen und eignet sich gut für Hecken- und Wandobstbau, ist jedoch nur als Niederstamm zu empfehlen.

Blüte, Befruchtung, Ertrag: Die Sorte ist diploid. Geeignete Befruchter sind 'Hardenponds', 'Charneu', 'Vereinsdechant', 'Williams'. Der Ertrag ist mittelhoch und regelmäßig.

Frucht und Verwertung: Die Frucht ist windfest und wird ab Ende Oktober baumreif, ab Dezember bis Januar erlangt sie als Anschlußsorte an 'Vereinsdechant' die Genußreife. Sie wird mittelgroß (um 200 g) bis sehr groß. Der holzige braune Stiel ist häufig seitwärts geneigt. Die feste Schale ist durch viele braune Punkte und zahlreiche Rostflecken stumpf bis rauh und die Frucht vor dem Verzehr zu schälen. Die trübgrüne Grundfarbe wird reif gelbgrün, trüb braunrote Deckfarbe fehlt in der Regel. Das Fleisch ist gelblichweiß, meistens vollschmelzend, auch zart grießig, sehr saftig, süß und mildsäuerlich, von besten Standorten edelaromatisch, melonenartig. Die Frucht leidet lokal etwas an Schorf.

Birne

Josephine von Mecheln

Eine interessante, kleine Wintertafelbirne für Liebhaber und Kenner, die von der Küste bis in mittlere Höhen breit anbaufähig ist und dabei qualitativ befriedigt. Holz und Blüte sind beachtlich frosthart. Blattschorf ist häufiger als Fruchtschorf.

Herkunft: Um 1830 durch Major P. Esperen in Mecheln, Belgien, gezüchtet.

Wuchs und Anbaueignung: Der Baum wächst schwach mit gut verzweigten Leitästen, die eine breitrunde, hängende Krone bilden. Neben kurzem Fruchtholz sind viele lange Fruchtruten vorhanden. Sehr strenger Schnitt mindert also den Ertrag. Die Krone ist aber laufend zu überwachen und zu verjüngen, um der Vergreisung vorzubeugen. Nahrhafte, genügend feuchte Böden und günstige Lagen fördern die Güte. Die Sorte eignet sich gut zum Aufveredeln. Die sturmfesten Früchte ermöglichen eine sehr späte Ernte, aber bis dahin ist Schutz vor Vögeln (Anpicken!) nötig, am besten durch Netze.

Blüte, Befruchtung, Ertrag: Die Sorte ist diploid. Befruchtersorten: 'Gute Luise', 'Trevoux', 'Williams'. Der Ertrag ist mittelhoch und relativ regelmäßig.

Frucht und Verwertung: Die Frucht wird ab Ende Oktober baumreif und läßt sich schwer vom Fruchtholz lösen, Januar bis März folgt die Genußreife. Sie ist klein, um 125 g schwer, typisch kreiselförmig. Die flache oder fehlende Stielgrube ist von einer geschlossenen Rostkappe umgeben. Der braune, holzige Stiel hat knopfig verdickte Enden. Die glatte, dünne und harte Schale ist vorm Fruchtverzehr zu schälen. Die gelbgrüne Grundfarbe hellt reif gelblich auf, Deckfarbe fehlt meistens. Viele dichte Schalenpunkte sind neben fleckigem Rost vorhanden. Das Fleisch ist lachsfarben bis gelblich, butterartig, vollschmelzend, sehr saftig, süß, feinaromatisch, genußreif nicht gleich teigig. Ähnliche Sorten gleicher Reife: 'Liegels Winterbutterbirne' (eiförmig, grünschalig, aufsitzender Fünfstern-Kelch), 'Winternelis' (rauhschalig durch Rost, langstielig).

Birne

Nordhäuser Winterforelle

Die Sorte entwickelt sich am optimalen Standort zu einer verlockend gefärbten Winterspeisebirne mit mittelhohem, regelmäßigem Ertrag. Infolge extremer Schorfanfälligkeit ist sie nur an besten Birnenstandorten (warme, offene Lage, gute und genügend feuchte Böden) anzubauen, Wind- und Höhenlagen sind zu meiden. Die Birne ist möglichst spät zu ernten, aber nach Nebel kann schlagartig Fruchtfall einsetzen.

Herkunft: Sie wurde in Nordhausen am Harz aus Samen erzogen und ist möglicherweise ein Nachkomme der Herbstsorte 'Forellenbirne'. Seit 1864 wurde sie von der Baumschule von der Foehr verbreitet.

Wuchs und Anbaueignung: Der Baum wächst mittelstark. Die wenig verzweigten Leitäste tragen kurzes Fruchtholz und bilden eine lockere, etwas sparrige Pyramidenkrone. Die typisch rötlichvioletten Triebe reifen erst spät aus, das Holz ist frostempfindlich. Eine typische Liebhabersorte und bevorzugt als Niederstamm zu pflanzen.

Blüte, Befruchtung, Ertrag: Die Sorte ist diploid. Als Befruchtersorten sind 'Williams' und 'Liegels Butterbirne' bekannt. Der Ertrag setzt mittelfrüh ein und ist mittelhoch.

Frucht und Verwertung: Die Frucht ist ab Mitte Oktober baumreif und wird erst im Januar bis März genußreif. Sie ist mittelgroß bis groß, um 165 g schwer und stumpf kreisel-, kegel- oder birnenförmig, seitlich etwas bucklig, oft mit Längsrinne. Die glatte Schale glänzt oder ist matt bereift. Sie ist vor dem Fruchtverzehr zu schälen. Die Grundfarbe geht reif von grünlich- in rötlichgelb über. Die braunrote Deckfarbe tritt flächig auf und ist gehaucht, getuscht oder getupft. Die kleinen, hellbraunen Schalenpunkte sind hell und rot umhöft. Berostung ist selten. Das gelblichweiße Fleisch ist fest, grießig und saftig, aber auch vom idealen Standort nur halbschmelzend, von ungünstigen Standorten rübig bis kochbirnenartig. Der Geschmack ist nur mäßig süß und kaum säuerlich. Ähnliche Sorte: 'Forelle'.

Paris
Originalname: 'Comtesse de Paris'

'Paris' ist eine mittelgroße bis große, dankbare Wintertafelbirne. Bei guter Pflege und richtiger Standortwahl ist sie dem Liebhaber in allen Baumformen zu empfehlen, besonders als Niederstamm. Problematisch sind jährlich stark schwankende Fruchtqualität und unattraktives Aussehen. 'Paris' ist stark anfällig für Fruchtrissigkeit, teils für Schorf sowie Birnenverfall, Steinzellenbildung und Feuerbrand, bei Frühernte tritt Welke auf.

Herkunft: Sie wurde von W. Fourcine in Dreux, Dep. Eure-et-Loire, Frankreich, gezüchtet und fruchtete erstmals um 1884.

Wuchs und Anbaueignung: Der Baum wächst anfangs stark, dann mittelstark mit einer mäßig verzweigten, breitpyramidalen Krone und kurzem Fruchtholz. Um die Qualität zu fördern, sind bessere Böden und wärmere Lagen zu bevorzugen, eventuell ist auszudünnen; die windfesten Früchte sind sehr spät zu ernten.

Blüte, Befruchtung, Ertrag: 'Paris' blüht relativ früh. Die Blüte ist mäßig frostempfindlich. Die Sorte ist diploid. Gute Befruchtersorten sind 'Boscs', 'Clapps', 'Gellert', 'Charneu', 'Verté', 'Williams'. Der Ertrag beginnt früh, ist hoch und regelmäßig.

Frucht und Verwertung: Die Frucht wird ab Ende Oktober baumreif, im Dezember bis Januar/Februar genußreif. Sie ist um 165 g schwer, regelmäßig birnen- oder tropfenförmig, etwas beulig. Der Stiel endet an der Frucht oft mit einem Fleischknopf. Die rauhe, lederartige Schale ist unbedingt zu entfernen. Die Grundfarbe ist trüb gelblichgrün, Deckfarbe fehlt. Viele auffällige, mittelgroße Lentizellen bestehen aus feinschuppigem Rost. Starke Berostung tritt auch oft am Kelch und vor allem stielseits als Rostkappe auf. Das Fleisch ist grünlich- bis gelblichweiß, feinkörnig, etwas grießig. Es kann jährlich von süß, schmelzend und gewürzt bis süßlich, rübig und fad variieren. Die gut lagerfähige Birne reift folgernd, beste Qualität lohnt Kühllagerung.

Birne

Pastorenbirne
Originalname: 'Poire de Cure'
Es gibt einige Synonyme

Die Sorte war einst als großfrüchtige Hauptwintersorte im bäuerlichen Extensivobstbau stark verbreitet. Für den Erwerb wird sie vor allem in Südosteuropa (hier als 'Cure') angebaut. Sie ist eine breit anbaufähige Sorte für den Liebhaber, ein spätreifender Massenträger für Tafel und Konserve sowie alle Baumformen. Wärmere Lagen sind zu bevorzugen, um die Qualität, die jährlich stark schwankt, zu fördern. Die Sorte gilt als schorfanfällig. In der Baumschule ist sie als Stammbildner geschätzt.

Herkunft: Sie wurde um 1760 von Pfarrer Leroy als Zufallssämling im Wald bei Clion, Dep. Indre, Frankreich, gefunden.

Wuchs und Anbaueignung: Der Baum wächst stark und bildet eine gut verzweigte, pyramidale Krone mit kurzem Fruchtholz. Holz und Blüte sind mittel frostempfindlich. Trockene Böden und falscher Erntetermin bedingen leicht Vorerntefruchtfall.

Blüte, Befruchtung, Ertrag: Blühzeit ist mittelfrüh. Die Sorte ist triploid. Sie wird gut befruchtet von 'Charneu', 'Clapps Liebling', 'Gute Luise', 'Williams Christ'. Der Ertrag setzt mittelfrüh ein und ist sehr hoch.

Frucht und Verwertung: Die Frucht ist ab Oktober baumreif, Dezember bis Ende Januar genußreif. Sie wird sehr groß, um 240 g schwer, ist lang birnen- bzw. flaschenförmig. Die Schale ist glatt bis wachsig, feinnarbig, dick und derb, vor Verzehr ist die Frucht unbedingt zu schälen. Die helle grasbis weißlichgrüne Grundfarbe wird reif grünlichgelb, ein Hauch rosa Deckfarbe ist selten. Kleine Lentizellen sind zahlreich. Einzelfrüchte haben einen typischen Roststrich vom Kelch zum Stiel. Das Fleisch ist halbschmelzend, saftig, süßlich, feinsäuerlich und schwach würzig. Die Früchte lassen sich ohne Welke problemlos bis über die Jahreswende lagern und werden reif nicht gleich teigig. Bei Bedarf lassen sie sich leicht schütteln und vermosten.

Birne

Petersbirne
Synonyme: 'Große Petersbirne',
'Lorenzbirne', 'Weizenbirne'

Die Sorte ist eine kleine, sehr marktbeliebte Sommerbirne zum Sofortverbrauch. Mit ihrem typischen Aroma gilt sie als sächsisch-thüringische Nationalfrucht. Als robuste und gesunde Extensivsorte ist sie wegen geringer Ansprüche breit anbaufähig, wenn der Boden nicht zu trocken oder nährstoffarm ist. Es existieren einige Typen.

Herkunft: Wahrscheinlich eine deutsche Sorte, wurde schon 1799 durch V.J. Sickler als 'Kleine Margaretenbirne' beschrieben.

Wuchs und Anbaueignung: Der Baum wächst stark und breitpyramidal mit großer Krone und kurzem Fruchtholz. Das Holz ist frosthart, die Blüte unempfindlich. Auf Sämlingsunterlage und nur in höheren Baumformen ist sie bis in Höhen- und Grenzlagen zu empfehlen, auch für Grasland und als Landschaftsbaum.

Blüte, Befruchtung, Ertrag: Die Sorte ist diploid. Der Ertrag setzt mittelfrüh ein, ist dann regelmäßig hoch. Quittenunterlage bessert die Fruchtgüte nicht. Guter Pollenspender. Befruchtersorten nicht bekannt, aufgrund der regelmäßigen Erträge Befruchtung unproblematisch.

Frucht und Verwertung: Die Frucht wird ab Ende Juli baumreif und bleibt dann bis drei Wochen genußreif ohne sofortiges Teigigwerden. Sie ist klein, um 65 g schwer, typisch kreisel- oder birnenförmig, zum Stiel etwas eingeschnürt. Die feste, mattglänzende Schale ist mit der Frucht genießbar. Die gelblichgrüne Grundfarbe wird reif rötlichgelb. Das gelblichweiße Fleisch ist fest, abknackend, nur halbschmelzend, feinkörnig, saftig, süß, schwach säuerlich und vor allem stark zimtartig gewürzt. Die windfeste Frucht ist erst voll baumreif oder auch folgernd zu ernten und läßt sich zugleich vielseitig häuslich verwerten (Kompott, Konserve, Most, Dörrfrucht). Die Frucht leidet wenig unter Schorf, aber stark an Befall durch Apfelwickler (Obstmade). Die Sorte soll widerstandsfähig gegen Feuerbrand sein.

Birne

Pitmaston

Originalname: 'Pitmaston Duchesse
d'Angoulême'
Synonyme: 'Pitmaston Duchesse',
'Williams Duchesse'

Die Sorte ist eine breit anbaufähige, große
Oktober-Tafelbirne, die sich auch ausgezeichnet für die häusliche Verwertung zu
Kompott und Naßkonserven eignet. Als attraktive Schaufrucht mit guter Qualität hat
sie besonderen Liebhaberwert.
Herkunft: Sie wurde 1841 von Schloßgärt-
ner J. Williams in Pitmaston bei Worcester,
England, aus der Kreuzung 'Angoulême' ×
'Hardenponts Winterbutterbirne' gezogen.
Wuchs und Anbaueignung: Der Baum
wächst zuerst mittelstark, dann schwächer
und bildet gut verzweigte, pyramidale Kronen mit Fruchtholz aller Längen. Anbau
vorwiegend als Niederstamm, für hecken-
artige Erziehung geeignet. Der Anbau sollte
vor allem auf wärmeren und geschützten
Standorten bis in mittlere Höhen (hier als
Spalier) erfolgen.

Blüte, Befruchtung, Ertrag: Die Blüte
beginnt spät und währt lange. Die Sorte ist
triploid, gute Befruchter sind 'Clapps Liebling', 'Gellert', 'Trevoux', 'Verté'. Der Ertrag
beginnt früh, ist hoch und regelmäßig.
Frucht und Verwertung: Die Frucht wird
um Ende September pflückreif und im
Oktober genußreif. Sie ist groß bis sehr
groß, 200–500 g schwer. Kelchnah ist sie
gerundet, stielnah verjüngt, seitlich teils
etwas beulig. Die Schale ist glatt, feinnarbig
und sehr dünn. Ihre grünlichgelbe Grundfarbe wird reif zitronengelb, Deckfarbe fehlt
meistens. Viele kleine Schalenpunkte sind
vorhanden, typisch ist die strahlig berostete
Stielkappe. Das cremefarbene Fleisch ist
mittelfest und feinzellig, es schmeckt nur
schwach süß, edelweinsäuerlich und fein
würzig. Vollreif wird es sehr saftig und
schmelzend. Die bis zur Baumreife windfeste Frucht ist vorsichtig und druckfrei zu
ernten, sie ist nur drei Wochen haltbar. Die
Frucht leidet lokal an Schorf und bildet an
kalten Standorten Steinzellen aus.

Birne

Robert de Neufville

Die Sorte ist eine edle September-Tafelbirne, die auch auf Sämlingsunterlage schwach wächst und reich trägt. Sie verfügt über eine hervorragende Fruchtqualität, vergleichbar mit 'Vereinsdechant'. Sie reift aber früh, zusammen mit 'Williams Christ', ist nur bis zwei Wochen lagerfähig und wird vollreif rasch teigig. Sonst ist sie eine ideale Sorte für den Liebhaber, auch zum Umveredeln starkwüchsiger Sorten. In Höhenlagen ist sie als Wandspalier gut geeignet. Diese Sorte ist breit anbaufähig, bessere Böden sind für ausreichendes Wachstum nötig.

Herkunft: Sie ist eine deutsche Züchtung aus Geisenheim, Kreuzung 'Auguste Jurie' × 'Clapps Liebling' (1896), Erstbeschreibung 1915. Seitdem im Handel, aber in den Kriegs- und Nachkriegsjahren nahezu vergessen. 1980 durch H. Petzold verdienstvoll neu beschrieben.

Wuchs und Anbaueignung: Der Baum wächst schwach und bildet eine breitrunde Krone mit typisch kurzem Fruchtholz. Die Krone muß laufend verjüngt werden, um das Gleichgewicht zwischen Wuchs und Ertrag aufrecht zu erhalten.

Blüte, Befruchtung, Ertrag: Der Ertrag beginnt sehr früh, ist hoch und regelmäßig. Aufveredelt trägt die Sorte schon im 2. Jahr. Die Sorte ist triploid, gute Befruchter sind 'Clairgeau', 'Clapps Liebling', 'Gellert'.

Frucht und Verwertung: Die Frucht wird um Ende August pflückreif, Anfang September genußreif. Sie wird mittelgroß, etwa 140 g schwer. Sie variiert in der Form von abgestumpft kegel- bis kreiselförmig, die Hälften sind oft ungleich. Die glatte, dünne Schale stört nicht beim Verzehr, ist aber druckempfindlich. Die gelblichgrüne Grundfarbe wird reif gelblich, etwas orangebräunliche Deckfarbe ist selten. Feiner, nicht rauher Rost überzieht die Frucht. Das weißliche Fleisch ist feinzellig, nicht körnig, bis mittelfest. Es wird reif vollschmelzend, sehr saftig und schmeckt süß, schwach, aber typisch muskatartig gewürzt.

Birne

Trevoux
Originalname: 'Précoce de Trevoux'

Es ist eine Sommer-Tafelbirne, die vor bzw.
mit der ähnlichen Konkurrenzsorte 'Clapps
Liebling' reift. Gegenüber jener hat sie eine
beachtliche ökologische Anbaubreite bis in
mittlere Höhenlagen, da sie holzfrostfester
ist. Außerdem wird sie nicht so rasch teigig
und ist wenig empfindlich für Feuerbrand.
Eine Sorte für den Liebhaber. Im Erwerbsobstbau spielt die Mutante 'Supertrevoux'
in den Niederlanden eine größere Rolle.
Herkunft: Sie wurde von dem Obstbauer
F. Treyve in Trevoux, bei Lyon, Frankreich,
erzogen und fruchtete erstmals 1862. 1956
wurde in den Niederlanden die sehr wertvolle Mutante 'Supertrevoux' mit größeren
und dickeren Früchten entdeckt. Sie ersetzt
zunehmend die Muttersorte, zumal sie auch
Spurtyp-Wuchs hat.
Wuchs und Anbaueignung: Der Baum
wächst mittelstark, später schwächer. Die
gut mit kurzem Fruchtholz besetzten Leitäste bilden eine lockere pyramidale Krone.

Blüte, Befruchtung, Ertrag: Die Sorte ist
diploid und intersteril mit 'Gute Luise' und
'Williams Christ'. Befruchtersorten: 'Boscs',
'Gellert', 'Verté'. Die Blüten neigen nach
Frostschäden sehr stark zu parthenokarper
Fruchtbildung. Der Ertrag setzt mittelfrüh
ein, ist hoch und regelmäßig.
Frucht und Verwertung: Die Frucht wird
ab Anfang September baumreif, wenig später genußreif. Sie ist etwa 100 g schwer, variiert stark von birnen-, glocken- bis gedrungen kegelförmig und ist zum Stiel etwas
eingeschnürt. In die meistens flache, höck-
rige und strahlig berostete Stielgrube ist der
hellbraune, knospige Stiel wie eingesteckt.
Die stumpfe, etwas grießige Schale stört
wenig. Die Grundfarbe ist gelblichgrün, reif
hellgelb, selten berostet. Die Deckfarbe ist
trüb rotorange, oft geflammt oder verwaschen. Das gelblichweiße, saftige, halb-
schmelzende Fleisch schmeckt erfrischend
säuerlichsüß, etwas gewürzt. Die bis kurz
vor der Baumreife recht windfeste Frucht
leidet lokal unter Schorf, mitunter auch an
Kelchfäule.

Birne

Uta

'Uta' ist eine sehr ertragreiche und ertragssichere Winterbirne, die in ihrem Aussehen
'Boscs Flaschenbirne' ähnelt. Ihre Fruchtqualität und ihre günstigen Lagereigen-
schaften sollten zu weiter Verbreitung beitragen. Die Sorte ist nach Höchsterträgen
etwas frostempfindlich im Holz. Ihre Feuer-
brandempfindlichkeit scheint geringer zu
sein als die der meisten Birnensorten.

Herkunft: Von G. Mildenberger in Naumburg selektiert aus einer Kreuzung 'Verté' ×
'Boscs', von Pätzold in Wurzen und Fischer
in Pillnitz geprüft und 1993 zum Sortenschutz angemeldet.

Wuchs und Anbaueignung: Der Baum
wächst mittel bis schwach mit viel kurzem
Seitenholz, dadurch macht er einen kompakten Eindruck. Die Wuchsform ist typisch pyramidal. Der Schnittaufwand ist relativ gering. Im Saale-Unstrut-Gebiet und
Sachsen bisher gute Anbauerfahrungen.

Blüte, Befruchtung, Ertrag: 'Uta' ist diploid, blüht reich und regelmäßig. Befruchtersorten sind noch nicht geprüft. Der Ertrag setzt sehr früh ein, ist sehr hoch und
regelmäßig.

Frucht und Verwertung: Die Früchte
sind groß (180 bis 300 g, je nach Ertrag),
kurzachsig, vollständig goldbronze berostet
auf grüner Grundfarbe. Die festen Früchte
sind ausgezeichnet transportfähig. Das
Fleisch ist fest, mittelsaftig mit ausgeglichenem, kräftigem Aroma und süßsäuerlichem Geschmack. Die Früchte sind bis
Ende Janaur im Normallager, bis Februar
im Kühllager haltbar. Sie werden gern von
Vögeln angepickt.

Vereinsdechant
Originalname: 'Doyenne du Comice'
Hauptname im Ausland: 'Comice'

Diese große November-Tafelbirne ist qualitativ eine Spitzensorte mit nur mittlerem
Ertragsniveau. Für den Erwerb wird sie
stark in Italien und Westeuropa angebaut.
Auch der Liebhaber sollte sie nur als Niederstamm und bevorzugt auf guten Böden
in wärmeren Lagen oder in mittleren Höhen
als Wandspalier kultivieren. Die Sorte ist
relativ schorffest.

Herkunft: Sie wurde in Angers, Frankreich, als Zufallssämling erzogen und fruchtete erstmals 1849. Von ihr existieren Mutanten für Fruchtgröße ('Supercomice Del-
bard'), rote Fruchtfarbe ('Regal Red Rome',
'Crimson Gem') und Spurtyp-Wuchs.

Wuchs und Anbaueignung: Der Baum
wächst mittelstark und bildet eine dichtlau-
bige, etwas sparrige Krone mit mäßig viel
kurzem Fruchtholz. Die Sorte ist nicht
starkwüchsig und direkt mit Quittenunterlage verträglich.

Blüte, Befruchtung, Ertrag: Die späte
Blüte ist frostempfindlich. Die Blätter sind
empfindlich für Wind, Sonnenbrand und
Chlorose. Die Sorte ist diploid. Geeignete
Befruchtersorten: 'Boscs', 'Clapps', 'Gellert', 'Charneu', 'Conference'. Der Ertrag
beginnt relativ spät und bleibt wegen starken Junifruchtfalles nur mittel, teils alternierend. Hohe Blühtemperaturen fördern
den Fruchtansatz.

Frucht und Verwertung: Die Frucht ist
ab Mitte Oktober pflückreif und im November genußreif. Sie wird groß bis sehr groß,
um 235 g schwer und ist gedrungen birnenförmig, etwas klobig und beulig. Die feinnarbige, trüb grünlichgelbe Schale wird reif
gelblichorange, sonnseits maximal blaßrot
behaucht. Sie ist von vielen Lentizellen sowie Flecken- oder Netzrost bedeckt. Das
cremefarbene Fleisch ist feinzellig, sehr saftig, vollschmelzend, harmonisch säuerlichsüß und delikat gewürzt. Die windfeste
Frucht ist spät zu ernten und bis dahin vor
Vögeln (Anpicken!) zu schützen. Sie eignet
sich für längere Kühl- oder CA-Lagerung.

Birne

Williams Christ

Originalname: 'Williams Bon Chretien'
Synonyme: 'Bartlett' (USA), 'Bon Chretien Williams', 'Williams'

Die Sorte ist eine Sommerbirne von internationaler Spitzenqualität für Tafel, Konserve und Brennerei, daher wird sie weltweit im Erwerbs- und Liebhaberobstbau hoch geschätzt und gern angebaut. Das edle Aroma ist ein Qualitätssymbol. Sie ist anfällig für Schorf und Steinzellenbildung, der Baum für Holzfrost und Feuerbrand.

Herkunft: Die Sorte wurde 1770 in Aldermaston, Berkshire, England, gefunden und gelangte durch den Baumschuler Williams in den Handel. Wichtigste Mutante ist 'Max Red Bartlett' (voll violettrot, 10 Tage später reif, USA 1915).

Wuchs und Anbaueignung: Der Baum wächst mittelstark, später schwächer und bildet eine pyramidale Krone mit mittellangem Fruchtholz. Gute Bodenanpassung und mittlerer Wärmebedarf gestatten den Anbau bis in mittlere Höhen, aber nur geschützte Lagen und beste Böden sichern Spitzenqualität. 'Williams Christ' ist bevorzugt als Niederstamm zu kultivieren und eignet sich für jede Erziehung, auf Quittenunterlage ist Zwischenveredlung erforderlich.

Blüte, Befruchtung, Ertrag: Die Sorte ist diploid und intersteril mit den Sorten 'Gute Luise' und 'Trevoux'. Gute Befruchter sind 'Clapps', 'Gellert', 'Charneu', 'Conference', 'Paris', 'Verté' u.a. Der Ertrag setzt früh ein und ist regelmäßig hoch.

Frucht und Verwertung: Die Frucht reift Anfang September und ist hartreif zu ernten, sie ist 14 Tage haltbar. Sie wird mittelgroß bis groß, um 165 g schwer und ist variabel birnen- oder glockenförmig, parthenokarp walzenförmig. Die genarbte, beulige Schale ist weich und gelbgrün, reif gelb, mit viel kleinen, braunen, grün umhöften Schalenpunkten. Das gelblichweiße Fleisch ist schmelzend, sehr saftig, säuerlichsüß und typisch fein muskatartig gewürzt. Die Frucht dient vor allem dem Sofortverbrauch, Kühllager ist bis 3 Monate möglich.

Birne

Badeborner

Diese dunkelbraunviolette Knorpelkirsche reift etwa eine Woche vor 'Hedelfinger' (5. Kirschwoche). In ihren Verbreitungsgebieten, dem Harz, Sachsen-Anhalt, Thüringen und Sachsen war sie eine wichtige Ergänzungssorte zu 'Hedelfinger', der sie in Form und Fruchtqualität etwas ähnlich ist. Sie bringt regelmäßig mittelhohe bis hohe Erträge. Die großen Bäume können sehr alt werden.

Herkunft: Die Sorte wurde in Badeborn bei Ballenstedt am Harzrand in der zweiten Hälfte des vorigen Jahrhunderts aufgefunden und von der Baumschule Wilhelm Teickner in Gernrode seit 1912 verbreitet.

Wuchs und Anbaueignung: 'Badeborner' wächst von Jugend an sehr stark mit schräg aufstrebenden Gerüstästen. Sie bildet knorrige, breitrunde Kronen mit hoher Verzweigungsdichte. Wegen der Großkronigkeit wurde die Sorte in den letzten Jahrzehnten nicht mehr vom Marktobstbau gepflanzt. An den Standort stellt sie keine besonderen Anforderungen. Sie gedeiht auch auf leichteren Böden und in Höhenlagen.

Blüte, Befruchtung, Ertrag: Die verhältnismäßig frostharten Blüten blühen mittelfrüh. 'Badeborner' ist ein guter Pollenspender. Es besteht Intersterilität mit 'Büttners Rote Knorpel', die S-Allele sind daher S_3S_4. Die Erträge setzen ziemlich früh ein, sind regelmäßig und mittelhoch bis hoch.

Frucht und Verwertung: Die rundlichen, an der Stielseite abgeplatteten Früchte sind mit 6,3 g nur mittelgroß (Breite 26 mm). Die Fruchthaut ist dunkelbraunviolett bis fast schwarz und stark glänzend. Mit festem, knorpligem Fruchtfleisch, dunklem Saft und süß bis schwach säuerlichem, würzigem Geschmack sind die Früchte gut für die Konservierung geeignet. Die Transportfähigkeit ist sehr gut.

Büttners Rote Knorpel

Synonym: 'Napoleon' (im englischen Sprachraum), 'Lauermanns Kirsche', 'Melonenkirsche', 'Königskirsche', 'Royal Ann', 'Emperor Francis'

Die rotbunte, in der 5. Kirschwoche reifende Knorpelkirschensorte ist fast 200 Jahre alt. Trotzdem gehört sie in fast allen Süßkirschen anbauenden Ländern noch in das Standardsortiment. Unter ihren positiven Eigenschaften sind vor allem Robustheit, gute Ertragsleistung und hoher Gebrauchswert der Früchte hervorzuheben.

Herkunft: Die Sorte wurde um 1795 in Halle/Saale vom Stiftamtsmann C. G. Büttner aus einer Sämlingspopulation ausgelesen und 1807 an den Freiherrn Ch. Truchsess gesandt. In mitteldeutschen Anbaugebieten wurde die Sorte unter dem Namen 'Altenburger Melonenkirsche' verbreitet, eine lokale Auslese ist 'Querfurter Königskirsche'.

Wuchs und Anbaueignung: Der Baum wächst stark mit steil aufstrebenden Ge-rüstästen. Später werden die Kronen ausladend und breitkugelig mit mittlerer Verzweigungsdichte. Die Bäume sind robust und gesund. Die große Anpassungsfähigkeit der Sorte an unterschiedliche Standortbedingungen ist hervorzuheben. Sie gedeiht noch auf leichteren Böden.

Blüte, Befruchtung, Ertrag: Die Sorte blüht mittelfrüh, es besteht mittlere Resistenz gegenüber Blütenfrost.Sie ist ein guter Pollenspender. Die S-Allele sind S_3S_4 (Intersterilität mit 'Badeborner'). Die Bäume beginnen zeitig zu tragen und bringen regelmäßige und sehr hohe Erträge.

Frucht und Verwertung: Die Früchte sind breitrund mit abgeplatteter Stielseite und mit 6,7 g Fruchtgewicht und 26 mm Breite mittelgroß. Die Grundfarbe ist hell rötlichgelb mit dunkelroter bis rotbrauner, verwaschener Deckfarbe, gefleckt und punktiert. Das harte und knorpelige Fruchtfleisch mit farblosem Saft schmeckt sehr süß und würzig mit genügend Säure. Die Früchte sind gut für die Konservierung geeignet.

Süßkirsche

Burlat
Synonyme: 'Bigarreau Hatif Burlat'

Die dunkelrote Herzkirsche reift einige
Tage nach 'Kassins Frühe' in der 2. Kirschwoche. In ihrer Reifegruppe ist sie durch
Großfrüchtigkeit, relativ festes Fruchtfleisch, guten Geschmack und ansprechendes Aussehen die qualitativ beste Sorte. Sie
wurde daher in den vergangenen 10 bis
15 Jahren auch in Deutschland stärker angebaut. Ihre Resistenz gegenüber der Krötenhautkrankheit *(Cytospora)* ist besonders
hervorzuheben.

Herkunft: 'Burlat' ist als Zufallssämling in
den dreißiger Jahren in Pierre Benite in
Südfrankreich von Mr. Burlat entdeckt und
verbreitet worden.

Wuchs und Anbaueignung: Die Sorte
wächst vor allem in der Jugend sehr stark.
Neben dem stark betonten Mitteltrieb entwickeln sich die Gerüstäste breit ausladend,
so daß große breitrunde Kronen mit mittlerer Verzweigungsdichte entstehen. Auffallend ist der starke Veredlungswulst. Für
'Burlat' sind warme, spätfrostfreie Lagen
mit geringen Frühsommerniederschlägen zu
bevorzugen. An den Boden stellt die Sorte
keine besonderen Ansprüche. Die Bäume
sind robust und gesund.

Blüte, Befruchtung, Ertrag: Bei nur mittlerer Resistenz gegen Blütenfrost blüht die
Sorte relativ früh. Sie ist ein guter Pollenspender. Die bisherige Einordnung der
Sorte zur S-Allel-Gruppe S_4S_5 hat sich nicht
bestätigt. Erprobte Befruchter sind 'Büttners Rote Knorpel', 'Van', 'Nadino'. 'Burlat'
beginnt zeitig zu tragen und bringt an geeigneten Standorten regelmäßige und hohe
Erträge.

Frucht und Verwertung: Die rundlichen
bis stumpfherzförmigen Früchte sind etwas
unregelmäßig und bucklig geformt und für
eine Frühsorte sehr groß: 7,5 g und 27 mm
Breite. Die Farbe ist rot bis dunkelbraunrot
bei auffallend starkem Glanz. Das Fruchtfleisch ist relativ fest, saftig, süß und aromatisch (lösliche TRS 17%). Es besteht
mittlere Anfälligkeit für Platzen und Faulen
bei Nässe.

Süßkirsche

Early Rivers

Die violettbraune Herzkirsche reift etwa zwei Tage nach 'Kassins Frühe' (2. Kirschwoche). Mit ihrem schwächeren Wuchs und weniger witterungsempfindlichen Früchten hat sie bei gleich guter Fruchtqualität Vorteile gegenüber 'Kassins Frühe'. 'Early Rivers' ist in vielen europäischen Ländern noch eine wichtige Frühsorte.

Herkunft: 'Early Rivers' wurde in England 1869 von Th. Rivers aus einer Sämlingspopulation von 'Early Purple' ausgelesen. Die Sorte wurde von Knight in den Handel gebracht. Große Ähnlichkeit zeigt die in Böhmen verbreitete 'Kastanka'.

Wuchs und Anbaueignung: 'Early Rivers' wächst nur mittelstark mit schrägaufstrebenden Gerüstästen, hängenden Fruchtästen bei hoher Verzweigungsdichte. Die breitrunden, nicht sehr hohen Kronen eignen sich für den intensiven Anbau. Die Sorte bringt nur an Standorten mit tiefgründigen Lehmböden oder für Süßkirschen gut geeigneten Verwitterungsböden befriedigende Fruchtgrößen und Erträge. Ebenso sind spätfrostfreie Lagen wichtig.

Blüte, Befruchtung, Ertrag: 'Early Rivers' blüht früh bis mittelfrüh und wird bei Blütenfrösten stark geschädigt. Die S-Allele sind S_1S_2, so daß Intersterilität mit 'Maibigarreau', 'Kunzes Kirsche', 'Lucienkirsche' und 'Ampfurter Knorpel' besteht. Die Erträge setzen in den ersten Standjahren ein und sind mittelhoch und regelmäßig.

Frucht und Verwertung: Die violettbraunen, stark glänzenden Früchte sind breitrund, etwas beulig und im Durchschnitt 5,5 g schwer (Breite 24 mm). Ein gutes Erkennungsmerkmal der Sorte ist der rhombenförmige Stein. Das Fleisch ist mittelfest, saftig, dunkelrot, süßsäuerlich aromatisch (lösliche TRS 17,5 %). Die Früchte sind nicht sehr platzempfindlich.

Süßkirsche

Große Schwarze Knorpel

Diese weitverbreitete violettbraune Knorpelkirsche reift Ende der 4. bis Anfang der 5. Kirschwoche. Sie ist die älteste der heute noch angebauten Süßkirschensorten. Ihre Beliebtheit verdankt sie ihrer ausgezeichneten Fruchtqualität sowie ihrer Ertragssicherheit in spätfrostgefährdeten Anbaugebieten. Aufgrund ihres Namens wird sie immer wieder in Baumschulen verlangt, obgleich neuere Sorten in Ertragsbeginn, Wuchsform und Fruchtgröße besser sind.

Herkunft: Die Sorte wurde bereits 1540 von Charles Etienne in Paris als 'Cerise Cœur Noir' beschrieben und war schon damals weit verbreitet. In Deutschland gilt der Name 'Große Schwarze Knorpel' nur für den in Diemitz bei Halle/Saale ausgelesenen Typ, der der Beschreibung von Sickler entspricht. Die Sorte hat zahlreiche örtliche Synonyme.

Wuchs und Anbaueignung: 'Große Schwarze Knorpel' wächst stark. Es entstehen große breitkugelige Kronen mit geringem Verzweigungsgrad. Sie können sehr alt werden. Die Sorte benötigt warme, gut durchlüftete und nährstoffreiche Böden sowie warme Lagen. Sie ist nicht windempfindlich und gedeiht in Höhenlagen.

Blüte, Befruchtung, Ertrag: Die Sorte blüht etwa eine Woche später als die meisten Süßkirschensorten und entgeht daher häufiger Spätfrösten. Sie hat die S-Allele S_4S_5 und ist daher intersteril mit 'Hedelfinger', 'Farnstädter Schwarze' und 'Nadino'. Der Ertrag setzt erst nach 5–6 Standjahren ein, die Erträge sind mittelhoch und regelmäßig.

Frucht und Verwertung: Die Früchte sind kugelig mit abgeplatteter Stiel- und Stempelseite, und mit 6–7 g mittlerem Fruchtgewicht und 26 mm Breite mittelgroß. Sie sind dunkelviolettbraun und fein gepunktet mit festem, knorpeligen, dunkelroten Fleisch von feinem, süßsäuerlich würzigem Geschmack. Es besteht mittlere Anfälligkeit für Platzen und Faulen bei Nässe. Die Sorte ist sehr gut für die Konservierung geeignet.

Hedelfinger

Synonyme: 'Hedelfinger Riesenkirsche', 'Wahler Kirsche', 'Nußdorfer Schwarze'.

Wegen ihrer ausgezeichneten Fruchtqualität, regelmäßigen Ertragsleistungen und der großen Anpassungsfähigkeit an unterschiedliche Standortbedingungen ist die Sorte in fast allen Kirschen anbauenden Ländern verbreitet. Nachteilig sind ihre Neigung zum Platzen und der späte Eintritt der Ertragsperiode.

Herkunft: In Hedelfingen bei Stuttgart wurde die Sorte um die Mitte des vorigen Jahrhunderts aus Samen gezogen und vom Obstbauinstitut in Stuttgart-Hohenheim verbreitet. Da zu Beginn des 20. Jahrhunderts schon eine Reihe nicht identischer Formen unter diesem Namen verbreitet waren, gilt der in Diemitz bei Halle/Saale ausgelesene Typ als die echte 'Hedelfinger'.

Wuchs und Anbaueignung: Die Sorte wächst in den ersten Standjahren stark und aufstrebend, später wird sie breitausladend und bildet mittelgroße Knospen mit hoher Verzweigungsdichte und knorrigem Astgerüst. Die Bäume können sehr alt werden. 'Hedelfinger' gedeiht auch noch auf leichteren Böden. Wegen des leichten Platzens der Früchte sind geschlossene Lagen oder enge Pflanzungen ungünstig.

Blüte, Befruchtung, Ertrag: 'Hedelfinger' blüht mittelfrüh; die Blüten sind nicht sehr widerstandsfähig gegen Spätfröste. Mit den S-Allelen S_4S_5 gehört 'Hedelfinger' in die Intersterilitätsgruppe 'Große Schwarze Knorpel', 'Farnstädter Schwarze', 'Nadino'. Die Erträge setzen erst um das siebente Standjahr ein; dann sind die Ertragsleistungen regelmäßig und hoch.

Frucht und Verwertung: Die braunroten bis braunvioletten Früchte sind länglich bis eiförmig, auf der Bauchseite abgeflacht, so daß sie schief am Stiel hängen. Mit einem mittleren Fruchtgewicht um 7 g und 24 mm Breite sind die Früchte groß. Das rote Fruchtfleisch ist nur mäßig fest, knorpelig, mittelsaftig und sehr wohlschmeckend, süßsäuerlich, fein würzig. Die Sorte ist auch für Konservierung gut geeignet.

Süßkirsche

Heidi

Diese Neuzüchtung gehört zu den am frühesten reifenden Sorten. Durch etwas spätere Bütezeit und weniger frostempfindliche Blüten als bei der Vergleichssorte 'Kassins Frühe' erwies sich 'Heidi' als ertragssicherer und dürfte daher, insbesondere für klimatisch ungünstigere Lagen, Bedeutung für die Frischmarktversorgung erlangen.

Herkunft: 'Heidi' entstand aus der Kreuzung von 'Allmän gulröd' × 'Heinrichs Riesen', die 1954 von E. Olden im Institut für gartenbauliche Planzenzüchtung in Balsgård, Schweden, durchgeführt wurde. Die Einführung als Sorte erfolgte 1980. In Deutschland wurde 'Heidi' unter der Prüfnummer P 22 753 geführt.

Wuchs und Anbaueignung: An Standorten mit lehmigen Böden gehört 'Heidi' zu den starkwachsenden Sorten. Mit schräg aufstrebenden Gerüstästen bildet sie breitrunde Krone mit hoher Verzweigungsdichte. Die Bäume sind robust und gesund. Besondere Standortansprüche sind bisher nicht hervorgetreten. Die Sorte ist auch für den Anbau in kühleren Gebieten geeignet.

Blüte, Befruchtung, Ertrag: 'Heidi' blüht mittelfrüh und ist von den Frühsorten diejenige mit der spätesten Blütezeit. Die Blüten sind relativ wenig blütenfrostempfindlich. Intersterilität und S-Allele sind nicht bekannt. Die Sorte hat einen zeitigen Ertragseintritt und bringt regelmäßige und hohe Erträge.

Frucht und Verwertung: Die für eine Frühsorte mit 6,5 g Fruchtgewicht und 23 mm Breite relativ großen Früchte sind länglich bis herzförmig, braunrot und mattglänzend. Das weiche rote Fleisch ist süßsäuerlich mit würzigem Aroma (lösliche TRS 14 %). Die Früchte sind für den Frischverzehr geeignet. Die Platzfestigkeit ist befriedigend und wesentlich besser als bei der empfindlichen Sorte 'Kassins Frühe'.

Süßkirsche

Hulda

Die in der 4. Kirschwoche gleichzeitig mit 'Valeska' und 'Sam' reifende dunkelbraunrote Knorpelkirsche ist eine Neuzüchtung aus Schweden. Sie ist durch ihre Widerstandsfähigkeit gegen ungünstige Witterungsbedingungen und Krankheiten sowie die regelmäßigen und sehr hohen Ertragsleistungen gekennzeichnet. In der Fruchtqualität ähnelt sie 'Sam'.

Herkunft: 'Hulda' ist aus einer 1951 von E. Olden im Institut für gartenbauliche Pflanzenzüchtung in Balsgård, Schweden, durchgeführten Kreuzung von 'Erianne' × 'Allmän gulröd' hervorgegangen. Als Sorte wurde sie 1988 benannt. In Deutschland erfolgte ab 1976 die Prüfung unter der Nummer P 20 406.

Wuchs und Anbaueignung: Die Sorte wächst auf Standorten mit lehmigen, tiefgründigen Böden stark. Mit schrägaufstrebenden Gerüstästen bildet sie breitrunde Kronen mit hoher Verzweigungsdichte. Die Bäume sind robust und gesund. 'Hulda' ist eine sehr ertragssichere Sorte für den Anbau in kühleren Gebieten. Sie verträgt auch höhere Sommerniederschläge. Spezielle Standortansprüche sind nicht bekannt.

Blüte, Befruchtung, Ertrag: Die Sorte blüht mittelfrüh und ist nicht sehr empfindlich bei auftretendem Blütenfrost. Intersterilität und S-Allele sind nicht bekannt. Die Erträge setzen zeitig ein und sind regelmäßig und sehr hoch.

Frucht und Verwertung: Die deutlich herzförmigen Früchte sind mit 6,5–7,5 g Fruchtgewicht und 23 mm Breite für diese Reifeperiode mittelgroß. Sie sind dunkelbraunrot, mattglänzend mit mittelrotem, für eine Knorpelkirsche relativ weichem Fruchtfleisch. Der Geschmack ist kräftig säuerlich, etwas herb aromatisch (lösliche TRS 16%). Die Früchte zeichnen sich durch hohe Platzfestigkeit aus. Sie sind vorwiegend für den Frischverzehr geeignet.

Süßkirsche

Kassins Frühe

Die dunkelbraunrote Herzkirsche war über viele Jahrzehnte in den mitteldeutschen Kirschenanbaugebieten und beim Selbstversorger die wichtigste frühe Sorte. Sie reift in der 2. Kirschwoche noch einige Tage vor 'Burlat' und war unter den frühen Sorten die anbauwürdigste. Heute wird sie von 'Burlat' in der Fruchtqualität übertroffen. Ihrer Anpassungsfähigkeit an unterschiedliche Standortbedingungen verdankt sie ihre weite Verbreitung.

Herkunft: Die Sorte wurde als Zufallssämling von Ludwig Kassin in Werder, Havel, um 1860 aufgefunden und anschließend im Gebiet um Werder verbreitet. Heute ist sie in ganz Deutschland zu finden.

Wuchs und Anbaueignung: Die Sorte wächst mittelstark bis stark mit steil aufstrebenden Gerüstästen und waagerecht stehenden Fruchtästen. Es entstehen hochrunde Kronen mit hoher Verzweigungsdichte. Trotz der großen Anpassungsfähigkeit werden hohe Erträge von guter Qualität nur auf nährstoffreichen, wärmeren Böden und in etwas geschützten Lagen bis mittleren Höhenlagen erzielt.

Blüte, Befruchtung, Ertrag: 'Kassins Frühe' blüht früh und ist daher in ungünstigen Lagen auch spätfrostgefährdet. Sie ist ein guter Pollenspender. Die S-Allele sind S_2S_3 (intersteril mit 'Weiße Spanische'). Die Erträge setzen schon nach den ersten Standjahren ein; sie sind regelmäßig und für eine Frühsorte relativ hoch.

Frucht und Verwertung: Die Früchte reifen nicht ganz gleichmäßig und sind bei der Vollreife dunkelbraunrot. Die Form ist stumpfherzförmig, oft in kleiner Spitze auslaufend; das Fruchtgewicht beträgt 5–6 g, die Breite 24 mm. Das dunkelrote Fleisch ist weich und saftig mit angenehm süßsäuerlichem Geschmack (lösliche TRS 14%). Die Früchte sind nur für den Frischverzehr geeignet. Es besteht hohe Neigung zum Platzen und Faulen bei Nässe. Bei hohen Niederschlägen vor der Reife platzen die Früchte bisweilen schon in halbreifem Zustand.

Süßkirsche

Knauffs Schwarze

'Knauffs Schwarze' ist eine in der 3. Kirschwoche reifende Herzkirsche mit violettbraunen, fast schwarzen Früchten. Trotz einiger negativer Eigenschaften hat die Sorte in Mitteldeutschland weite Verbreitung gefunden. Sie zeichnet sich vor allem durch ihre gleichmäßig gute Fruchtqualität bei sehr hohen spezifischen Erträgen aus. Günstig sind auch der sehr frühe Ertragseintritt und die relativ kleine Krone.

Herkunft: Zwischen 1820 und 1840 wurde die Sorte als Zufallssämling im Gutsgarten in Bornim bei Potsdam vom Obstbauern Knauff aufgefunden und von ihm im Gebiet um Werder verbreitet. Dort ist sie auch noch heute eine der Hauptsorten.

Wuchs und Anbaueignung: 'Knauffs Schwarze' wächst nur mittelstark mit schräg aufwärts gerichteten Gerüstästen. Die Fruchtäste sind auffällig brüchig, ältere Kronen wirken sparrig, etwas überhängend und sind breitrund. Durch Auslichtungs- und Rückschnitt lassen sich die Kronen relativ niedrig und klein halten. Die Sorte ist daher für intensive Anbausysteme geeignet. 'Knauffs Schwarze' gedeiht am besten auf leichteren warmen und durchlässigen Böden. Auf schwereren Böden mit Neigung zu Staunässe leiden die Bäume stark unter Rindenerkrankungen.

Blüte, Befruchtung, Ertrag: Die Sorte blüht sehr früh und ist daher besonders blütenfrostgefährdet. 'Knauffs Schwarze' brachte bisher mit den zahlreichen geprüften Kreuzungspartnern Fruchtansatz, Intersterilität ist daher nicht bekannt. Die Erträge setzen schon in den ersten Standjahren ein und sind – außer in Jahren mit Blütenfrost – regelmäßig und sehr hoch.

Frucht und Verwertung: Die Früchte sind rundlich, mit 6 g durchschnittlichem Fruchtgewicht und 24 mm Breite mittelgroß und violettbraun. Das Fleisch ist weich und saftig, süß mit feiner Säure, würzig und gut für den Frischgenuß geeignet. Die Früchte reifen gleichmäßig und lassen sich gut pflücken. Bei feuchter Witterung sind sie anfällig für Platzen und Faulen.

Süßkirsche

Kordia

Die braunviolette Knorpelkirsche reift gleichzeitig mit 'Hedelfinger' und 'Vic' in der 6. Kirschwoche und ist auch äußerlich diesen Sorten ähnlich. Neben hoher Ertagsleistung, ausgezeichneter Geschmacksqualität und sehr guter Transporteignung hat 'Kordia' den großen Vorteil, auch bei langanhaltender feuchter Witterung nicht zu platzen und zu faulen. Sie ist die regenbeständigste dieser drei Sorten. Nachteilig ist ihre Empfindlichkeit gegenüber Blütenfrösten.

Herkunft: Die Sorte wurde als Zufallssämling in Tečhlovice, einem Kirschenanbaugebiet in Nordböhmen, gefunden. Seit 1982 ist sie in die Sortenliste der Tschechischen Republik unter dem jetzigen Namen aufgenommen. Im Versuchsanbau wurde sie 'Techlovicka II' oder auch 'Techlo' (Schweiz) bezeichnet.

Wuchs und Anbaueignung: Die Sorte wächst stark mit schräg aufstrebenden Gerüstästen und bildet breitausladende Kronen mit hoher Verzweigungsdichte. Sie stellt keine besonderen Ansprüche an den Boden und gedeiht auch noch in kühleren Klimalagen. Allerdings ist die Spätfrostempfindlichkeit der Sorte bei der Standortwahl zu berücksichtigen.

Blüte, Befruchtung, Ertrag: 'Kordia' blüht mittelspät, die Blüten sind empfindlich gegen Spätfrost. Die S-Allele sind noch nicht bekannt; erprobte Befruchter sind 'Early Rivers', 'Van', 'Hedelfinger', 'Nadino'. Die Erträge setzen schon in den ersten Standjahren ein und sind (in Abhängigkeit vom Blütenfrost) hoch und regelmäßig.

Frucht und Verwertung: Die braunvioletten, stark glänzenden Früchte sind langachsig, herzförmig und mit einem mittleren Fruchtgewicht von 7,5 g und 23,5 mm Breite groß. Das dunkelrote Fleisch ist hart und knorpelig, mäßig saftig und sehr wohlschmeckend, süßsäuerlich, aromatisch (lösliche TRS 17,5 %). Die Sorte läßt sich sehr gut pflücken, eine lange Ernteperiode ist möglich. Die Sorte ist für Frischverzehr und Konservierung geeignet.

Süßkirsche

Lapins

'Lapins' ist eine der neuen selbstfertilen Sorten aus Summerland, Kanada. Die rote bis rotbraune Knorpelkirsche reift in der 6. Kirschwoche gleichzeitig mit 'Hedelfinger'. Die Früchte sind groß, fest und gut transportfähig, aber nur von mittlerer Geschmacksqualität und neigen bei Nässe zum Platzen und Faulen.

Herkunft: Die Sorte ging, wie 'Sunburst', aus der Kreuzung 'Van' × 'Stella' hervor und wurde in der kanadischen Forschungsstation Summerland, British Columbia, ausgelesen. Sie wurde Anfang der achtziger Jahre in die Praxis eingeführt.

Wuchs und Anbaueignung: Der Wuchs ist mittelstark mit steilaufstrebenden, wenig verzweigten Gerüstästen. Die Früchte sitzen dicht zusammengedrängt vorwiegend am oberen Ende des zweijährigen Astabschnittes, und lassen sich deshalb nicht gut pflücken. Aufgrund der Platzempfindlichkeit ist die Sorte nicht für Gebiete mit hohen Sommerniederschlägen geeignet.

Blüte, Befruchtung, Ertrag: 'Lapins' blüht früh bis mittelfrüh und mit relativ kurzer Blühperiode. Zur Frostverträglichkeit der Blüten liegen noch keine Beobachtungen vor. Als selbstfertile Sorte eignet sie sich als Pollenspender für alle gleichzeitig blühenden Sorten. Die Erträge setzen mittelfrüh ein, über die Ertragsleistungen besteht noch kein Urteil, da die Prüfbäume noch zu jung sind.

Frucht und Verwendung: Die Früchte sind breitherzförmig bis breitrund und mit 8 g Fruchtgewicht und 27 mm Breite groß. In der Färbung ähnelt 'Lapins' den Elternsorten mit roter Grundfarbe und einer verwaschen weinroten Deckfarbe. Das rote Fruchtfleisch ist knorpelig fest, mäßig saftig und von süßlichem, schwach aromatischem Geschmack. Nachteilig ist die Neigung, am Stempelpunkt kleine Risse zu bilden, die bei Nässe das Faulen begünstigen. 'Lapins' ist eine attraktive Tafelfrucht.

Süßkirsche

Maibigarreau

Die gleichzeitig mit 'Knauffs Schwarzer' in der 3. Kirschwoche reifende gelbbunte Herzkirsche war früher im mitteldeutschen Anbau weit verbreitet. Die Sorte wurde wegen ihres sehr angenehmen, süßen Geschmacks vom Verbraucher geschätzt. Ihre sehr großen Kronen und die Transportempfindlichkeit der Früchte passen jedoch nicht mehr in die Vorstellungen von einem modernen Süßkirschenanbau. Deshalb wurde die Sorte seit 1960 kaum noch angepflanzt.

Herkunft: 'Maibigarreau' ist eine alte Sorte unbekannter Abstammung. Sie wurde um 1900 aus einer Gruppe von Formen ausgelesen, die unter diesem Namen im Saalkreis und Gebiet um Querfurt verbreitet waren.

Wuchs und Anbaueignung: 'Maibigarreau' gehört zu den starkwüchsigsten Süßkirschensorten. Von Jugend an wächst sie mit steil aufstrebenden Leitästen sehr stark und bildet sehr große, hochrunde Kronen mit hoher Verzweigungsdichte. Günstige Anbauerfahrungen bestehen auf warmen, tiefgründigen und auch leichten Böden und in offenen Lagen. Die Sorte ist nicht für dichte Pflanzungen geeignet.

Blüte, Befruchtung, Ertrag: 'Maibigarreau' blüht relativ spät; die Blüten sind nicht besonders frostempfindlich. Die Sorte hat die S-Allele S_1S_2, es besteht demnach Intersterilität mit 'Early Rivers', 'Kunzes Kirsche', 'Lucienkirsche' und 'Ampfurter Knorpel'. 'Maibigarreau' beginnt erst nach 5–6 Standjahren zu tragen. Dann sind die Erträge hoch und regelmäßig.

Frucht und Verwertung: Die gelbbunten, sehr ansehnlichen Früchte sind rundlich, aber nach der Spitze etwas verjüngt und auf der Bauchseite etwas kantig, 5,2–5,9 g schwer, Breite 23 mm, mit dünner, glänzender und windempfindlicher Schale. Die saftigen Früchte schmecken sehr süß mit ausgeglichener Säure. Die Transportfähigkeit ist gering.

Süßkirsche

Meckenheimer Frühe Rote

Die rote Herzkirsche reift etwa gleichzeitig mit 'Kassins Frühe' in der 2. Kirschwoche. In ihren Anbaugebieten in Westdeutschland ist sie die wichtigste frühe Herzkirsche, die sich durch große Früchte, guten Geschmack und ansprechende Färbung auszeichnet. Dort bringt sie auch hohe und sichere Ertragsleistungen. Sie ist weniger platzempfindlich als 'Kassins Frühe'.

Herkunft: Die Sorte wurde in Meckenheim, Pfalz, aufgefunden und zunächst im pfälzischen Anbaugebiet verbreitet. Seit den sechziger Jahren fand sie in Westdeutschland allgemeine Verbreitung.

Wuchs und Anbaueignung: Anfänglich wächst die Sorte sehr stark mit schräg aufstrebenden Gerüstästen. Die waagerecht abgehenden Seitenäste werden später hängend, so daß eine breitpyramidale Krone entsteht. Die Verzweigungsdichte ist mittelhoch. Gute Anbauerfahrungen bestehen vor allem in wärmeren Anbaugebieten mit Eignung für Frühsorten und tiefgründigen Lehmböden aber auch leichteren Böden mit günstiger Wasserführung.

Blüte, Befruchtung, Ertrag: Die Blütezeit ist mittelfrüh; es besteht keine auffällige Blütenfrostempfindlichkeit. Bisher ist keine Intersterilität bekannt. Erprobte Befruchter gehören in die Interstrerilitätsgruppen S_1S_3, S_3S_4, S_4S_5, außerdem die Sorten 'Sam', 'Knauffs Schwarze', 'Starking Hardy Giant'. Die Sorte beginnt zeitig zu tragen; in ihren Anbaugebieten sind die Erträge hoch und regelmäßig. In mitteldeutschen Anbauprüfungen wurden die Ertragsleistungen als mittelhoch eingestuft.

Frucht und Verwertung: Die dunkelbraunroten Früchte mit rotem Fruchtfleisch sind fast rund, etwas zugespitzt und mit 6,5 g mittlerem Fruchtgewicht und 21 mm Breite für die Reifezeit groß. Das Fleisch ist weich, saftig, angenehm süßsäuerlich, würzig (lösliche TRS 19%). Der lange Fruchtstiel ermöglicht leichtes Pflücken. Gegen Nässe sind die Früchte verhältnismäßig widerstandsfähig. Sie sind nur für den Frischgenuß geeignet.

Süßkirsche

Merla

Anfangs der 4. Kirschwoche reifende Herzkirsche mit hohem Ertrag, guter Gesundheit und Platzresistenz.

Herkunft: Spezielle Resistenzzüchtung gegen Bakterienbrand am John-Innes-Institut, England, aus einer frei abgeblühten Sämlingspopulation von 'Merton Late'. Lizenzanmeldung 1977. Frühere Bezeichnungen waren JI 11 721 und 'Merit'.

Wuchs und Anbaueignung: Starkwachsend mit schräg aufstrebenden Gerüstästen. Kugelige Kronen mit hoher Verzweigungsdichte. Keine besonderen Ansprüche an den Standort. Sollte in bakterienbrandgefährdeten, kühl-feuchten Gebieten erprobt werden.

Blüte, Befruchtung, Ertrag: Blüte mittelfrüh, nicht frostanfällig. Intersterilität und S-Allele nicht bekannt. Erträge setzen zeitig ein und sind sehr hoch und regelmäßig.

Frucht und Verwertung: Früchte herzförmig, hellrot mit roter Deckfarbe. Geschmack kräftig süßsäuerlich.

Mermat

Gleichzeitig mit 'Knauffs Schwarze' in der 3. Kirschwoche reifende Herzkirsche von hoher Ertragsfähigkeit und Gesundheit.

Herkunft: Spezielle Resistenzzüchtung gegen Bakterienbrand am John-Innes-Institut, England, aus einer frei abgeblühten Sämlingspopulation von 'Merton Glory'. Lizenzanmeldung 1977. Frühere Bezeichnungen waren JI 11 207 und 'Merlin'.

Wuchs und Anbaueignung: Wuchs mittelstark mit schrägen bis waagerechten Gerüstästen. Breitrunde Kronen mit hoher Verzweigungsdichte. Keine besonderen Ansprüche an den Standort. Sollte in bakterienbrandgefährdeten, kühl-feuchten Gebieten erprobt werden.

Blüte, Befruchtung, Ertrag: Blüte früh, anfällig für Blütenfrost. Intersterilität mit 'Van', S-Allele S_1S_3. Erträge setzen zeitig ein, sind regelmäßig und mittelhoch.

Frucht und Verwertung: Große schwarzbraune glänzende Früchte, breitherzförmig, angenehm süßsäuerlich, aromatisch.

Süßkirsche

Merpet

'Merpet' gehört zur Gruppe der 'Mer-'Sorten, die in England speziell auf Resistenz gegenüber Bakterienbrand *(Pseudomonas syringae)* gezüchtet wurden. Die Sorte ist eine braunrote Herzkirsche. Ihre Reifezeit liegt zwischen 'Mermat' und 'Merla' zum Ende der 3. Kirschenwoche. Sie zeichnet sich durch frühzeitigen Ertragseintritt, hohe Erträge und Gesundheit aus. Die Früchte sind ansehnlich groß, erreichen aber in der Geschmacksqualität nicht die beiden anderen genannten 'Mer-'Sorten. Sie sind nicht platzfest.

Herkunft: Die Resistenzzüchtung gegen Bakterienbrand wurde im John-Innes-Institut, England, betrieben, wo 'Merpet' aus einer frei abgeblühten Sämlingspopulation von 'Merton Glory' hervorging. Die Lizenzanmeldung unter dem Namen 'Merpet' erfolgte 1977. Frühere Bezeichnungen waren JI 11253 und 'Mermaid'.

Wuchs und Anbaueignung: Die Sorte wächst mittelstark bis stark mit schräg aufwärts gerichteten Gerüstästen. Sie bildet breitrunde Kronen mit mittlerer Verzweigungsdichte. Besondere Ansprüche an den Standort sind bisher nicht hervorgetreten.

Blüte, Befruchtung, Ertrag: Die Blütezeit ist mittelfrüh; die Blüten erwiesen sich als frostempfindlich. Intersterilität und S-Allele sind nicht bekannt. Die Erträge setzen zeitig ein und sind regelmäßig und hoch.

Frucht und Verwertung: Die roten bis braunroten Früchte sind herzförmig und mit 7,5–8 g mittlerem Fruchtgewicht und 23–24 mm Breite die größten unter den drei 'Mer-'Sorten. Das rote Fleisch ist weich und saftig, süßsäuerlich, wenig aromatisch. Die Früchte sind nur mäßig transportfähig und nur für den Frischverzehr geeignet. Die Sorte platzt bei anhaltend feuchter Witterung um die Stielgrube und fault dann leicht.

Süßkirsche

Nadino

Die rotbraune Knorpelkirsche reift etwa gleichzeitig mit 'Büttners Rote Knorpel' in der 5. Kirschwoche. Ihre Bedeutung liegt in der hervorragenden Fruchtqualität. Die Früchte sind sehr groß, sehr knorpelig fest und von sehr gutem Geschmack bei hohem Ertrag. Nachteilig ist die Neigung zum Platzen bei feuchter Witterung.

Herkunft: 'Nadino' stammt aus der Züchtungsarbeit von H. und G. Mihatsch im Institut für Obstforschung Dresden-Pillnitz. Sie entstand aus freier Abblüte von 'Spansche Knorpel'. In den Kirschenanbaugebieten Sachsen-Anhalts und Thüringens hat sie sich besonders bewährt und wurde 1989 als Sorte zugelassen.

Wuchs und Anbaueignung: Die Sorte wächst stark mit schräg aufwärts gerichteten Gerüstästen und waagerechtem bis hängendem Seitenholz. Es entstehen breitrunde Kronen mit hoher Verzweigungsdichte, die sich infolge des bald nachlassenden Höhenwachstums niedrig halten lassen.

Wegen der Platzgefahr kommen nur Anbaugebiete mit geringen Frühsommerniederschlägen in Frage. Die günstigsten Erfahrungen wurden in wärmeren Lagen mit gut durchlüfteten Böden gemacht.

Blüte, Befruchtung, Ertrag: Die Blütezeit ist mittelfrüh bei mittlerer Blütenfrostempfindlichkeit. Es besteht Intersterilität mit 'Hedelfinger', so daß die S-Allele mit S_4S_5 angenommen werden können. Erprobte Befruchter sind 'Van', 'Spansche Knorpel', 'Kordia', 'Burlat' und 'Namosa'. Die Erträge setzen in den ersten Standjahren ein und sind regelmäßig und hoch.

Frucht und Verwertung: Die Früchte sind breitrund mit flacher Stielgrube und mit 8–9 g Fruchtgewicht und 27 mm Breite groß. Die Grundfarbe ist bräunlichrot mit rötlichbrauner Deckfarbe, hell gestrichelt und punktiert, nicht glänzend. Das hellrote Fleisch ist stark knorpelig, süßsäuerlich aromatisch (lösliche TRS 19%). Wegen der Färbung ist die Sorte nicht für die Konservierung geeignet. Die langen Fruchtstiele bedingen gute Pflückbarkeit.

Süßkirsche

Nalina

'Nalina' ist eine braunviolette Herzkirsche der 2. Kirschwoche, die schon zwei bis drei Tage vor 'Kassins Frühe' reift. In der Reifegruppe der frühesten Sorten ist sie die Großfrüchtigste und hat deshalb Bedeutung für den Frischmarkt. Die Transporteignung ist jedoch gering.

Herkunft: Die Sorte stammt aus der Züchtungsarbeit von H. und G. Mihatsch im Institut für Obstforschung in Dresden-Pillnitz. Der Sämling wurde 1962 in Embryokultur aus Samen von 'Braunauer', frei abgeblüht, gewonnen und 1986 als Sorte zugelassen.

Wuchs und Anbaueignung: 'Nalina' wächst nach sehr starkem Jugendwachstum im Ertragsalter nur noch mittelstark mit schräg aufstrebenden Gerüstästen. Es entstehen breitrunde Kronen mit geringer Verzweigungsdichte. Positive Anbauerfahrungen liegen von Kirschenanbaugebieten in Sachsen-Anhalt, Thüringen und dem Gebiet um Werder, Havel, vor. Die frühe Blütezeit der relativ frostempfindlichen Blüten erfordert sorgfältige Standortwahl und wärmebegünstigte Gebiete.

Blüte, Befruchtung, Ertrag: 'Nalina' blüht sehr früh und ist daher besonders spätfrostgefährdet. Es besteht Intersterilität mit 'Burlat'. Erprobte Befruchter sind 'Kassins Frühe', 'Early Rivers', 'Knauffs Schwarze', 'Kordia', 'Namosa', 'Nadino'. Die Erträge setzen ab 4. Standjahr ein. Die langjährigen Ertragsleistungen sind mittelhoch.

Frucht und Verwertung: Die braunrote bis braunviolette Frucht ist ausgesprochen herzförmig und mit 7,8 g Fruchtgewicht und 23 mm Breite für eine Frühsorte sehr groß. Das rote Fruchtfleisch ist weich, saftig, mit leicht aromatisch süßsäuerlichem Geschmack (lösliche TRS 12,1%). Die Platzfestigkeit ist mittel bis gering. 'Nalina' ist nur für den Frischgenuß geeignet.

Süßkirsche

Namare

Die dunkelrote Knorpelkirsche reift etwa gleichzeitig mit 'Van' zum Ende der 4. Kirschwoche. Neben hohen und sehr sicheren Ertragsleistungen und einer guten Fruchtqualität zeichnet sich die Sorte durch besonders leichtes und trockenes Ablösen vom Stiel aus. Sie ist deshalb speziell für maschinelle Ernte geeignet.

Herkunft: Die Sorte stammt aus der Züchtungsarbeit von H. und G. Mihatsch im Institut für Obstforschung in Dresden-Pillnitz. Sie wurde aus einer Sämlingspopulation von 'Große Schwarze Knorpel', frei abgeblüht, ausgelesen. Die Erprobung erfolgte unter der Nummer Na 720 in Kirschenanbaugebieten in Brandenburg, Sachsen-Anhalt, Thüringen und Sachsen. 1989 wurde die Sorte benannt und 1990 in die Praxis eingeführt.

Wuchs und Anbaueignung: Der Wuchs ist mittelstark mit schräg aufrechten Gerüstästen und hoher Verzweigungsdichte. Die Sorte bildet kugelige bis breitpyramidale Kronen. 'Namare' stellt keine besonderen Anforderungen an den Standort und gedeiht auch noch in Gebieten mit höheren Sommerniederschlägen.

Blüte, Befruchtung, Ertrag: Die Blütezeit ist mittelfrüh; die Blüten erwiesen sich als relativ resistent gegenüber Spätfrost. Es besteht Intersterilität mit 'Ulster' und 'Namosa'. Erprobte Befruchter sind 'Van', 'Sam', 'Victor', 'Hedelfinger', 'Knauffs Schwarze', 'Valeska', 'Spansche Knorpel'. Die Erträge setzen zeitig ein und sind regelmäßig hoch und sehr hoch.

Frucht und Verwertung: Die dunkelroten Früchte sind rundlich mit eingesenkter Stielgrube und eingesenktem Stempelpunkt; die Bauchnaht ist farblich sichtbar. Mit 7,6 bis 8 g Fruchtgewicht und 26 mm Breite sind die Früchte groß. Das mittelrote Fleisch ist knorpelig, mittelfest, saftig, süßsäuerlich mit gutem Aroma (lösliche TRS 18 %). Es besteht mittlere Anfälligkeit für Platzen und Faulen bei Nässe. Die Sorte ist für die Verarbeitung geeignet.

Namosa

'Namosa' ist eine rotbraune Knorpelkirsche, die in der 4. bis 5. Kirschwoche etwa gleichzeitig mit 'Große Schwarze Knorpel' reift. Sie zeichnet sich durch besondere Eignung für maschinelle Ernte aus. Die Früchte lösen sich leicht und trocken vom Stiel, und trotz der mechanischen Belastung durch die Maschinenernte sind wenig verletzte Früchte im Erntegut. Günstig ist auch die hohe Platzfestigkeit.

Herkunft: Die Sorte stammt aus der Züchtungsarbeit von H. und G. Mihatsch im Institut für Obstforschung in Dresden-Pillnitz und ging aus einer Sämlingspopulation von 'Farnstädter Schwarze' frei abgeblüht, hervor. Sie wurde 1986 als Sorte zugelassen.

Wuchs und Anbaueignung: 'Namosa' wächst vor allem auf leichteren Böden stark bis sehr stark mit schräg aufstrebenden Gerüstästen und bildet breitrunde Kronen mit mittlerer Verzweigungsdichte. Die Sorte gedeiht auf leichteren und schwereren Böden. Die Frostempfindlichkeit der Blüte muß je-

doch bei der Standortwahl berücksichtigt werden.

Blüte, Befruchtung, Ertrag: Die Blütezeit ist früh; die Blüten haben nur mittlere Resistenz gegenüber Blütenfrost und sind daher spätfrostgefährdet. Intersterilität wurde mit 'Namare' festgestellt. Als Befruchter haben sich die gleichen wie bei 'Namare' bewährt; zusätzlich wurden erfolgreich 'Early Rivers', 'Burlat' und 'Nanni' geprüft. Die Erträge setzen zeitig ein und sind mittelhoch und regelmäßig.

Frucht und Verwertung: Die rotbraunen Früchte sind breitrund und mit 7 g Fruchtgewicht und 24,5 mm Breite mittelgroß. Auffallend sind die erhabene Bauchnaht und der eingesenkte Stempelpunkt. Das dunkelrote Fruchtfleisch ist fest, knorpelig mit süßlich aromatischem Geschmack (lösliche TRS 17,6%). 'Namosa' zeichnet sich durch hohe Platzfestigkeit bei nasser Witterung aus. Die Sorte ist vorwiegend für die Konservierung geeignet.

Süßkirsche

Nanni

Die rotbraune bis braunviolette Herzkirsche reift in der 3. Kirschwoche einige Tage nach 'Burlat' und etwas vor 'Knauffs Schwarze'. Sie ist eine großfrüchtige Frühsorte und für den Anbau in kühleren Gebieten geeignet, in denen 'Burlat' nicht mehr befriedigt. Der Baum ist gesunder und robuster als 'Knauffs Schwarze'. In der Fruchtqualität ist 'Nanni' dieser Sorte ebenbürtig.

Herkunft: 'Nanni' stammt aus der Züchtungsarbeit von H. und G. Mihatsch im Institut für Obstforschung Dresden-Pillnitz. Sie ist ein Sämling aus freier Abblüte von 'Uhlhorns Wunderkirsche'. Seit 1972 steht sie in verschiedenen Prüfpflanzungen und ist besonders in Brandenburg und Mecklenburg positiv hervorgetreten. 1989 wurde sie als Sorte zugelassen.

Wuchs und Anbaueignung: Die Sorte wächst in der Jugend sehr stark, wobei die unteren Gerüstäste fast waagerecht stehen. Es entstehen breitrunde Kronen mit hoher Verzweigungsdichte, die aber bei nachlassendem Wachstum in den späteren Standjahren nicht sehr hoch werden. Entsprechend den Prüferfahrungen wird 'Nanni' vorwiegend für leichtere Böden und kühleres Klima empfohlen; die Sorte gedeiht jedoch auch in anderen für Süßkirschen günstigen Anbaugebieten.

Blüte, Befruchtung, Ertrag: Die Blüte ist mittelfrüh; es besteht mittlere Resistenz gegenüber Blütenfrost. Die S-Allele sowie Intersterilität sind nicht bekannt. Erprobte Befruchter sind 'Burlat', 'Van', 'Büttners Rote Knorpel', 'Spansche Knorpel', 'Kordia', 'Knauff's Schwarze'. Die Erträge setzen früh ein und sind regelmäßig und hoch.

Frucht und Verwertung: Die im vollreifen Zustand braunvioletten Früchte sind stumpfherzförmig und mit 7 g Fruchtgewicht und 25 mm Breite für eine Sorte dieser Reifezeit relativ groß. Das rote Fleisch ist mittelfest und saftig mit süßem, schwach säuerlichem, aromatischem Geschmack (lösliche TRS 16%). Es besteht mittlere Anfälligkeit für Platzen und Faulen bei Nässe.

Regina

Die dunkelbraunrote Knorpelkirsche reift erst gegen Ende der 6. Kirschwoche und ist damit die späteste wertvolle Sorte im Süßkirschensortiment. Sie zeichnet sich neben der späten Reife durch hervorragende Fruchtgröße und Geschmacksqualität sowie hohe und sichere Ertragsleistungen aus. Besonders hervorzuheben ist ihre hohe Resistenz gegen Platzen und Faulen bei Nässe.

Herkunft: 'Regina' stammt aus der Züchtungsarbeit der Obstbauversuchsanstalt in Jork im Alten Land bei Hamburg und ist ein Sämling aus der Kreuzung 'Schneiders Späte Knorpel' × 'Rube'. Die Sorte wurde seit 1977 von Jork aus verbreitet und ist sehr schnell auch über Deutschland hinaus bekannt geworden.

Wuchs und Anbaueignung: Die Sorte wächst mittelstark mit steil aufstrebenden Gerüstästen und hängendem Seitenholz. Sie bildet mittelgroße, hochrunde Kronen. Besondere Ansprüche an den Standort sind nicht bekannt, sie hat sich an allen Prüf-

standorten in den alten Bundesländern bewährt. Ihre Herkunft aus dem Alten Land beweist ihre Eignung auch für kühlere Anbaugebiete.

Blüte, Befruchtung, Ertrag: 'Regina' blüht sehr spät und entgeht dadurch Spätfrösten. Bei der Wahl eines Bestäubungspartners ist diese späte Blütezeit zu beachten. Intersterilität ist bisher nicht bekannt. Die Erträge setzen früh ein und sind sehr hoch und regelmäßig.

Frucht und Verwertung: Die dunkelbraunroten Früchte sind breitrund und mit dem mittleren Fruchtgewicht von 8,5 g und 28 mm Breite besonders groß. Das relativ helle Fleisch ist hart, stark knorpelig und mäßig saftig, wohlschmeckend süß, schwach säuerlich, aromatisch. Die Sorte ist besonders resistent gegen Platzen und Faulen bei Nässe und kann deshalb über einen längeren Zeitraum geerntet werden.

Süßkirsche

Sam

Mit dieser, schon in der 4. Kirschwoche reifenden, dunkelroten Sorte beginnt die Saison der Knorpelkirschen. 'Sam' zeichnet sich neben der frühen Reife durch relativ hohe Blütenfrostresistenz und große Regenbeständigkeit während der Reife aus. Die Sorte ist daher auch für den Anbau in kühleren und feuchteren Gebieten geeignet.

Herkunft: 'Sam' ist ein Sämling aus freier Abblüte von 'Windsor' und stammt aus der Versuchsstation Summerland, British Columbia, Kanada. Von dort wurde sie 1953 eingeführt und kam gemeinsam mit der Sorte 'Van' Mitte der sechziger Jahre zum Versuchsanbau nach Europa. Insbesondere in den nördlicheren Ländern erhielt sie einen Platz in den Standardsortimenten.

Wuchs und Anbaueignung: Die Sorte wächst mittelstark mit schräg aufwärts strebenden Gerüstästen. Sie bildet breitrunde Kronen mit hoher Verzweigungsdichte. Die Bäume sind robust und gesund mit auffallend dunkelgrünem Laub. 'Sam' gedeiht am besten in nährstoffreichen Böden mit guter Wasserführung. In zu trockenen und warmen Klimalagen tritt häufig starker Vorerntefruchtfall ein (Röteln).

Blüte, Befruchtung, Ertrag: 'Sam' gehört zu den mittelspät blühenden Sorten und weist hohe Blütenfrostresistenz auf. Die Sorte ist ein guter Pollenspender für alle Sorten dieser Blütezeit. Die S-Allele werden mit S_2S_4 angegeben, demnach müßte Intersterilität mit 'Vic' bestehen. Die Erträge setzen nicht ganz zeitig ein, sie sind sehr regelmäßig und mittelhoch.

Frucht und Verwertung: Die dunkelroten, stark glänzenden Früchte sind länglich bis herzförmig, groß, mit 7,5–8 g mittlerem Fruchtgewicht und 24 mm Breite. Das dunkelrote Fleisch ist knorpelig, saftig mit süßsäuerlichem, wenig aromatischem Geschmack (lösliche TRS 16%). Die Früchte sind für den Frischgenuß geeignet. Unter den Knorpelkirschen ist 'Sam' neben 'Kordia' und 'Regina' die Sorte mit der größten Regenbeständigkeit.

Süßkirsche

Schneiders Späte Knorpel

Synonyme: 'Haumüller', 'Höfchenkirsche', 'Kaukasische', 'Nürtinger Riesenkirsche', 'Zeppelin', 'Rindfleischkirsche' und mit großer Sicherheit auch 'Germersdorfer'

Die in der 5. Kirschwoche reifende Knorpelkirsche war lange Zeit die Sorte mit den größten Früchten. Auch ihr Aussehen und der Geschmack trugen zu ihrer großen Beliebtheit beim Verbraucher bei. Regelmäßige und hohe Erträge sind aber nur unter warmen Klimabedingungen zu erwarten. Die Sorte ist in Europa weit verbreitet und wird insbesondere in Ungarn, Österreich und Südwestdeutschland angebaut.

Herkunft: Die Sorte wurde um 1850 als Zufallssämling auf einem Grundstück in Guben gefunden und nach dem Besitzer benannt. Ab 1865 von dort aus verbreitet.

Wuchs und Anbaueignung: An ihrer pyramidalen Kronenform mit durchgehendem, dominierendem Mitteltrieb und schräg aufwärts gerichteten Gerüstästen ist die Sorte leicht zu erkennen. Der Wuchs ist stark, die Verzweigungsdichte nur mittelstark. Nur auf durchlässigen, nährstoffreichen Böden mit guter Wasserführung und in warmen Lagen bringt die Sorte die volle Ertragsleistung. An ungeeigneten Standorten ist der vorzeitige Fruchtfall (Röteln) stark ausgeprägt.

Blüte, Befruchtung, Ertrag: Die Blüte ist mittelfrüh bei hoher Resistenz gegenüber Blütenfrost. Die S-Allele sind in der Literatur mit S_3S_4 angegeben. Die daraus zu schließende Intersterilität mit 'Büttners Rote Knorpel' besteht jedoch nicht. Der Ertrag setzt erst nach 5–6 Standjahren ein, er ist nur unter geeigneten Standortbedingungen regelmäßig und mittelhoch.

Frucht und Verwertung: Die schwarzbraunen Früchte sind breitherzförmig, manchmal mit kleiner Spitze. Mittleres Fruchtgewicht 8–9 g. Wohlschmeckend, süß, würzig, schwach säuerlich. Die Früchte hängen an langen Stielen und lassen sich gut pflücken. Hohe Anfälligkeit für Platzen und Faulen bei Nässe. Vorwiegend für den Frischverzehr geeignet.

Süßkirsche

Spansche Knorpel

'Spansche Knorpel' ist eine schon Ende der 4. Kirschwoche reifende, rotbunte Kirsche, die als besonders frühe Knorpelkirsche mit sehr hohen Ertragsleistungen und Eignung für intensiven Anbau in den mitteldeutschen Anbaugebieten allgemein verbreitet wurde. Große Anbaubedeutung hat sie aber vor allem im Gebiet um Werder, Havel, wo sie eine der Hauptsorten ist. Die Frucht ist äußerlich und in der Geschmacksqualität kaum von 'Büttners Roter Knorpel' zu unterscheiden.

Herkunft: Die Sorte wurde zunächst als 'Rote Spanische Knorpel' im Gebiet um Werder angebaut, geriet dann aber als solche in Vergessenheit. Nach 1918 vom Obstbauern Span in Bornim bei Potsdam erneut empfohlen, wurde sie von da an unter seinem Namen verbreitet.

Wuchs und Anbaueignung: Der Wuchs ist mittelstark bis stark mit schräg stehenden Gerüstästen, breit ausladender, nur mittelhoher Krone mit mittlerer Verzweigungsdichte. Die Sorte gedeiht am besten auf leichteren Böden mit guter Wasserführung. Zu flachgründige und trockne Standorte sind ungeeignet wie auch zu schwere Böden und Gebiete mit hohen Niederschlägen.

Blüte, Befruchtung, Ertrag: Die Blütezeit ist mittelfrüh bei mittlerer Resistenz gegen Blütenfrost. Die Sorte ist ein guter Pollenspender, Intersterilität ist nicht bekannt. Die S-Allele werden mit S_2S_5 angegeben. Der Ertrag setzt mittelfrüh ein und ist sehr hoch und regelmäßig.

Frucht und Verwertung: Die breitrunden bis leicht herzförmigen Früchte sind mit 7 g mittlerem Fruchtgewicht und 26 mm Breite mittelgroß. Die dunkelrote Deckfarbe auf der hellrötlichgelben Grundfarbe ist auffallend hell gestrichelt und punktiert. Das Fruchtfleisch ist hart und knorpelig, mäßig saftig und ausgeglichen süßsäuerlich, würzig, wohlschmeckend. Die Pflückbarkeit ist sehr gut. Für die Herstellung von Konserven gut geeignet. Hohe Anfälligkeit für Platzen und Faulen bei Nässe.

Süßkirsche

Star

Die Knorpelkirsche reift etwa gleichzeitig mit 'Sam' in der 4. Kirschwoche, übertrifft diese aber in der Geschmacksqualität. Ihr Nachteil ist die höhere Platzempfindlichkeit und der höhere Wärmeanspruch. Durch mittelstarken Wuchs und zeitigen Ertragseintritt besitzt sie im Anbau Vorzüge gegenüber 'Hedelfinger', mit der sie in der Fruchtqualität verglichen werden kann. Günstige Anbauerfahrungen bestehen in der Schweiz, Österreich und einigen westdeutschen Anbaugebieten.

Herkunft: 'Star' stammt aus der Versuchsstation Summerland, British Columbia, Kanada, und ist ein Sämling aus freier Abblüte von 'Deacon'. Die Sorte wurde 1949 von A. J. Mann eingeführt.

Wuchs und Anbaueignung: Die Sorte wächst schwach bis mittelstark mit schräg aufstrebenden Gerüstästen. Sie bildet breitrunde Kronen mittlerer Verzweigungsdichte. Mit dieser Wuchsform eignet sie sich für Intensivanbau aber auch für Selbst-

versorger. Spezielle Standortansprüche sind nicht bekannt. Es besteht jedoch ein höherer Wärmeanspruch als vergleichsweise bei 'Sam'. Anfälligkeit für Röteln und Bakterienbrand ist zu beachten.

Blüte, Befruchtung, Ertrag: Die Blütezeit ist spät, die Blüten sind etwas spätfrostempfindlich. Mit den S-Allelen S_3S_4 ist 'Star' intersteril mit 'Büttners Roter Knorpel', 'Bing' und 'Lambert'. Bei der Auswahl von Befruchtersorten ist auf die Blütezeit zu achten (günstig 'Hedelfinger'). Der Ertragseintritt ist früh. Hohe und regelmäßige Erträge werden nur im wärmeren Klima erzielt.

Frucht und Verwertung: Die rotbraunvioletten Früchte mit dunkelrotem Fleisch sind breitherzförmig mit auffallender Einbuchtung an der Spitze der Bauchseite. Sie sind mit 8 g Fruchtgewicht und 25 mm Breite groß. Das Fleisch ist fest, knorpelig mit angenehmem, süßsäuerlich würzigem Geschmack. Es besteht eine mittlere Anfälligkeit für Platzen und Faulen bei Nässe, insbesondere nach Trockenperioden.

Süßkirsche

Starking Hardy Giant

Die braunrote Knorpelkirsche reift etwa gleichzeitig mit 'Van' und 'Büttners Roter Knorpel' zu Beginn der 5. Kirschwoche. Sie bereichert in dieser Zeit das Angebot an dunklen Knorpelkirschen mit ausgezeichneter Fruchtqualität. Sie bringt hohe und sichere Ertragsleistungen und ist auch für intensiven Anbau geeignet.

Herkunft: Von O. R. Meyer 1925 als Zufallssämling in Wisconsin, USA, aufgefunden, 1949 unter ihrem jetzigen Namen in den Handel gebracht. Sie kam in den sechziger Jahren nach Europa und hat in verschiedenen Ländern in den Marktanbau Eingang gefunden.

Wuchs und Anbaueignung: Die Sorte wächst nur mittelstark mit schräg aufstrebenden Gerüstästen und hängenden Fruchtästen. So bilden sich breitrunde, lockere Kronen mit mittlerer Verzweigungsdichte. Eine befriedigende Entwicklung erreicht die Sorte nur auf nährstoffreichen, tiefgründigen Böden mit guter Wasserführung und in

warmen Lagen. Außerdem sind Gebiete mit geringeren Frühsommerniederschlägen zu bevorzugen, da eine hohe Anfälligkeit für Krötenhautkrankheit *(Cytospora)* und Blattbefall durch *Pseudomonas syringae* besteht.

Blüte, Befruchtung, Ertrag: Die Blütezeit ist mittelfrüh, es besteht eine mittlere Resistenz gegenüber Spätfrost. Die S-Allele sind nicht bekannt. Bei Kreuzungen trat bisher keine Intersterilität auf, so daß viele potentielle Befruchter vorhanden sind. Die Erträge setzen früh ein und sind sehr hoch und regelmäßig.

Frucht und Verwertung: Die dunkelbraunroten Früchte sind breitrund und mit einem mittleren Fruchtgewicht von 8 g und 27 mm Breite groß. Das Fleisch ist hart und knorpelig, mäßig saftig, wohlschmeckend süß, schwach säuerlich (lösliche TRS 18,2 %). Die Sorte ist vorwiegend für den Frischgenuß geeignet (mittelrotes Fruchtfleisch erzeugt keine gute Konservenfärbung). Es besteht nur mittlere Neigung zum Platzen und Faulen bei nasser Witterung.

Süßkirsche

Stella

'Stella' ist eine dunkelrote Knorpelkirsche der 4. bis 5. Kirschwoche. Sie war die erste selbstfertile Süßkirschensorte aus der kanadischen Züchtungsarbeit. Die Früchte sind sehr ansehnlich und die Bäume reichtragend. In der Geschmacksqualität wird sie von anderen Sorten dieser Reifezeit übertroffen. Nachteilig ist auch die Regenempfindlichkeit der Früchte.

Herkunft: 1940 wurden von Lewis im John Innes Institut, England, aus Kreuzungen mit bestrahltem Pollen die ersten selbstfertilen Süßkirschen hergestellt und später an die Versuchsstation Summerland, British Columbia, Kanada, zur weiteren Bearbeitung gegeben. 'Stella' entstammt der Kreuzung von 'Lambert' × 'John Innes Sämling 2420' und wurde von Lapins 1964 ausgelesen und 1970 der Praxis übergeben.

Wuchs und Anbaueignung: 'Stella' ist starkwachsend. Mit steilaufstrebenden Gerüstästen bildet sie breitpyramidale Kronen mit mittlerer Verzweigungsdichte. Die Bäume sind gegenüber Rindenkrankheiten etwas anfällig. Besondere Standortansprüche sind bisher nicht aufgefallen.

Blüte, Befruchtung, Ertrag: Die Blütezeit ist mittelfrüh, es besteht eine mittlere Blütenfrostempfindlichkeit. 'Stella' ist ein guter Pollenspender und universeller Befruchter. Sie beginnt sehr zeitig zu tragen und bringt regelmäßige, sehr hohe Erträge.

Frucht und Verwertung: Die dunkelroten Früchte sind in der Vorderansicht fast rund, die Seiten jedoch zusammengedrückt, so daß sie herzförmig erscheinen. Die Früchte sind groß: 7,5 g, Breite 25 mm, mit mittelrotem, mittelfestem aber knorpeligem Fleisch und kleinem Stiel. Der Geschmack ist süßsäuerlich mit wenig Aroma (lösliche TRS 16,4 %). Bei feuchter Witterung besteht hohe Neigung zum Platzen und Faulen.

Süßkirsche

Sunburst

'Sunburst' ist eine der neuen selbstfertilen Sorten, die in Summerland, Kanada, gezüchtet wurden. Die rotorange, ziemlich weichfleischige Knorpelkirsche reift Ende der 4. Kirschwoche, etwa gleichzeitig mit 'Van'. Hervorragend ist die Fruchtgröße mit einem mittleren Fruchtgewicht von 10 bis 12 g, die allerdings auch die hohe Platzempfindlichkeit mitbedingt. Die Sorte zeichnet sich außerdem durch hohe, zeitig einsetzende Ertragsleistungen aus.

Herkunft: Die von Lapins gezüchtete Sorte ging aus der Kreuzung von 'Van' × 'Stella' in der kanadischen Forschungsstation Summerland, British Columbia, hervor. Sie wurde Anfang der achtziger Jahre in die Praxis eingeführt.

Wuchs und Anbaueignung: Die Sorte wächst mittelstark bis stark mit steil aufrechten Gerüstästen und bildet hochrunde Kronen mit mittlerer Verzweigungsdichte. Die Bäume machen einen robusten und gesunden Eindruck und haben noch keine besonderen Standortanforderungen erkennen lassen. Die hohe Platzempfindlichkeit ist jedoch zu beachten.

Blüte, Befruchtung, Ertrag: Die Blütezeit ist mittelfrüh. Als selbstfertile Sorte eignet sie sich als universeller Befruchter für alle anderen Sorten. Die Erträge setzen zeitig ein und sind hoch und regelmäßig.

Frucht und Verwertung: Die breitrunden, fast nierenförmigen, in der Form an 'Van' erinnernden Früchte erreichen bis zu 12 g Fruchtgewicht und 32 mm Breite. Sie sind verwaschen orangerot bis dunkelrot gefärbt mit sehr vielen hellen, feinen Sprenkeln. Das rote, knorpelige, nicht sehr feste Fleisch schmeckt angenehm süßsäuerlich. Auffallend klein ist der rundliche Stein. Durch lange Fruchtstiele läßt sich die Sorte gut pflücken. Die Transporteignung ist nur mäßig. Aufgrund der ungewöhnlichen Fruchtgröße besteht schon vor der vollen Fruchtreife hohe Anfälligkeit für Platzen.

Süßkirsche

Teickners Schwarze Herzkirsche

Schwarzbraune Herzkirsche, die am Ende der 3. Kirschwoche reift. Die Sorte ist ein robuster Massenträger mit geringeren Ansprüchen an den Standort, der in den mitteldeutschen Anbaugebieten die alten Sorten wie 'Braunauer' oder 'Fromms Herzkirsche' verdrängt hat.

Herkunft: Die Sorte wurde im Baumschulbetrieb von Wilhelm Teickner in Gernrode am Harz um 1920 aufgefunden und von ihm seit 1936 in den Handel gebracht. Sie ist in mitteldeutschen Anbaugebieten verbreitet.

Wuchs und Anbaueignung: Die Sorte wächst vor allem in der Jugend stark mit steil aufwärts strebenden Gerüstästen. Die Kronen sind bei mittlerer Verzweigungsdichte breitrund und können sehr groß werden. Die Sorte gedeiht auch noch in Höhenlagen. Voraussetzung für befriedigende Fruchtgröße und Qualität sind jedoch tiefgründige, nährstoffreiche Böden mit guter Wasserführung. Um Erschöpfungserschei-

nungen vorzubeugen, ist ein gelegentlicher Rückschnitt zur Neuwuchsanregung notwendig und wird auch gut vertragen.

Blüte, Befruchtung, Ertrag: Die Sorte gehört zu den frühblühenden, besitzt aber eine gute Resistenz gegenüber Spätfrösten. Sie ist ein guter Pollenspender für alle frühblühenden Sorten. Intersterilität und S-Allele sind nicht bekannt; die vermutete Intersterilität mit 'Van' hat sich nicht bestätigt. Die Erträge setzen zeitig ein und sind regelmäßig und sehr hoch.

Frucht und Verwertung: Die schwarzbraunvioletten, stark glänzenden Früchte sind mit einem mittleren Fruchtgewicht von 5,5 g und einer Breite von 24 mm nur mittelgroß. Die Gestalt ist stumpfherzförmig; große Früchte sind um die Bauchnaht etwas wulstig und kantig. Das dunkelrote Fleisch ist weich, saftig, im Geschmack vorwiegend süß, leicht säuerlich, würzig und manchmal etwas bitter. Die Früchte sind relativ widerstandsfähig gegen Platzen und Faulen bei Nässe und vorwiegend für den Frischgenuß geeignet.

Süßkirsche

Ulster

Einige Tage vor 'Hedelfinger', Ende der 5. Kirschenwoche reifende Knorpelkirsche mit hoher Frostfestigkeit der Blüte und geringer Platzneigung der Früchte. Daher auch für weniger warme Gebiete geeignet, auch in regenreichen Sommern.

Herkunft: Aus der Versuchsstation Geneva, New York, aus einer Kreuzung von 'Schmidt' × 'Lambert'. 1964 eingeführt, vor allem in Nordeuropa.

Wuchs und Anbaueignung: Starkwachsend, steil aufrechte Gerüstäste, hochrunde Krone mit sehr hoher Verzweigungsdichte. Bäume gesund und langlebig, keine besonderen Ansprüche an den Standort.

Blüte, Befruchtung, Ertrag: Blüte mittelspät, S-Allele S_2S_4, aber keine Intersterilität mit 'Vic' festgestellt. Ertragsbeginn früh, Erträge mittelhoch und regelmäßig.

Frucht und Verwertung: Früchte mittelgroß, rotbraun, süßsäuerlich, aromatisch (lösliche TRS 19,2%). Zur Konservierung gut geeignet.

Valeska

Zu Beginn der 4. Kirschwoche reifende Herzkirsche, besonders für Anbaugebiete mit kühlerem Klima geeignet.

Herkunft: An der Obstbauversuchsanstalt in Jork im Alten Land bei Hamburg aus der Kreuzung 'Rube' × 'Stechmanns Bunte' entstanden, seit 1966 im Versuchsanbau und an deutschen Versuchsstandorten sowie in skandinavischen Ländern bewährt.

Wuchs und Anbaueignung: Starkwachsend, Kronen breitrund mit hoher Verzweigungsdichte. Keine besonderen Standortansprüche.

Blüte, Befruchtung, Ertrag: Mittelfrüh blühend mit hoher Resistenz gegen Blütenfrost. S-Allele noch unbekannt. Erprobte Befruchter: 'Büttners Rote Knorpel' und 'Schneiders Späte Knorpel'. Erträge setzen früh ein, sind hoch und sehr regelmäßig.

Frucht und Verwertung: Früchte fast schwarz, glänzend, herzförmig, saftig, süß, (lösliche TRS 17,4%). Hohe Resistenz gegen Platzen und Faulen bei Nässe.

Süßkirsche

Van

Die Anfang der 5. Kirschwoche reifende Knorpelkirsche hat in den vergangenen Jahrzehnten in Europa allgemeine Verbreitung gefunden. Ihre Bedeutung liegt in der hervorragenden Fruchtqualität, ihrer relativ zeitigen Reife, einer langen Ernteperiode und der besonderen Eignung für intensive Anbausysteme. Sie ist daher für den marktversorgenden Obstbau sowie den Selbstversorger geeignet, wenn ihre Standortansprüche erfüllt werden können.

Herkunft: 'Van' wurde 1942 in der Versuchsstation Summerland, British Columbia, Kanada, von A. J. Mann aus einer Sämlingspopulation von 'Empress Eugenie' ausgelesen. Ihr Name ist eine Ehrung des Obstzüchters van Haarlem aus Vineland, Ontario, Kanada. Die Sorte kam in den sechziger Jahren nach Europa.

Wuchs und Anbaueignung: Mit den sehr zeitig einsetzenden Erträgen läßt das anfangs starke Wachstum nach, so daß die breitrunden Kronen mit hoher Verzweigungsdichte relativ klein zu halten sind. Gesunde Bestände erzielt man nur auf warmen, tiefgründigen und gut durchlüfteten Böden in warmen und leicht geschützten Lagen. Andernfalls erkranken die Bäume leicht an der Krötenhautkrankheit und an Bakterienbrand.

Blüte, Befruchtung, Ertrag: Die Sorte blüht früh bis mittelfrüh und ist ein guter Pollenspender. Die Blüten sind relativ frosthart. 'Van' hat die S-Allele S_1S_3 und ist daher intersteril mit 'Troprichter' und 'Karesova'. 'Van' beginnt zeitig zu tragen und bringt regelmäßige und sehr hohe Erträge.

Frucht und Verwertung: Die sehr kurzachsigen, fast nierenförmigen Früchte sind mit 8 g Fruchtgewicht und 27 mm Breite groß. Auffallend ist der kleine Stein und der sehr kurze Fruchtstiel. Die Früchte sind rotbraun, stark glänzend, mit feiner Punktierung. Das Fleisch ist mittelrot, sehr fest und knorpelig mit harmonischem Zucker-Säureverhältnis (lösliche TRS 20%). Negativ ist das starke Platzen und Faulen der Früchte bei Nässe.

Süßkirsche

Vic

'Vic' ist eine braunrote Knorpelkirsche, die in der 6. Kirschwoche, gleichzeitig mit 'Hedelfinger' und 'Kordia' reift. In Deutschland ist sie erst in den vergangenen Jahrzehnten bekannt geworden und hat sich als eine besonders witterungsresistente Sorte erwiesen. Blütenfrostresistenz, geringe Anfälligkeit für Platzen und Faulen machen sie zu einer guten Ergänzungssorte für 'Kordia' und 'Hedelfinger'.

Herkunft: 'Vic' entstand 1937 aus einer Kreuzung der Sorten 'Bing' × 'Schmidt' in der Zuchtstation Vineland, Ontario, Kanada. 1958 wurde sie von dort in die Praxis eingeführt und ist inzwischen in zahlreichen Ländern als aussichtsreiche Sorte oder als Hauptsorte eingestuft.

Wuchs und Anbaueignung: Die Sorte wächst mittelstark mit steil aufrecht stehenden Gerüstästen und hängendem Seitenholz. Die Kronen werden hochrund mit hoher Verzweigungsdichte und lassen sich gut in intensive Anbausysteme einfügen. Da die Sorte anfällig für Rindenkrankheiten ist, muß auf gute Wasserführung des Bodens geachtet werden. Die Sorte befriedigt auch noch in kühleren Klimagebieten. Auffallend ist die Verträglichkeit für kühle, feuchte Klimaperioden im Mai–Juni, wo andere Sorten mit Fruchtfall reagieren.

Blüte, Befruchtung, Ertrag: 'Vic' gehört zu den mittelspät blühenden Sorten bei hoher Widerstandsfähigkeit gegen Blütenfrost. Sie ist ein guter Pollenspender. Intersterilität ist nicht bekannt, die S-Allele werden mit S_2S_4 angegeben. Der Ertrag setzt sehr früh ein und ist regelmäßig und hoch.

Frucht und Verwertung: Die dunkelbraunroten Früchte sind herzförmig mit unsymmetrischer Spitze. Mit 7–8 g Fruchtgewicht sind die Früchte groß (Breite 23 mm). Das Fleisch ist rot, fest und knorpelig, mäßig saftig mit süßsäuerlichem, aromatischem Geschmack (lösliche TRS 19 %). Die Sorte eignet sich für Frischgenuß und Konservierung. Sie läßt sich sehr gut pflücken und ist resistent gegen Platzen und Faulen bei Nässe.

Süßkirsche

Victor

Als besonders frühreifende Knorpelkirsche mit sehr guter Fruchtqualität hat 'Victor' für den Markt Bedeutung und ist auch für den Kleinanbau empfehlenswert. Es ist eine gelbbunte Knorpelkirsche, die schon in der 4. Kirschwoche reift und 'Büttners Rote Knorpel' in Frühzeitigkeit, Färbung und Geschmack übertrifft. In den östlichen Bundesländern bewährte sich 'Victor' in den vergangenen Jahrzehnten vor allem in Verbindung mit wuchshemmenden Zwischenveredlungen (durch Verwechslung hier unter 'Sparkle' verbreitet). 'Victor' gehört in einigen nordeuropäischen Ländern in das Standardsortiment.

Herkunft: Die Sorte stammt aus der Versuchsstation Vineland, Ontario, Kanada, und ist ein Sämling von 'Windsor'. Sie wurde 1925 in die Praxis eingeführt.

Wuchs und Anbaueignung: 'Victor' ist starkwachsend und bildet mit steilstehenden Gerüstästen hochrunde Kronen mit hoher Verzweigungsdichte. Die Sorte neigt im Kroneninneren zur Verkahlung. Günstige Anbauerfahrungen wurden auf tiefgründigen Böden mit guter Wasserführung und in warmen und relativ sommertrockenen Lagen gemacht. Insbesondere bestehen in Sachsen-Anhalt gute Erfahrungen im intensiven Anbau dieser Sorte.

Blüte, Befruchtung, Ertrag: Die Blütezeit ist mittelfrüh bei mittlerer Blütenfrostempfindlichkeit. Die S-Allele S_2S_3 bedingen Intersterilität mit 'Kassins Frühe' und 'Merton Premier'. Die Bäume beginnen zeitig zu tragen. Ohne wuchshemmende Zwischenveredlung sind die Erträge nur mittelhoch.

Frucht und Verwertung: Die Früchte sind breitrund, groß, 7,5 g, Breite 28 mm mit kleinem Stein. Die Grundfarbe ist gelb mit rosa bis roter Deckfarbe; das Fleisch ist weißlichgelb, fest, saftig, angenehm kräftig süßsäuerlich im Geschmack (lösliche TRS 18%). Bei feuchter Witterung besteht nur mittlere Platzfestigkeit.

Süßkirsche

Werdersche Braune

'Werdersche Braune' ist eine geschmacklich besonders wertvolle, rotbraune Herzkirsche. Sie reift etwas später als 'Knauffs Schwarze' am Ende der 3. Kirschwoche. Ihr Anbau ist auf relativ sommertrockene Anbaugebiete beschränkt, wie das Regenschattengebiet des Harzes. Dort behielt diese alte Sorte aufgrund ihrer relativ festen, wohlschmeckenden und ansehnlichen Früchte ihren Platz im Sortiment. Sie ist auch für intensive Anbausysteme geeignet.

Herkunft: Die Herkunft dieser alten Sorte ist unbekannt. Im Kreis Querfurt ließ sich ihr Anbau bis 1850 nachweisen. Für den Anbau in Mitteldeutschland wurde sie seit 1930 stärker empfohlen und dort auch verbreitet.

Wuchs und Anbaueignung: Nach anfänglich starkem Wachstum mit schräg aufstrebenden Gerüstästen wächst die Sorte nur mittelstark und bildet breitrunde Kronen mit mittlerer Verzweigungsdichte. Die Verkahlung des Fruchtholzes macht Verjün-

gungsschnitt notwendig und befördert damit das Kleinhalten der Krone. An den Boden stellt die Sorte keine besonderen Ansprüche. Sie gedeiht aber nur in wärmeren Lagen mit geringen Frühsommerniederschlägen.

Blüte, Befruchtung, Ertrag: Die Sorte blüht mittelspät mit langer Blütezeit. Es besteht nur geringe Anfälligkeit für Blütenfrost. Sie ist für alle mittelspät blühenden Sorten ein guter Pollenspender. Intersterilität besteht mit 'Dönissens Gelbe Knorpel'. Die Erträge setzen zeitig ein und sind regelmäßig und hoch.

Frucht und Verwertung: Die stark glänzenden rotbraunen Früchte sind breitherzförmig mit unregelmäßigen Furchen und Buckeln und mit 6,5 g Fruchtgewicht und 23 mm Breite mittelgroß. Das dunkelrote Fleisch ist mittelfest, wohlschmeckend süßsäuerlich, leicht würzig. Die Sorte ist für Frischgenuß und Verwertung gut geeignet. Bei feuchtem Wetter platzt die Sorte vor allem rings um die Stielgrube und neigt dann zum Faulen.

Süßkirsche

Fanal

Synonyme: 'Heimanns Konservenweichsel', 'Heimann 23'

'Fanal' ist eine der beliebtesten Saftkirschen. Sie ist in ganz Europa verbreitet. Die Sorte ist relativ stark anfällig für *Pseudomonas syringae*. Ihr Anbauumfang wird nur durch ihre hohe Anfälligkeit für diese Krankheit eingeschränkt.

Herkunft: Die Abstammung ist unbekannt. Sie wurde vor 1930 im Garten des Lehrers Ganzer in Dessau-Dellnau gefunden und 1934 von Heimann in das Sauerkirschensortiment in Blankenburg aufgenommen und von dort verbreitet.

Wuchs und Anbaueignung: 'Fanal' wächst mittelstark bis stark, ihre Gerüstäste stehen schräg aufrecht, sie ist gut verzweigt und verkahlt kaum. Ihre Krone ist breitrund, etwas sperrig. Die Sorte regeneriert sich gut aus dem mehrjährigen Holz. Sie ist sowohl für den Selbstversorger als auch für den marktversorgenden Anbau geeignet.

Blüte, Befruchtung, Ertrag: 'Fanal' blüht mittelfrüh und ist relativ widerstandsfähig gegen Blütenfrost. Die Blüten befinden sich vorwiegend an einjährigen Langtrieben. Sie ist selbstfertil. Der Ertrag ist regelmäßig und hoch. Das trifft auch für den spezifischen Ertrag pro m^3 Kronenvolumen zu, der etwa bei 1,5 kg liegt.

Frucht und Verwertung: Die Frucht ist dunkelrot bis rotbraun. Sie reift Mitte Juli, etwa 8 Tage vor 'Schattenmorelle'. Die Fruchtmasse beträgt 5,5 g, die Fruchtbreite etwa 24 mm, der Säuregehalt ist hoch. Die Frucht ist leicht rund bis oval, fleischig, weich bis mittelfest. Fruchtfleisch- und Saftfarbe sind dunkelrot, färbend und stark saftend. 'Fanal' schmeckt sauer, aromatisch. Die Früchte werden vorwiegend zu Saft und Most verarbeitet. Der Saft ist wohlschmeckend und dunkelweinrot. Die Früchte sind auch für Steril- und Gefrierkonserven gut geeignet.

Sauerkirsche

Gerema

Mit der nach 'Schattenmorelle' reifenden und schwach wachsenden Neuzüchtung ist es möglich, die Erntesaison für Sauerkirschen zu verlängern. Die Vorteile dieser Sorte sind ihre Resistenz gegen *Monilia* und Sprühfleckenkrankheit, ihre Regenbeständigkeit sowie ihre maschinelle Erntbarkeit.

Herkunft: 'Gerema' wurde in der Forschungsanstalt Geisenheim von H. Jacob gezüchtet. Sie stammt aus freier Abblüte von 'Kelleriis 14' und wurde 1993 zum Sortenschutz angemeldet.

Blüte, Befruchtung, Ertrag: 'Gerema' ist selbstfruchtbar, sie blüht sehr spät, die Blüte ist regenunempfindlich. Die Blütenbildung erfolgt lateral am Langtrieb mit der Neigung zur Bukettsproßbildung. Der Ertrag setzt früh ein und ist hoch. Reifezeit ist etwa 6 Tage nach 'Schattenmorelle'.

Wuchs und Anbaueignung: Schwachwüchsige Sorte, mit allen Unterlagen verträglich. Die feste und platzfeste Frucht löst trocken vom Stiel und läßt sich dadurch gut maschinell schütteln. Der Baum zeigt keine Verkahlungen wie bei 'Schattenmorelle', was den Schnitt erleichtert.

Frucht und Verwertung: Die dunkle und feste Frucht ist gut transportabel und wenig empfindlich gegen Belastungen bei maschineller Ernte, Einzelfruchtgewicht etwa 6 g. Sehr gute Eignung als Naßkonserve, als Belegfrucht und zur Frostung.

Sauerkirsche

Karneol

'Karneol' ist eine Neuzüchtung. Hervorzuheben sind ihre großen glänzenden Früchte. Sie ist tolerant gegen das Nekrotische Ringfleckenvirus der Kirsche.

Herkunft: 'Karneol' ist aus der Kreuzung 'Köröser' × 'Schattenmorelle' hervorgegangen. Sie wurde von B. Wolfram in Dresden-Pillnitz gezüchtet und 1990 als Sorte zugelassen. Klonbezeichnung: Pi-Sa 21,1. Es besteht Sortenschutz.

Wuchs und Anbaueignung: Der Baum wächst stark und besitzt einen mittleren Verzweigungsgrad, die Krone ist breitausladend, hoch. Die Gerüstäste stehen etwas schräg aufwärts, an ihnen befinden sich leicht hängende Triebe. 'Karneol' eignet sich für eine Spindelformierung. Die Sorte bevorzugt geschützte und warme Standorte. Als Unterlagen sind *P. mahaleb* und 'Colt' der *P. avium*-Unterlage vorzuziehen, da letztere die Starkwüchsigkeit besonders fördert. Sie wird für den Selbstversorgeranbau empfohlen.

Blüte, Befruchtung, Ertrag: 'Karneol' blüht mittelfrüh und ist relativ wenig widerstandsfähig gegen Blütenfrost. Die Blüten befinden sich vorwiegend an einjährigen Langtrieben, seltener auch an Kurztrieben. Sie ist teilweise selbstfertil. Als Befruchtersorten kommen neben 'Fanal', 'Schattenmorelle' und 'Kelleriis 16' auch Süßkirschensorten in Frage. Der Ertrag ist mittelhoch bis hoch, pro m³ beträgt er etwa 1,0 kg.

Frucht und Verwertung: Die glänzende, attraktive Frucht ist braunrot bis dunkelbraunrot, mitunter leicht gesprenkelt. Sie reift Ende Juli, kurz vor oder mit 'Schattenmorelle'. Die Fruchtmasse beträgt 6,5 g, die Breite 24 mm, der Säuregehalt ist relativ gering. Die Frucht ist fast rund, fleischig, mittelfest bis fest. Fruchtfleisch- und Saftfarbe sind rot bis dunkelrot. Die Frucht löst relativ leicht vom Stiel. Die Früchte eignen sich besonders gut für die häusliche Verwertung als Kuchenbelag, Kompott sowie für Steril- und Gefrierkonserven, weniger gut zur Saftgewinnung.

Sauerkirsche

Kelleriis 16
Synonym: 'Morellenfeuer'

'Kelleriis 16' gehört zu den ertragreichsten Sauerkirschensorten in Europa. Die Sorte ist besonders in Dänemark, Deutschland und der Tschechischen Republik weit verbreitet. Die Sorte ist leicht anfällig für *Monilia* und Rindenkrankheiten.

Herkunft: Es wird angenommen, daß 'Kelleriis 16' eine freie Abblüte von einem Sämling ('Ostheimer Weichsel' × 'Früheste der Mark') ist. Diese wurde von D. T. Paulsen in Kvistgaard auf Seeland selektiert. 'Kelleriis 16' wurde 1945 in Dänemark als Sorte zugelassen.

Wuchs und Anbaueignung: Der Baum wächst in den ersten Standjahren mittelstark, in der Hauptertragszeit läßt die Wuchsleistung nach. Die Verzweigung ist dicht, das Holz leicht spröde. Die Kronenform ist rund bis pyramidal. Die Sorte verkahlt bei mäßigem Rückschnitt kaum. 'Kelleriis 16' ist relativ anpassungsfähig. Steinige und zu trockene Standorte sind jedoch zu meiden. Sie ist für den Selbstversorger ebenso geeignet wie für den Erwerbsanbau.

Blüte, Befruchtung, Ertrag: 'Kelleriis 16' blüht früh bis mittelfrüh und ist relativ widerstandsfähig gegen Blütenfrost. Die Blüten befinden sich vorwiegend an einjährigen Langtrieben. Die Sorte ist selbstfertil. Der Ertrag ist hoch und regelmäßig. Der spezifische Ertrag liegt bei etwa 2 kg pro m^3 Kronenvolumen.

Frucht und Verwertung: Die Frucht ist dunkel bis dunkelbraunrot und reift Mitte Juli, etwa 10 Tage vor 'Schattenmorelle'. Die Fruchtmasse beträgt 4,8 g, die Breite 21 mm, der Säuregehalt ist relativ gering. Die Frucht ist leicht oval, das Fruchtfleisch mittelfest. Fruchtfleisch- und Saftfarbe sind dunkel, stark färbend. Die Frucht saftet beim Pflücken. Die Festhaltekraft zwischen Frucht und Stiel ist relativ hoch. 'Kelleriis 16' schmeckt süßkirschenähnlich und ist daher als Saftkirsche wenig empfehlenswert. Die Früchte eignen sich zum Frischverzehr, ebenso zu Steril- und Gefrierkonserven.

Sauerkirsche

Köröser

Synonyme: 'Köröser Weichsel', 'Pandy' und 'Kereska'

Die Sorte ist in Europa weit verbreitet, wird aber wegen ihres unsicheren Ertrages kaum noch angebaut. Sie ist zum Frischverzehr, ebenso zu Kompott hervorragend geeignet. 'Köröser' ist relativ wenig anfällig für *Monilia* und *Pseudomonas* und tolerant gegen das Nekrotische Ringfleckenvirus der Kirsche.

Herkunft: Ihre Abstammung ist unbekannt. 'Köröser' kommt aus der Gegend von Nagykörös in Ungarn. Im Laufe der Jahre wurden verschiedene Köröser-Typen selektiert, die sich in ihrer Ertragsfähigkeit wenig, in ihrer Reifezeit erheblich unterscheiden.

Wuchs und Anbaueignung: Der Baum ist mittel- bis starkwachsend, die Krone ist hochpyramidal und besitzt eine mittlere Verzweigungsdichte. Ein Auslichtungsschnitt ist erforderlich. Für den Anbau werden geschützte Lagen sowie warme und leichte Böden bevorzugt. Die Sorte ist für den Selbstversorger, weniger für den marktversorgenden Anbau zu empfehlen.

Blüte, Befruchtung, Ertrag: 'Köröser' blüht mittelfrüh an Lang- und Kurztrieben. Ihre Blütenfrostempfindlichkeit ist geringer als die der 'Schattenmorelle', sie ist jedoch selbststeril. Als Befruchter eignen sich neben 'Schattenmorelle', 'Kelleriis 16' und 'Fanal', auch Süßkirschensorten wie 'Altenburger Melonenkirsche' und 'Große Schwarze Knorpel'. Der Ertrag ist unterschiedlich hoch. Sie ist relativ schwer mit Stiel pflückbar. Ihr spezifischer Ertrag liegt bei etwa 0,5 kg pro m^3 Kronenvolumen.

Frucht und Verwertung: Die Frucht ist rot bis rotbraun und reift Mitte Juli. Die mittlere Fruchtmasse beträgt 5,5 g, die Breite 23 mm, der Säuregehalt ist relativ gering. Die Frucht ist flachrund, manchmal leicht punktiert, mittel- bis festfleischig. Fruchtfleisch und Saft sind rot bis braunrot, färbend. Die reifen Früchte sind süß-sauer, wohlschmeckend, sehr gut für Steril- und Gefrierkonserven geeignet.

Sauerkirsche

Korund

'Korund' ist eine Neuzüchtung. Sie besticht durch ihren relativ frühen Reifetermin und die großen dunklen Früchte. Ihr Wuchs verlangt einen relativ großen Schnittaufwand. Die Sorte besitzt Liebhaberwert. Sie ist anfällig für das Nekrotische Ringfleckenvirus der Kirsche.

Herkunft: 'Korund' ist aus der Kreuzung 'Köröser' × 'Schattenmorelle' hervorgegangen. Sie wurde von B. Wolfram in Dresden-Pillnitz gezüchtet und 1989 als Sorte zugelassen. Klonbezeichnung: Pi-Sa 14,32. Die Sorte besitzt Sortenschutz.

Wuchs und Anbaueignung: Der Baum wächst sehr stark und besitzt eine mittlere Verzweigungsdichte. Die Krone ist sperrig. Sie eignet sich für eine Spindelformierung. 'Korund' bevorzugt einen geschützten und warmen Standort. Als Unterlagen sind *P. mahaleb* und 'Colt' geeignet. 'Korund' wird für Selbstversorgeranbau empfohlen.

Blüte, Befruchtung, Ertrag: 'Korund' blüht früh bis mittelfrüh und ist relativ wenig widerstandsfähig gegen Blütenfrost. Die Blüten befinden sich vorwiegend an einjährigen Langtrieben, aber auch an Bukettsprossen am mehrjährigen Holz. Die Sorte ist teilweise selbstfertil. Als Befruchtersorten eignen sich neben 'Fanal', 'Schattenmorelle' und 'Kelleriis 16' auch Süßkirschensorten. Der Ertrag ist mittelhoch bis sehr hoch. Der spezifische Ertrag liegt bei etwa 1,3 kg pro m³ Kronenvolumen. Virusfreie Bäume garantieren höhere und sicherere Erträge als viruskranke.

Frucht und Verwertung: Die Frucht ist dunkelrot bis dunkelbraunrot. Sie reift in der ersten Julidekade, etwa 10 bis 12 Tage vor 'Schattenmorelle'. Die Fruchtmasse beträgt 6,5 g, die Breite etwa 25 mm, der Säuregehalt ist relativ hoch. Die Frucht ist länglich, fleischig, mittelfest bis fest. Fruchtfleisch- und Saftfarbe sind dunkelrot, färbend. Der Geschmack der Früchte ist bei optimalem Reifegrad aromatisch, süßsauer, erfrischend. Die Verwendung der Früchte erfolgt vor allem im Haushalt für Kuchenbelag, Steril- und Gefrierkonserven.

Sauerkirsche

Leopoldskirsche
Synonym: 'Brüsseler Bruyn'

Die 'Leopoldskirsche' hat bisher kaum Verbreitung gefunden. Hinsichtlich der Frucht- und Baumeigenschaften erinnert sie an 'Röhrigs Weichsel'. Sie gilt als weitgehend pollenresistent gegenüber dem Nekrotischen Ringfleckenvirus der Kirsche. Dagegen ist sie anfällig für *Monilia*.

Herkunft: Ihre Abstammung ist unbekannt. 'Leopoldskirsche' wird schon 1819 von Truchsess ausführlich beschrieben. Sie gehörte damals zu den großfrüchtigsten Kirschen. Diese Sorte wurde bei den Sortimentsauswertungen in Blankenburg, Harz, und später in Marquardt (Nähe Potsdam) aufgrund ihres hohen Ertrages für den Anbau vorgeschlagen.

Wuchs und Anbaueignung: Der Baum wächst mittelstark, leicht pyramidal, die Gerüstäste stehen fast steil aufrecht und besitzen zahlreiche feine Fruchtäste und Triebe, die im Bauminnern häufig vertrocknen. Die Sorte bevorzugt leichte bis mittlere, nährstoffreiche Böden in geschützten Lagen und ist empfindlich gegen Trockenheit. Sie ist für den marktversorgenden Anbau zu empfehlen.

Blüte, Befruchtung, Ertrag: Die Sorte blüht mittelfrüh, etwas früher als 'Schattenmorelle'. Ihre Blüten befinden sich vorwiegend an einjährigen Langtrieben. Sie ist relativ blütenfrostempfindlich, sie ist selbstfertil. Die Sorte ist reichtragend und sehr gut für die maschinelle Ernte geeignet. Der spezifische Ertrag liegt bei etwa 1,4 kg pro m^3 Kronenvolumen.

Frucht und Verwertung: Die rundliche, manchmal länglich wirkende, weiche bis mittelfeste Frucht ist dunkelrotbraun. Ihre Reifezeit liegt 8 bis 10 Tage vor 'Schattenmorelle'. Die mittlere Fruchtmasse beträgt 4,8 g. Fruchtfleisch- und Saftfarbe sind dunkelrot, färbend. Die Kirsche schmeckt sauer, erst das verarbeitete Produkt hat das arttypische Aroma. Die Verwertung zu Saft und Most ergibt sich aus den relativ hohen Säurewerten, die fast an die der 'Schattenmorelle' heranreichen.

Sauerkirsche

Meteor
Synonym: 'Minnesota 66'

Die Sorte ist fast in ganz Europa verbreitet, erfreut sich aber aufgrund ihrer Hellsaftigkeit nicht überall gleicher Beliebtheit. In größerem Umfang wird sie vor allem in Bulgarien, Rumänien, Dänemark und Norwegen angebaut. Die Sorte ist leicht anfällig für *Monilia*.

Herkunft: 'Meteor' ist 1935 aus einer Kreuzung 'Montmorency' × Sämling aus einer Abblüte einer russischen Sorte ('Wladimirskaja' oder 'Shubianka') hervorgegangen. 'Meteor' wurde 1952 in Minnesota, USA, als Sorte verbreitet.

Wuchs und Anbaueignung: 'Meteor' ist starkwachsend. Der Baum hat auffallend gesundes Laub und einen kompakten Wuchs. Die Kronenform ist breitpyramidal. Die schräg aufrecht stehenden Kronenäste sind relativ wenig verzweigt und mit Bukettsprossen besetzt. Die Sorte erfordert nur geringen Schnittaufwand. Besondere Standortansprüche sind nicht bekannt. Sie ist für den marktversorgenden Anbau ebenso geeignet wie für den Selbstversorger.

Blüte, Befruchtung, Ertrag: 'Meteor' blüht mittelfrüh bis spät. Die Blüten befinden sich an einjährigen Trieben und an Bukettsprossen am mehrjährigen Holz. Die Sorte ist relativ widerstandsfähig gegen Blütenfrost. Sie ist selbstfertil. Der Ertrag ist meist sehr hoch, ebenso der spezifische Ertrag pro m^3 Kronenvolumen, der bei 2 kg liegen kann.

Frucht und Verwertung: Die Frucht ist hellrot bis rotbraun. Ihre Reifezeit erstreckt sich von Ende Juli bis Anfang August. Die Fruchtmasse beträgt 5,4 g, die Breite 22 mm, der Säuregehalt ist relativ niedrig. Die Frucht ist fast rund, das Fruchtfleisch weich bis mittelfest. Fruchtfleisch- und Saftfarbe sind hellrot bis rot, wenig färbend. Meteor schmeckt sauer, mild aromatisch, gut saftend. Die Früchte eignen sich gut für die häusliche Verwendung als Kuchenbelag und Kompott. Für die Sterilkonservierung werden sie in Deutschland kaum verwendet.

Sauerkirsche

Morina

'Morina' ist eine Neuzüchtung. Sie reiht sich ein in die Reifegruppe der Sorten 'Fanal' und 'Röhrigs Weichsel'. Im Vergleich zu diesen ist sie jedoch wesentlich festfleischiger und eignet sich deshalb vorzüglich zur Konservierung. Die Sorte ist weitgehend tolerant gegen das Nekrotische Ringfleckenvirus der Kirsche.

Herkunft: 'Morina' ist aus der Kreuzung 'Köröser' × 'Reinhards Ostheimer' hervorgegangen. Sie wurde von B. Wolfram in Dresden-Pillnitz gezüchtet, 1990 als 'Morion' angemeldet und 1993 in 'Morina' umbenannt.

Wuchs und Anbaueignung: Der Baum wächst mittelstark und besitzt eine gute Verzweigungsdichte. Die Sorte eignet sich zur spindelförmigen Erziehung. Böden mit der Wertzahl unter 35 sollten für den Anbau gemieden werden, da die Früchte sonst zu klein bleiben. 'Morina' kann sowohl für den Selbstversorger als auch für den Erwerbsobstbau empfohlen werden.

Blüte, Befruchtung, Ertrag: Die Sorte blüht mittelfrüh und ist relativ widerstandsfähig gegen Blütenfrost. Die Blüten befinden sich sowohl an einjährigen Langtrieben als auch an Kurztrieben. Die Sorte ist teilweise selbstfertil. Als Befruchter eignen sich 'Schattenmorelle', 'Fanal' und 'Kelleriis 16'. Der Ertrag ist in Abhängigkeit von Witterung und Standort mittelhoch bis hoch, etwa 80 % von 'Schattenmorelle'.

Frucht und Verwertung: Die Früchte sind braunrot, mitunter mit feinen Lentizellen versehen. Die Reife ist Mitte Juli, 8 bis 10 Tage vor 'Schattenmorelle'. Die Genußreife bleibt meist bis Ende Juli erhalten. Die Fruchtmasse beträgt 5 g. Die Frucht ist fast rund, festfleischig und löst leicht und trocken vom Stiel. Der Geschmack ist würzig sauer bis süß-sauer. Fruchtfleisch- und Saftfarbe sind dunkelrot färbend. Die Früchte eignen sich zum Frischverzehr ebenso wie zu Steril- und Gefrierkonserven sowie Most.

Sauerkirsche

Oblačinska

Die Sorte ist vor allem in den Balkanländern verbreitet. Sie gilt als widerstandsfähig gegen die Valsa-Krankheit *(Cytospora)* und Kokkomykose *(Blumeriella japii).*
Herkunft: Ihre Abstammung ist unbekannt. Sie wurde im ehemaligen Jugoslawien gefunden und seit etwa 1940 dort angebaut.
Wuchs und Anbaueignung: Auf eigener Wurzel ausgeprägter Kompaktwuchs mit vielen Wurzelausläufern. Auf *P. avium* oder *P. mahaleb* Wuchs stärker, aufrecht, hochrunde Krone und mittlere Verzweigungsdichte mit Bukettknospenbesatz. Für leichte und warme Böden.
Blüte, Befruchtung, Ertrag: Blüte mittelfrüh, vorwiegend an Bukettsprossen. Wenig blütenfrostempfindlich, selbstfertil. Ertrag mittelhoch bis hoch. Maschinell erntbar, etwa 1,3 kg pro m^3 Kronenvolumen.
Frucht und Verwertung: Frucht flachrund, festfleischig, reift Mitte bis Ende Juli. Für Saft, Most, Likör und Marmelade.

Röhrigs Weichsel

Aufgrund ihrer guten maschinellen Erntbarkeit vorwiegend in Ostdeutschland angebaut. Anfällig für *Pseudomonas syringae,* weitgehende Polleninfektionsresistenz gegen das Nekrotische Ringfleckenvirus.
Herkunft: Von Rosenthal bei Lamus (Markleeberg, Leipzig) vor 1945 als Zufallssämling gefunden und unter dem Namen 'Lamus' angebaut. Später in der Baumschule Röhrig vermehrt und seither als 'Röhrigs Weichsel' gehandelt.
Wuchs und Anbaueignung: Wuchs mittelstark, hochrunde Krone, dicht verzweigt, dünntriebig, häufigeres Auslichten empfehlenswert. Nicht für feuchte Standorte.
Blüte, Befruchtung, Ertrag: Blüte mittelfrüh. Blüten vorwiegend an einjährigen Langtrieben, mäßig blütenfrostempfindlich, selbstfertil. Regelmäßig hohe Erträge über 1,5 kg pro m^3 Kronenvolumen.
Frucht und Verwertung: Reife Mitte bis Ende Juli. Für Most und Saft, auch für Marmelade.

Schattenmorelle
Synonym: 'Große Lange Lotkirsche'

Aufgrund vieler positiver Eigenschaften und ihrer großen Anpassungsfähigkeit an den Standort gehört die Sorte weltweit zu den am meisten angebauten Sauerkirschensorten. 'Schattenmorelle' ist anfällig für *Monilia* und das Nekrotische Ringfleckenvirus.

Herkunft: Die Abstammung der sehr alten Sorte ist unbekannt. Sie soll in den Gärten des Chateau du Moreille in Frankreich gefunden worden sein. Gegenwärtig sind von 'Schattenmorelle' viele Auslesen bekannt, wie 'Rheinische Schattenmorelle', 'Scharö', 'Schamo Typ Oberland' 'Schattenmorelle Bockelmann'.

Wuchs und Anbaueignung: Der Baum wächst schwach bis mittelstark, ist relativ dicht verzweigt, hat dünne Triebe, die in späteren Standjahren hängen. Die Krone ist breitrund. Die Sorte neigt zur Verkahlung, deshalb ist eine ständige Schnittüberwachung erforderlich. Zu trockene Standorte sollten gemieden werden, da der Wasserbedarf bei überreichem Fruchtbehang groß ist. Für Standorte mit geringen Sommerniederschlägen ist *P. mahaleb* als Unterlage zu verwenden. Die Sorte kann sowohl für den Hausgarten als auch für den Erwerbsanbau empfohlen werden.

Blüte, Befruchtung, Ertrag: 'Schattenmorelle' blüht relativ spät. Ihre Blüten befinden sich an einjährigen Langtrieben. Sie ist blütenfrostempfindlich und selbstfertil. Ertrag hoch und regelmäßig, spezifischer Ertrag 2,8 kg pro m^3 Kronenvolumen. Die Sorte ist maschinell erntbar.

Frucht und Verwertung: Die Frucht ist braunrot bis schwarz. Ihre Reifezeit erstreckt sich von Mitte Juli bis Anfang August. Die mittlere Fruchtmasse beträgt 5,4 g, die Breite 20 mm, der Säuregehalt ist hoch. Die Frucht ist leicht breitrund, das Fruchtfleisch mittelfest mit arttypischem Aroma. Fruchtfleisch- und Saftfarbe sind dunkelrot, stark färbend. Die Früchte werden vorwiegend zu Saft und Most verarbeitet, aber auch zu Steril- und Gefrierkonserven.

Sauerkirsche

Stevnsbaer

Die Sorte wird vorwiegend in Dänemark angebaut, in Deutschland ist sie weniger verbreitet. Krankheiten sind nicht bekannt.

Herkunft: 'Stevnsbaer' ist von wildwachsenden *Prunus cerasus*-Formen vor mehr als 100 Jahren in Dänemark ausgelesen worden. Sie soll 1976 nach der Ortschaft Stevns bei Kopenhagen, Seeland, benannt worden sein. Inzwischen existieren Selektionen von 'Stevnsbaer'. Seit 1983 wird in Dänemark der Klon 'Viki' verstärkt angebaut.

Wuchs und Anbaueignung: Der Baum wächst stark bis sehr stark, aufrecht mit langen, dünnen Trieben. Die Krone ist hochpyramidal. Mitunter auftretende »tote« Knospen an den langen hängenden Trieben wirken sich nachteilig auf den Ertrag aus. Besondere Standortansprüche sind nicht bekannt. Die Sorte wird vor allem für den Erwerbsanbau empfohlen.

Blüte, Befruchtung, Ertrag: 'Stevnsbaer' blüht früh bis mittelfrüh und ist relativ blütenfrostempfindlich. Sie blüht vorwiegend an einjährigen Langtrieben und ist selbstfertil. Die Ertragsleistung ist im allgemeinen in Deutschland geringer als in Dänemark. Sie ist mittel, seltener hoch. Der spezifische Ertrag liegt bei etwa 1,0 kg pro m^3 Kronenvolumen.

Frucht und Verwertung: Die kleine Frucht ist dunkelbraunrot bis schwarz. Sie reift Ende Juli, Anfang August, nach 'Schattenmorelle'. Die mittlere Fruchtmasse beträgt 2,5 g, die Breite 17 mm, der Säuregehalt ist hoch. Die Frucht ist flachrund, mittelfest. Fruchtfleisch- und Saftfarbe sind dunkelrot, stark färbend und gut saftend. 'Stevnsbaer' ist für die Verarbeitung zu Saft oder Most aufgrund ihres arttypischen Aromas besonders gut geeignet. Die Früchte werden ebenso gern für die Verarbeitung zu Kirschlikör verwendet. Die verarbeiteten Früchte sind von besonders guter Qualität.

Sauerkirsche

Ujfehertoi fürtös
Synonym: 'Ungarische Traubige'

'Ujfehertoi fürtös' ist eine der wohlschmekkendsten Sauerkirschensorten. Die Sorte ist weitgehend pollenresistent gegen das Nekrotische Ringfleckenvirus der Kirsche. Sie ist empfindlich für Kokkomykose. In Ungarn ist 'Ujfehertoi' eine der Hauptsorten im Anbau. In Deutschland ist sie noch relativ wenig verbreitet.

Herkunft: Ihre Abstammung ist unbekannt. Sie wurde 1961 als Zufallssämling in einem Garten in Ujfehertoi in Ungarn gefunden.

Wuchs und Anbaueignung: Der Baum wächst sehr stark, hat steil aufwärts wachsende Gerüstäste und eine mittlere Verzweigungsdichte ohne Verkahlung. Die Krone ist hochpyramidal. Die Sorte bevorzugt warme und geschützte Standorte. Sie kann sowohl dem Selbstversorger als auch dem marktversorgenden Anbau empfohlen werden.

Blüte, Befruchtung, Ertrag: 'Ujfehertoi fürtös' blüht früh und reagiert daher empfindlich gegenüber Blütenfrost. Sie blüht an einjährigen Langtrieben und an Bukettsprossen. In Ungarn ist sie selbstfertil. Unter mitteldeutschen Klimabedingungen kommt ihre Selbstfertilität nur bei warmem Blühwetter voll zum Tragen. Es ist daher empfehlenswert, Befruchtersorten wie 'Fanal', 'Schattenmorelle' oder 'Kelleriis 16' zu verwenden. Der Ertrag ist nicht immer regelmäßig hoch. Der spezifische Ertrag liegt etwa bei 1 kg pro m^3 Kronenvolumen.

Frucht und Verwertung: Die Frucht ist rot bis rotbraun, glänzend. Ihre Reifezeit liegt Anfang der dritten Julidekade, etwa eine Woche vor 'Schattenmorelle'. Die Fruchtmasse beträgt 5,2 g, die Breite 22 mm. Der Säuregehalt ist relativ gering. Die Frucht ist leicht breitrund, das Fruchtfleisch mittelfest bis fest. Fruchtfleisch und Saftfarbe sind rot bis rotviolett. Die Frucht löst gut vom Stiel. Wegen ihres Wohlgeschmacks eignen die Früchte sich sehr gut zum Frischverzehr, für Steril- und Gefrierkonserven.

Sauerkirsche

Vowi
Synonym: 'Vogtkirsche'

'Vowi' kann als eine verbesserte 'Schatten-morelle' betrachtet werden. Sie ist weniger anfällig für *Monilia* und das Nekrotische Ringfleckenvirus der Kirsche als 'Schatten-morelle'. Die Sorte findet gegenwärtig in ganz Deutschland Verbreitung.

Herkunft: 'Vowi' stammt vermutlich von der 'Schattenmorelle' ab. Sie wurde 1947 von A. Vogt in der Nähe von Halle aus einem 30jährigen gesunden Sauerkirschenbestand ausgelesen und seit dieser Zeit vermehrt. Sie wird seit 1990 als Sorte verbreitet.

Wuchs und Anbaueignung: 'Vowi' wächst etwa 20% stärker als 'Schattenmorelle', hat einen günstigeren Verzweigungsgrad, ver-kahlt weniger und bildet mitunter Bukett-sprosse. Die Krone regeneriert sich auch ohne Schnitt. 'Vowi' wird seit 1982 im Raum Halle erfolgreich angebaut. Besondere Standortansprüche sind nicht bekannt. Sie ist vor allem für den Erwerbsanbau zu empfehlen.

Blüte, Befruchtung, Ertrag: 'Vowi' blüht relativ spät. Ihre Blüten befinden sich vor-wiegend an einjährigen Langtrieben. Sie ist selbstfertil. Ihr Ertrag ist regelmäßig und sehr hoch. Der spezifische Ertrag ist mit 3,0 kg pro m³ Kronenvolumen vergleichbar mit 'Schattenmorelle'. Sie ist maschinell erntbar.

Frucht und Verwertung: Die Frucht ist rot bis dunkelrotbraun. Ihre Reifezeit liegt etwas vor 'Schattenmorelle'. Die Frucht-masse, häufig etwas niedriger als die der 'Schattenmorelle', beträgt 4,8 g, die Breite 18 mm, der Säuregehalt ist hoch. Die Frucht ist rund, wirkt aber leicht oval. Das Fruchtfleisch ist mittelfest, Fruchtfleisch und Saftfarbe sind rot bis dunkelbraunrot, färbend. Die Frucht löst gut vom Stiel. 'Vowi' schmeckt sauer; der arttypische Sau-erkirschgeschmack wird erst im verarbei-teten Produkt wahrgenommen. Die Früchte werden vorwiegend zu Saft und Most ver-arbeitet, aber auch zu Steril- und Gefrier-konserven.

Sauerkirsche

Graf Althanns Reneklode

Synonyme: 'Count Althanns Gage', 'Reine Claude Conducta'

Eine hellviolette Reneklode mit mittelspäter Reife und angenehmem Geschmack. Sie ist eine unserer besten Renekloden und deshalb relativ stark verbreitet. Der Anbau wird heute durch die begrenzte Transportfähigkeit (die Früchte werden relativ schnell unansehnlich) nur noch für die Direktvermarktung empfohlen. Die Sorte wird aber gerne in Haus- und Kleingärten angebaut.

Herkunft: Sämling aus freier Abblüte der 'Großen Grünen Reneklode'. Angezogen durch den Gärtner Prochazka Mitte des 19. Jahrhunderts in der Herrschaft Swoyschitz, Böhmen, und nach dem Besitzer des Schlosses »Graf Althann« genannt. In ganz Mitteleuropa verbreitet.

Wuchs und Anbau: Der Baum ist starkwüchsig mit breiter Krone, er hat einen sparrigen Wuchs mit zahlreichen Kurztrieben. Die Sorte zeigt auf der Unterlage 'Große Grüne Reneklode' Unverträglichkeit und ist tolerant gegenüber der Scharkakrankheit.

Blüte, Befruchtung, Ertrag: Die mittelspät blühende, selbststerile Sorte ist ein guter Pollenspender. Als Befruchtersorten werden 'Große Grüne Reneklode' und 'Oullins Reneklode' und 'Hanita' empfohlen. Die Sorte muß mehrmals durchgepflückt werden und die Ernte sollte im hartreifen Zustand vermarktet werden. Es werden mittelhohe, regelmäßige Ernten erzielt.

Frucht und Verwertung: Die grünlich gelben, an der Sonnenseite rötlich violetten Früchte reifen Mitte August bis Anfang September. Gewicht 40–50 g, Durchmesser 40–45 mm. Das gelbe Fruchtfleisch wird bei Vollreife gallertartig. Es ist saftig und schmeckt süß mit feiner Säure, würzig und aromatisch. Der Stein löst sich gut vom Fruchtfleisch. Der durchschnittliche Zuckergehalt liegt bei 18,1 % (75 °Oechsle). Die Früchte werden vor allem zum Frischverzehr, als Konservenfrucht und für die häusliche Kompottherstellung verwendet.

Pflaume

Auerbacher

Synonyme: 'Kruft I', 'Johannisberg I',
'Achalmgräfin', 'Rafzerzwetsche',
'Köpflizwetsche'

Die mittelspät reifende Sorte ist aufgrund
ihrer hohen Erträge und der guten Nachfrage im Anbau beliebt. Sie eignet sich hervorragend als Kuchenbelag und wird deshalb von Bäckereien bevorzugt gekauft. Leider ist die Sorte sehr scharkaanfällig und
kann deshalb nur noch für den Anbau in
scharkafreien Gebieten empfohlen werden.
Hingewiesen werden muß auch auf die Anfälligkeit für die Valsa-Krankheit.

Herkunft: Die Abstammung und Herkunft
der Sorte ist unbekannt. Sie stammt aus
der Sortimentspflanzung, die Kruft in Geisenheim und später auch in Nürtingen an-
legte, und wird seit den 60er Jahren vor
allem in der Pfalz und in Rheinhessen verstärkt angebaut.

Wuchs und Anbau: Der Baum wächst
relativ stark, hat aber einen flachen Astabgang und eignet sich deshalb für alle Erziehungsarten. Zum Anbau nur für scharka-
freie und nicht zu kühle Lagen empfohlen.

Blüte, Befruchtung, Ertrag: Die Sorte
blüht relativ spät zusammen mit 'Fellenberg', ist selbstfruchtbar und ein Pollenspender von mittlerer Qualität. 'Auerbacher' setzt früh mit dem Ertrag ein und
bringt hohe Erträge, eine Neigung zur Alternanz ist vorhanden.

Frucht und Verwertung: Die mittelgroßen, eiförmigen Früchte (23–35 g) haben einen Durchmesser von 30–36 mm. Die dunkelblauen Früchte haben bei großem Behang öfter eine rötliche Schattenseite und
sind stark beduftet. Die Frucht löst sehr gut
vom Stein, hat ein festes, goldgelbes Fleisch
mit harmonischem, manchmal auch etwas
fadem Geschmack. Der durchschnittliche
Zuckergehalt liegt bei 17,5% (72 °Oechsle).
Die Früchte reifen Ende August bis Anfang
September, etwa 10 Tage vor der 'Hauszwetsche'. Die Sorte eignet sich zum Frischverzehr, wird aber vor allem als Kuchenzwetsche und für die Konservenherstellung
verwendet.

Pflaume

Bühler Frühzwetsche

Die weit verbreitete, mittelfrühe und scharkatolerante Sorte überzeugt durch die hohen Erträge und die Baumgesundheit. Sie ist neben der 'Hauszwetsche' die in Deutschland am meisten angebaute Sorte. Die Reifezeit liegt je nach Typ und Lage zwischen Ende Juli und Mitte August. Die mittelgroßen Früchte reifen gleichmäßig, sind gut transportfähig und werden vom Handel gerne gekauft. Eine gute Fruchtqualität wird nur in warmen Lagen erreicht.

Herkunft: Die Sorte wurde als Zufallssämling 1854 in Kappelrodeck bei Bühl, Baden, gefunden. Durch die Selektionsarbeiten von Hartmann an der Universität Hohenheim stehen verschiedene Typen für den Anbau zur Verfügung.

Wuchs und Anbau: Der Baum wächst kräftig mit steil aufstrebenden Leitästen, er läßt sich allerdings gut als Spindel ziehen. Die Sorte sollte nur im Weinbauklima angebaut werden. Als frühreife Typen, die 5 bis 8 Tage vor der normalen 'Bühler' reifen, werden 'Ringwald', 'Meier 334' und 'Doll 341' empfohlen, als normal reifende Typen 'Schwientek 349' und 'Schofer 315' und als spätreifer Typ 'Schofer 319' (Reife 10 bis 14 Tage nach der normalen Bühler).

Blüte, Befruchtung, Ertrag: Die selbstfruchtbare Sorte blüht mittelspät und ist ein guter Pollenspender. Der Ertrag ist sehr hoch.

Frucht und Verwertung: Die gleichmäßig dunkelblau gefärbten Früchte sind sehr stark hellblau beduftet. Je nach Typ ist die Fruchtform rundlich bis eirund oder länglich oval. Das durchschnittliche Fruchtgewicht liegt zwischen 25 und 32 g, der Durchmesser zwischen 32 und 37 mm. Auffallend ist der hohe Säuregehalt der Frucht bei nur mittlerem Zuckergehalt (15,6 %, 64 °Oechsle). Steinablösbarkeit, Transportfähigkeit sowie Haltbarkeit der Frucht sind gut. Die Früchte eignen sich zum Frischverzehr, hauptsächlich gehen sie aber in die Bäckereien, in die Konservenindustrie und zunehmend auch in Saftereien.

Pflaume

Cacaks Beste
Originalname: 'Cacanska najbolja'

Die mittelspäte, scharkaresistente Sorte fällt durch ihre Größe und Farbe auf. Geschmacklich überzeugt sie allerdings nicht immer. Die Früchte reifen gleichmäßig ab Mitte bis Ende August. Die Pflückleistung ist hoch und die Transportfähigkeit und Haltbarkeit sehr gut. Ertragsmäßig befriedigt 'C. Beste' nicht in allen Lagen, sie braucht eine Befruchtersorte.

Herkunft: Die Sorte wurde 1961 aus einer Kreuzung von 'Wangenheims Frühzwetsche' × 'Pozegaca' an der jugoslawischen Versuchsstation Cacak von Paunovic gezüchtet und ist seit 1980 in Deutschland im Anbau.

Wuchs und Anbau: Der Baum wächst relativ stark und hat einen lockeren Kronenaufbau. Anbauempfehlung nur für warme Lagen und in Scharkagebieten.

Blüte, Befruchtung, Ertrag: Die selbststerile Sorte blüht mittelfrüh, zusammen mit 'Ortenauer'. Als Befruchter eignen sich 'Hanita', 'Cacaks Schöne' und 'President'.

Der Ertrag tritt früh ein, dieser ist aber nur in warmen Lagen und bei passender Befruchtersorte hoch.

Frucht und Verwertung: 'C. Beste' hat große bis sehr große Früchte (48–63 g) mit einem Durchmesser von 35–43 mm. Die länglich ovalen, gleichmäßig dunkelblau gefärbten Früchte sind sehr stark hellblau beduftet. Der Stein löst sich gut vom festen, gelbgrünen Fruchtfleisch. Der durchschnittliche Zuckergehalt liegt bei 15,2 % (62 °Oechsle). Die Sorte befriedigt geschmacklich nur bei Vollreife, die erst etwa 10 Tage nach der Blaufärbung erreicht ist. Der Anbauwert liegt in der Fruchtgröße und der Scharkaresistenz.

Pflaume

Cacaks Fruchtbare
Originalname: 'Cacanska rodna'

Eine mittelspät bis spät reife, selbstfruchtbare und sehr reichtragende Sorte mit mittelgroßen, gut schmeckenden Früchten. Die Sorte eignet sich besonders gut für eine intensive Produktion. Der Gefahr eines Überbehangs muß durch regelmäßigen und strengen Schnitt begegnet werden. Die Sorte ist nicht scharkatolerant, der Befall zeigt sich vor allem in einem vorzeitigen Fruchtfall.

Herkunft: Die Sorte ist aus einer von Paunovic durchgeführten Kreuzung von 'Stanley' × 'Pozegaca' im Jahr 1961 an der jugoslawischen Forschungsstation Cacak entstanden und seit Anfang der 80er Jahre in Deutschland im Anbau.

Wuchs und Anbau: Mittelstarker Wuchs mit lockerer, pyramidaler Krone und hängendem Fruchtholz. Gute Eignung für intensive Produktionssysteme, da auch schon am einjährigen Langtrieb Früchte gebildet werden. Das sehr große Ertragspotential schließt die Verwendung schwachwachsender Unterlagen aus.

Blüte, Befruchtung, Ertrag: Die Sorte blüht mittelspät, zusammen mit 'Nancy Mirabelle'. Sie ist selbstfruchtbar und ein Pollenspender von mittlerer Qualität. Der Ertag tritt sehr früh ein und ist bei kräftigem Schnitt hoch und regelmäßig.

Frucht und Verwertung: Die mittelgroßen, länglich-eiförmigen Früchte reifen Ende August bis Anfang September, etwa 10 Tage vor der 'Hauszwetsche'. Die dunkelblauen und stark bedufteten Früchte haben ein Gewicht von 22–38 g und einen Durchmesser von 32–38 mm. Das gelbgrüne bis gelbe Fruchtfleisch löst gut vom Stein, ist saftig, mit süßlichem bis harmonischem Geschmack und gutem Aroma. Bei Überbehang schmecken die Früchte fade, eine Ausdünnung ist deshalb angebracht. Der durchschnittliche Zuckergehalt liegt bei 17,5 % (72 °Oechsle). Die Früchte eignen sich zum Frischverzehr, als Kuchenbelag sowie auch sehr gut für die industrielle Verwertung.

Pflaume

Cacaks Frühe
Originalname: 'Cacanska rana'

Eine frühreife, großfrüchtige Sorte für den Frischmarkt. Die nicht ganz regelmäßig tragende Sorte bringt scharkatolerante Früchte, die aber nicht sehr transportfest sind. Zum Anbau kann sie deshalb vor allem für die Direktvermarktung bzw. für den Selbstversorger empfohlen werden. Der Marktwert der Sorte liegt in der Frühreife und in der Fruchtgröße.

Herkunft: Im Jahr 1961 aus einer Kreuzung von 'Wangenheims Frühzwetsche' × 'Pozegaca' an der jugoslawischen Forschungsstation Cacak durch Paunovic entstanden. Seit 1980 in Deutschland im Versuchsanbau.

Wuchs und Anbau: Der Baum wächst in den ersten Jahren sehr stark, mit zunehmendem Ertrag beruhigt sich jedoch das Wachstum. Die Sorte bildet eine breit-pyramidale Krone. Sie hat relativ große und dicke Blätter und fruchtet am einjährigen Holz.

Blüte, Befruchtung, Ertrag: Der Blühbeginn ist früh bis mittelfrüh, zusammen mit 'President'. Die relativ großen Blüten sind bei unseren Klimabedingungen selbststeril. Geeignete Befruchtersorten sind 'R. Gerstetter', 'Katinka', 'Cacaks Schöne' und 'President'. Die Sorte kommt früh in Ertrag und bringt nicht ganz regelmäßige Ernten.

Frucht und Verwertung: Die länglich-ovalen Früchte reifen Mitte bis Ende Juli, zusammen mit 'Lützelsachser'. Sie haben ein Fruchtgewicht von 40–55 g bei einem Durchmesser von 38–44 mm. Die rötliche bis rötlichblaue Grundfarbe wird mit zunehmender Reife von einer bläulichen Beduftung bedeckt. Das hellgelbe Fruchtfleisch wird relativ schnell weich. Es löst sich gut vom Stein und schmeckt angenehm süß mit wenig Säure. Der durchschnittliche Zuckergehalt liegt bei 14,7 % (60 °Oechsle). Die Früchte müssen rechtzeitig gepflückt werden, sonst werden sie am Baum mehlig. Sie eignen sich nur für den Frischverbrauch.

Cacaks Schöne
Originalname: 'Cacanska lepotica'

Die sehr attraktive Sorte reift Mitte August. Aufgrund der Scharkatoleranz, der gleichmäßigen Reife und hohen Pflückleistung sowie des früh einsetzenden und hohen Ertrags ist sie bei den Anbauern sehr beliebt. Geschmacklich befriedigt die Sorte allerdings nur bei Vollreife, die etwa 10 Tage nach der Blaufärbung eintritt. Bedingt durch gute äußere Fruchtqualität, der guten Transportfähigkeit und Haltbarkeit wird die Sorte vom Großhandel gerne gekauft.

Herkunft: Die Sorte wurde im Jahr 1961 an der jugoslawischen Versuchsstation Cacak von Paunovic gezüchtet. Sie entstand aus einer Kreuzung von 'Wangenheims Frühzwetsche' × 'Pozegaca' ('Hauszwetsche'), seit 1980 in Deutschland im Anbau.

Wuchs und Anbau: Der Baum wächst mittelstark und bildet eine breite und relativ lockere Krone. Die Seitenäste sind dicht mit kurzem und dickem Fruchtholz besetzt. Die Sorte fruchtet am einjährigen Holz und eignet sich sehr gut für die Spindelerziehung. Sie wird vor allem für den Erwerbsanbau in Scharkagebieten empfohlen.

Blüte, Befruchtung, Ertrag: 'C. Schöne' blüht mittelfrüh zusammen mit 'Stanley'. Der Blütenbesatz ist regelmäßig hoch. Die selbstfruchtbare Sorte setzt auch bei schlechten Blühbedingungen noch recht gut an. Der Ertrag setzt sehr früh ein und ist sehr hoch und regelmäßig. 300 dt/ha sind leicht zu erreichen.

Frucht und Verwertung: Die dunkelblauen, länglich ovalen, mittelgroßen bis großen Früchte haben eine sehr starke Beduftung, ein Gewicht von 32–48 g und einen Durchmesser von 36–42 mm. Der durchschnittliche Zuckergehalt liegt bei 15,8 % (65 °Oechsle). Die zusammen mit der 'Bühler Frühzwetsche' reifende Sorte ist für diese eine zunehmende Konkurrenz. Sie eignet sich zum Frischverzehr, befriedigt aber geschmacklich nicht immer. Da die Sorte sehr gut vom Stein löst und trocken bäckt, wird sie zunehmend von Bäckereien gekauft. Gut als Konservenfrucht geeignet.

Elena

Eine sehr spät reifende, scharkatolerante Sorte, die die Zwetschensaison verlängert, mit mittelgroßen, attraktiven Früchten und regelmäßigen, hohen Erträgen. 'Elena' ist wenig krankheitanfällig und zeigt ein sehr gesundes Blatt. Als Tafel- oder Kuchenzwetsche ist 'Elena' eine Sorte für den Frischmarkt, die sich aufgrund ihrer Fruchteigenschaften besonders für die Vermarktung über die Großhandelsketten eignet.

Herkunft: Die Sorte entstand aus einer Kreuzung von 'Fellenberg' × 'Stanley' im Jahr 1980 am Institut für Obstbau an der Universität Hohenheim (Hartmann). Sie wurde 1993 zum Sortenschutz angemeldet und für den Handel freigegeben. Die Sorte war unter der Bezeichnung 80/III/28 im Versuchsanbau.

Wuchs und Anbau: Der Baum wächst zuerst stark, mit dem früh einsetzenden Ertrag dann nur noch mittelstark. Die Sorte wird vor allem für wärmere Anbauregionen und Scharkagebiete empfohlen.

Blüte, Befruchtung, Ertrag: Die selbstfruchtbare Sorte blüht mittelfrüh, zusammen mit der 'Bühler Frühzwetsche', und ist relativ unempfindlich gegenüber Spätfrost. Der Ertrag setzt früh ein und ist regelmäßig hoch.

Frucht und Verwertung: Die ovalen, gleichmäßig dunkelblau gefärbten Früchte sind sehr stark beduftet und wenig *Monilia*-anfällig. Das Fruchtgewicht liegt bei 28–37 g und der Durchmesser bei 34–38 mm. Das feste und saftige, blaßgelb bis gelbgrün gefärbte Fruchtfleisch löst sich gut vom Stein. Es schmeckt süßharmonisch bei einem Zuckergehalt von 18,4 % (78 °Oechsle). 'Elena' reift einige Tage nach 'Anna Späth'. Die Früchte sind haltbar und transportfähig, sie eignen sich neben dem Frischmarkt auch gut für die industrielle Verwertung.

Pflaume

Ersinger Frühzwetsche

Synonyme: 'Goldquelle', 'Ahlbacher Frühzwetsche', 'Eisentaler Frühzwetsche'

'Ersinger' ist eine sehr ertragreiche Frühsorte mit guter Fruchtgröße. Bei normalem Behang sind die Früchte geschmacklich gut. Die Sorte reift vor der 'Bühler Frühzwetsche' Ende Juli bis Anfang August und wird als scharkatolerant eingestuft. Bei starkem Befallsdruck können jedoch vereinzelt Früchte befallen werden. Damit die Frucht transportfest ist, darf sie nicht vollreif gepflückt werden. Ein mehrmaliges Durchpflücken ist unbedingt notwendig. In nassen Jahren neigt die Sorte zu Fäulnis.

Herkunft: Die Sorte ist ein Zufallssämling aus Ersingen bei Pforzheim. Die Frucht wurde 1896 auf einer Obstbauausstellung in Baden-Baden vorgestellt und von Blaser 1931 zum ersten Mal beschrieben.

Wuchs und Anbau: Der Baum wächst in den ersten Jahren recht kräftig und bildet eine kugelige bis pyramidale Krone. Zur Vermeidung einer Alternanz und Verbesserung der Fruchtqualität muß er regelmäßig geschnitten und auf junges Fruchtholz gesetzt werden. Am besten gedeiht die Sorte im Weinbauklima. Zum Anbau empfohlen wird der Typ 'Kiefer', der besser gefärbte und größere Früchte bringt.

Blüte, Befruchtung, Ertrag: 'Ersinger' blüht mittelspät und ist teilweise selbstfruchtbar. Als Befruchtersorten eignen sich 'Katinka', 'Cacaks Schöne' und 'Hanita'. Die Sorte hat als Bestäuber eine mittlere Pollenqualität. Der Ertrag ist sehr hoch.

Frucht und Verwertung: Die rötlich violett gefärbten, länglich ovalen Früchte haben eine hellblaue Beduftung und lösen in den meisten Jahren mittel bis gut vom Stein. Fruchtgewicht: 35 bis 40 g, Durchmesser: 34 bis 38 mm. Die Früchte schmecken süßlich und sind bei Vollreife aromatisch und leicht gewürzt, durchschnittlicher Zuckergehalt 15,2 % (62 °Oechsle). Die saftigen Früchte eignen sich zum Frischverzehr, zur Herstellung von Kompott und Marmelade, als Kuchenbelag vor allem für den Haushalt und weniger für Bäckereien.

Pflaume

Fellenberg

Synonyme: 'Italienische Zwetsche',
'Kohlstockzwetsche', 'Elbetaler
Frühzwetschke', 'Doppelte Zwetsche'

Die spätreife 'Fellenberg' hat eine hervorragende äußere und innere Fruchtqualität, befriedigt aber ertragsmäßig an wenigen Standorten und ist sehr scharkaanfällig.

Herkunft: Abstammung unbekannt, wahrscheinlich in der Lombardei entstanden. Sie wurde durch den Kaufmann P.E. von Fellenberg um 1800 in die Schweiz eingeführt, seit 1823 in Deutschland im Anbau.

Wuchs und Anbau: Der Baum wächst in der Jugend stark, später mittelstark. Er hat flach abgehende Seitenäste und bildet eine breite, kugelige Krone. Typisch ist das relativ lange und hängende Fruchtholz. Um einen guten Ertrag zu erreichen, muß dieses beim Schnitt geschont werden. Der Baum läßt sich leicht erziehen und eignet sich für alle Erziehungsarten. Als frühreifer Typ, der etwa eine Woche früher reift, wird 'Richards Early Italian' empfohlen.

Blüte, Befruchtung, Ertrag: Die Sorte blüht spät, kurz vor der 'Hauszwetsche', und ist nur teilweise selbstfruchtbar, sehr empfindlich gegen kühles und regnerisches Blühwetter. Als Befruchtersorten eignen sich 'Hauszwetsche' und 'Bühler Frühzwetsche'. Die Sorte kommt spät in Ertrag, dieser ist unregelmäßig und befriedigt an den meisten Standorten nicht.

Frucht und Verwertung: Die ovalen bis eiförmigen Früchte reifen Anfang September, etwa eine Woche vor der 'Hauszwetsche'. Sie sind mittelgroß (28–35 g) und haben einen Durchmesser von 33–36 mm. Die dunkelblauen Früchte sind stark beduftet und haben auf der Fruchthaut zahlreiche feine Rostpunkte und kleine Risse. Die Frucht löst gut vom Stein, sie hat ein gelbgrünes bis goldgelbes, süßsäuerliches Fleisch, das kräftig gewürzt und bei Vollreife angenehm aromatisch ist. Durchschnittlicher Zuckergehalt 19,3% (80° Oechsle). Vorzügliche Sorte für Frischmarkt, häusliche und industrielle Verwertung mit guter Transportfähigkeit.

Pflaume

Geisenheimer Spätzwetsche TOP

Die Sorte ist eine der in Deutschland am spätesten reifenden Zwetschen. Die Früchte reifen etwa zwei Wochen nach 'Hauszwetsche' und sind von bester Qualität. Die Sorte ist selbstfruchtbar.

Herkunft: Die Geisenheimer Spätzwetsche 'TOP' entstammt einer Kreuzung zwischen 'Auerbacher' × 'Stanley', sie ist seit 1993 im Handel. Züchter ist H. Jacob, Forschungsanstalt Geisenheim. Es besteht Sortenschutz.

Wuchs und Anbaueignung: Das flotte Jugendwachstum wird durch sehr frühen Ertragseintritt rechtzeitig gebremst, so daß mittelstarker, breiter Wuchs vorliegt. Die Sorte ist mit allen gängigen Unterlagen verträglich. Sie ist unempfindlich gegenüber Pilzkrankheiten, Scharkaprobleme traten bisher keine auf. Sie kann auch in offenen und rauhen Lagen angebaut werden. Auch in klimatisch weniger günstigen Gebieten Deutschlands reifen die Früchte noch aus.

Blüte, Befruchtung, Ertrag: Späte, regenunempfindliche Blüte, selbstfruchtbar, sehr früh einsetzender und hoher Ertrag, keine Alternanz, kein Fruchtfall. Die Blütenbildung erfolgt am Kurztrieb und lateral am Langtrieb.

Frucht und Verwertung: Die blaue, gelbfleischige und steinlösende Frucht besitzt exzellenten Geschmack, ist ausgeglichen süß-säuerlich und aromatisch. Mittleres Fruchtgewicht 36 g, ovale Fruchtform, spezifisch schwer. Sehr gute Eignung als Belegfrucht, Naßkonserve, zur Frostung, Trocknung und als Brennfrucht. Der Zuckergehalt erreicht bei Vollreife 85 °Oechsle und mehr.

Pflaume

Große Grüne Reneklode
Synonyme: 'Zuckerpflaume', 'Dauphine',
'Reine Claude Verte', 'Green Gage'

Eine in der inneren Fruchtqualität hervorragende Sorte, die kurz vor der 'Nancy Mirabelle' reift. Sie wird als die wertvollste aller Renekloden angesehen. Der Anbau lohnt nur noch bei Direktvermarktung oder für den Hausgarten, da bedingt durch das wenig attraktive Aussehen die Nachfrage auf den Großmärkten gering ist.

Herkunft: Eine sehr alte, wahrscheinlich aus Armenien oder Syrien stammende Sorte. In Frankreich seit Mitte des 15. Jahrhunderts im Anbau und nach der Gemahlin Claudia von König Franz I. (1525) benannt. Seit 1670 in ganz Europa verbreitet. In Frankreich heute noch die beliebteste Sorte. Im Anbau sind zahlreiche Typen.

Wuchs und Anbau: Der Baum hat einen mittelstarken, etwas sparrigen Wuchs mit breitkugeliger Krone. Windgeschützte warme Lagen eignen sich am besten für den Anbau. Die Sorte wird als nicht scharkatolerant beschrieben, es soll aber fruchttolerante Herkünfte geben.

Blüte, Befruchtung, Ertrag: Die Sorte blüht mittelspät, zusammen mit 'Bühler Frühzwetsche'. Sie ist selbststeril und selbst ein guter Pollenspender. Als Befruchtersorten werden 'Bühler Frühzwetsche', 'Löhrpflaume', 'Nancy Mirabelle' und 'Hanita' empfohlen. Der Ertrag setzt erst ab dem 4. bis 5. Standjahr ein, er ist nur mittelhoch und nicht immer regelmäßig.

Frucht und Verwertung: Die grün bis goldgelb, auf der Sonnenseite auch rötlich verwaschenen Früchte sind bräunlichrot gesprenkelt und öfter netzartig berostet. Reife Ende August bis Anfang September, 22–30 g Gewicht, Durchmesser 33–36 mm. Das grünlichgelbe Fruchtfleisch löst oft schlecht vom Stein. Sehr saftig, von mittlerer Festigkeit und sehr süß mit kräftiger Würze. Der durchschnittliche Zuckergehalt liegt bei 20,2 % (84 °Oechsle). Vor allem für den Frischverzehr, als Kompott- oder Konservenfrucht sowie für die Marmeladenherstellung und Brennerei.

Pflaume

Hanita

'Hanita' bringt mittelgroße Früchte für den Frischmarkt mit einem hervorragenden Geschmack. In manchen Jahren erfolgt die Fruchtreife nicht ganz gleichmäßig, so daß ein Durchpflücken angebracht ist. Die scharkatolerante Sorte wird im letzten Augustdrittel bis Anfang September reif und füllt die Lücke zwischen mittelfrühen und späten Sorten. Sie eignet sich gut für den Anbau in kühleren Lagen.

Herkunft: Die Sorte entstand aus einer Kreuzung von 'President' × 'Auerbacher' im Jahr 1980. Sie wurde von W. Hartmann an der Universität Hohenheim gezüchtet und ist seit 1992 im Handel.

Wuchs und Anbau: Der Baum wächst zuerst relativ stark, mit zunehmendem Ertrag nur noch mittelstark. Die Krone ist locker aufgebaut, die Gefahr einer leichten Verkahlung ist vorhanden. Der Astabgang ist öfter etwas steil, an jungen Bäumen sollte deshalb eine Formierung vorgenommen werden.

Blüte, Befruchtung, Ertrag: Die selbstfruchtbare Sorte blüht mittelfrüh zusammen mit 'Cacaks Schöne' und 'Bühler Frühzwetsche' und ist ein Pollenspender von mittlerer Qualität. Der Ertrag setzt früh ein, ist hoch und regelmäßig.

Frucht und Verwertung: Die länglichovalen Früchte haben ein Fruchtgewicht von 33–42 g und einen Durchmesser von 34–38 mm. Die dunkelblauen, auf der Schattenseite leicht violett gefärbten Früchte sind stark beduftet. Das gelbgrüne Fruchtfleisch wird bei Vollreife goldgelb. Es ist saftig, hat eine mittlere Festigkeit und löst gut vom Stein. Der Geschmack ist harmonisch, mit feiner Säure und einem ausgeprägten Aroma. Der durchschnittliche Zuckergehalt liegt bei 17,9 % (74 °Oechsle). Die regelmäßig tragende Sorte fruchtet stark am einjährigen Langtrieb. Sie eignet sich vor allem für den Frischmarkt, kann aber auch zur Saftbereitung und für die Marmeladenherstellung verwendet werden. Das ausgeprägte Aroma und der hohe Zuckergehalt sprechen für eine gute Brenneignung.

Pflaume

Haferpflaume

Eine robuste, scharkatolerante Sorte von *Prunus insititia*. Die mittelspät reifende, gelbe Haferpflaume wird vor allem zu Brennzwecken angebaut und ist bei den Anbauern wegen ihrer hohen und regelmäßigen Erträge beliebt.

Herkunft: Als 'Haferpflaume' werden verschiedene Pflaumen bezeichnet, die zur Zeit der Haferernte reifen. Sie wurden früher als Sämlinge und durch Wurzelausläufer vermehrt und vor allem als Unterlage benutzt. Die hier beschriebene Sorte stammt aus Mittelbaden und ist dort stärker verbreitet.

Wuchs und Anbau: Der Baum wächst am Anfang stark, mit einsetzendem Ertrag nur noch mittelstark.

Blüte, Befruchtung, Ertrag: Die mittelfrüh, mit 'Stanley' blühende Sorte ist selbstfruchtbar. Der Ertrag der Sorte setzt früh ein, er ist sehr hoch und bei guter Pflege auch regelmäßig.

Frucht und Verwertung: Die ovalen, schmutziggelb bis gelbgrünen Früchte sind zum Teil auf der Sonnenseite leicht rötlich. Sie reifen Mitte bis Ende August und haben ein gelbes, saftiges und weiches Fruchtfleisch, das süßlich schmeckt und meist schlecht vom Stein löst. Die mittelgroßen Früchte wiegen 20–29 g und haben einen Durchmesser von 32–37 mm. Der durchschnittliche Zuckergehalt liegt bei 17,5% (72 °Oechsle), er schwankt aber je nach Ertrag sehr stark. Die Früchte werden fast ausschließlich über die Brennerei verwertet. Da die Sorte einen relativ hohen Zuckergehalt aufweist und Pflaumen einen niedrigeren Ausbeutesatz als Zwetschen haben, kann der Anbau lohnend sein.

Hauszwetsche

Synonyme: 'Basler Zwetsche',
'Dro-Zwetsche', 'Pozegaca', 'Quetsche
Commune', 'Bestercei', 'Romanete vinesti',
'Hauspflaume'

Eine spätreife Sorte mit kleinen bis mittelgroßen Früchten und hervorragender inne-
rer Qualität. Der Wert der Sorte liegt in der
großen Anpassungsfähigkeit an Boden und
Klima sowie den vielfältigen Verwendungs-
möglichkeiten. Sie ist aber sehr anfällig gegenüber der Scharkakrankheit.

Herkunft: Eine sehr alte Sorte, seit dem
17. Jahrhundert in Deutschland stark verbreitet und heute in Mittel- und Osteuropa
die am meisten angebaute Sorte. Im Anbau
sind zahlreiche Typen. Durch die Selektionsarbeiten von Hartmann an der Universität Hohenheim stehen mehrere wertvolle
Typen mit unterschiedlicher Reifezeit zur
Verfügung.

Wuchs und Anbau: Der Baum wächst
relativ stark und steil und bildet eine hoch-
ovale Krone. Für den Anbau werden folgende Typen empfohlen: für hohen Ertrag
und frühe Reife 'Gunser', für späte Reife
'Wolff'. Für gute Fruchtgröße und frühe
Reife 'Meschenmoser', für späte Reife
'Schüfer' und 'Etscheid'.

Blüte, Befruchtung, Ertrag: Blüht spät,
selbstfruchtbar, empfindlich gegen kühle
regnerische Witterung vor und während der
Blüte. Braucht je nach Typ etwas länger, bis
sie in Ertrag kommt. Hohe, nicht immer
regelmäßige Erträge, neigt zu Alternanz.

Frucht und Verwertung: Die je nach Typ
und Lage von Anfang bis Ende September
reifende Sorte hat ein Fruchtgewicht von
18–30 g und einen Durchmeser von
26–34 mm. Die Früchte reifen gleichmäßig,
sind gut haltbar und transportfähig. Der
Stein löst gut vom gelbgrünen bis goldgelben, festen Fruchtfleisch. Der Geschmack
ist leicht herb und angenehm würzig mit
ausgeprägtem Aroma. Der durchschnittliche Zuckergehalt liegt bei 20,4%
(85°Oechsle). Eine hervorragende Sorte für
den Frischverzehr, die Brennerei und für die
Verwertungsindustrie.

Pflaume

Herman

Bedingt durch Fruchtqualität und Anbaueigenschaften ist 'Herman' eine wertvolle,
scharkatolerante Sorte für den Tafelfrucht-
anbau in frühen Lagen, für den Anbau in
Hausgärten oder zur Direktvermarktung.

Herkunft: Die Frühsorte entstand aus einer Kreuzung von 'The Czar' × 'Ruth Gerstetter' an der schwedischen Versuchsanstalt Balsgrad durch E. J. Olden. Sie wurde
im Jahr 1974 herausgebracht und ist seit
Ende der 80er Jahre in Deutschland im
Anbau.

Wuchs und Anbau: Der Baum wächst
mittelstark und bildet eine breite und lok-
kere Krone. Für den Marktobstanbau ist
eine Pflanzung nur in frühen Lagen interessant. Auf Fruchtholzschnitt bzw. Ausdünnung achten.

Blüte, Befruchtung, Ertrag: Die Sorte
hat mittelgroße bis große, sehr dichtsit-
zende Blüten mit kurzem Stiel, die mittelspät bis spät blühen. Da die Sorte selbstfruchtbar ist, braucht sie nicht unbedingt
einen Befruchter. Von der Blühzeit her eignen sich 'Valjevka' und 'Stanley'. Der Ertrag
setzt früh ein und ist hoch. Sie wird kurz
nach 'Ruth Gerstetter' reif. Die Reife ist
folgernd, ein mehrmaliges Durchpflücken
ist deshalb notwendig. Die Sorte neigt zum
vorzeitigen Fruchtfall. Bei einem Überbehang schmecken die Früchte fade und die
Sorte kommt dann leicht zu Alternanz.

Frucht und Verwertung: Die dunkelblauen, auf der Schattenseite rötlich-violet-
ten Früchte sind stark beduftet. Die ovalen,
festen Früchte sind mittelgroß (32–38 mm)
und haben ein durchschnittliches Fruchtgewicht von 25–35 g. Der Stein löst sich gut
vom Fruchtfleisch. Die Früchte sind saftig,
schmecken süßsäuerlich und haben Aroma.
Der Zuckergehalt liegt bei 14,2%
(58 °Oechsle). Die Früchte können zum
Frischverzehr oder als Kuchenbelag verwendet werden.

Katinka

'Katinka' ist eine frühreife, scharkatolerante Sorte, die früh in Ertrag kommt und schon am einjährigen Holz fruchtet. Die Sorte reift kurz nach 'Lützelsachser' in der zweiten Woche und bringt geschmacklich gute und transportfeste Früchte. 'Katinka' ist wenig fäulnisanfällig, sie eignet sich zum Frischverzehr und vor allem als Kuchenbelag. Sie ist eine hervorragende Frühsorte für die Bäckereien, da sie sehr gut vom Stein löst, nicht sauer schmeckt und als einzige aller Frühsorten beim Backprozeß nicht näßt.

Herkunft: Die Frühsorte 'Katinka' ist aus einer Kreuzung von 'Ortenauer' × 'Ruth Gerstetter' im Jahr 1982 am Institut für Obst-, Gemüse- und Weinbau der Universität Hohenheim entstanden (Hartmann). Sie wurde 1992 zum Sortenschutz angemeldet. Die Sorte war unter der Bezeichnung 82/Ort. × Gerstetter/20 im Versuchsanbau.

Wuchs und Anbau: Der Baum wächst mittelstark und hat einen lockeren Kronen-aufbau. Die Sorte ist in frühen und mittelfrühen Lagen besonders wertvoll.

Blüte, Befruchtung, Ertrag: 'Katinka' blüht früh bis mittelfrüh, zusammen mit 'Ortenauer', und ist selbstfruchtbar. Der Ertrag setzt früh ein, er ist hoch und regelmäßig. Im zweiten Standjahr konnten schon zwischen 5 und 7 kg pro Baum geerntet werden.

Frucht und Verwertung: Die dunkel-violett bis blau gefärbten, ovalen Früchte haben eine hellblaue Beduftung mit sehr flacher Bauchnaht und reifen gleichmäßig Mitte bis Ende Juli. Sie sind mittelgroß (25–30 g) und haben mit einem Durchmesser von 32–34 mm eine ideale Größe als Kuchenzwetsche. Die Früchte schmecken gut, sie sind aromatisch und haben einen durchschnittlichen Zuckergehalt von 15,4 % (63 °Oechsle). Das weißlich gelbe bis gelb-grüne Fruchtfleisch ist fest. Die Frucht ist haltbar und transportfest.

Pflaume

Löhrpflaume
Synonym: 'Zuckerpflaume von der Löhr'

Die mittelspät reifende, kleinfrüchtige und
scharkatolerante Sorte ist eine Spezialität
für die Brennereien. Die zuckerreichen, aromatischen Früchte geben einen ausgezeichneten, bukettreichen Branntwein, der in der
Schweiz als »Pflümliwasser« bekannt ist.

Herkunft: Der Zufallssämling soll in der
zweiten Hälfte des 19. Jahrhunderts in der
Gegend von Oberruntingen, im Kanton
Bern in der Schweiz entstanden sein. Die
Sorte ist dort stärker verbreitet und in
Deutschland seit Mitte der 70er Jahre im
badischen Raum im Anbau.

Wuchs und Anbau: Die Sorte wächst mit-
telstark bis stark und aufrecht. Der robuste
Baum ist gut garniert und bildet viel
Fruchtholz.

Blüte, Befruchtung, Ertrag: Die Sorte
blüht mittelfrüh, zusammen mit 'Ersinger'
und 'Ortenauer' und ist nur teilweise selbstfruchtbar. Als Befruchtersorten eignen sich
'Ersinger', 'Cacaks Schöne' und 'Nancy Mirabelle'. Der Ertrag tritt früh ein, er ist hoch
und regelmäßig.

Frucht und Verwertung: Die gelblich-ro-
ten, rundlichen Früchte reifen Mitte August
bis Anfang September. Sie sind leicht beduftet und haben zahlreiche, große, rötlich
umhöfte Punkte auf der Fruchthaut. Das
Fruchtgewicht liegt bei 16–22 g und der
Durchmesser bei 30–32 mm. Das gelblichgrüne Fruchtfleisch ist saftig, bei Vollreife
weich, es schmeckt süß mit kräftigem
Aroma. Der durchschnittliche Zuckergehalt
liegt bei 19,3 % (80 °Oechsle). Der kleine,
ovale Stein hat abgerundete Spitzen und
löst in der Regel gut vom Fruchtfleisch. Die
Früchte reifen folgernd. Für die Verwertung
in den Brennereien soll die Ernte erst bei
Vollreife erfolgen, so daß ein mehrmaliges
Auflesen erforderlich ist. Die Sorte eignet
sich vor allem für die Verwertung in der
Brennerei, sie ist aber auch für Haus- und
Kleingärten empfehlenswert, da sie zum
Frischverzehr, als Kuchenbelag und zur
Marmeladen- und Kompottherstellung ver-
wendet werden kann.

Pflaume

Nancy – Mirabelle
Synonyme: 'Doppelte Mirabelle', 'Große Mirabelle', 'Drap d'Or'

Die Anfang September reifende, scharkaresistente Sorte ist die wertvollste aller Mirabellen, da sie die sichersten Erträge bringt. Im Erwerbsobstbau zur maschinellen Ernte für die Konservenindustrie bzw. für Brennereien empfohlen. Empfehlenswert ist der Anbau auch für Selbstversorger als wertvolle Einmach- und Konfitürenfrucht.

Herkunft: Die Sorte stammt aus Asien und soll im 15. Jahrhundert durch König René von Anjou in Frankreich eingeführt worden sein. Sie wurde Mitte des 18. Jahrhunderts nach Deutschland gebracht und ist seit 1900 in ganz Mitteleuropa verbreitet. Den Namen bekam sie von der Stadt Nancy in Lothringen, da sie in dieser Gegend viel angebaut wurde und wird. Im Anbau sind verschiedene Typen. Die französische Auslese Nr. 1510 wird heute zum Anbau empfohlen, da sie etwas größere Früchte bringt.

Wuchs und Anbau: Der Baum wächst stark und bildet eine breitkugelige, lockere Krone mit feinem, dünnem Fruchtholz.

Blüte, Befruchtung, Ertrag: Die selbstfruchtbare Sorte blüht mittelspät, zusammen mit 'Fellenberg' und ist ein sehr guter Pollenspender. Die Sorte kommt mittelfrüh in Ertrag, sie ist sehr ertragreich, neigt aber zur Alternanz.

Frucht und Verwertung: Die bei Vollreife goldgelben Früchte sind auf der Sonnenseite rötlich bis violett verwaschen gefärbt und weisen zahlreiche rotumhöfte Punkte auf. Die kleinen Früchte wiegen 7–11 g und haben einen Durchmesser von 24–28 mm. Das mittelfeste, goldgelbe Fruchtfleisch ist mäßig saftig, wird bei Vollreife leicht mehlig, schmeckt süß und ist gut gewürzt. Der mittlere Zuckergehalt liegt bei 19,3 % (80 °Oechsle). Der kleine, eiförmige Stein löst gut vom Fleisch. Die Sorte ist eine hervorragende Einmachfrucht und wird von der Konservenindustrie gerne gekauft. Bevorzugt wird sie auch in Brennereien, denn sie liefert vorzügliches »Mirabellenwasser«.

Pflaume

Opal

'Opal' ist eine ertragreiche, scharkatolerante Rundpflaume mit mittelfrüher Reife, die leicht zum Überbehang neigt und dann in Alternanz kommt. Die Sorte reift Anfang August und hat vor allem für den Hausgarten Bedeutung. Für den Erwerbsanbau ist sie nur von lokalem Interesse.

Herkunft: Die Sorte wurde aus einer Kreuzung von 'Oullins Reneklode' × 'Early Favourit' bei Alnarp in Schweden gezüchtet und kam 1926 in den Handel.

Wuchs und Anbau: Der Baum hat einen mittelstarken Wuchs mit lockerem Kronenaufbau. Die Seitenäste sind gut mit Fruchtholz besetzt. Eine Ausdünnung ist bei dieser Sorte unbedingt notwendig, um eine gute Fruchtqualität zu erreichen. Die Sorte bringt in nördlichen Anbaugebieten noch eine relativ gute innere Qualität und ist daher auch noch für rauhere Lagen geeignet. Sie ist von gewisser Bedeutung für den Kleingarten und für die Direktvermarktung in Scharkagebieten.

Blüte, Befruchtung, Ertrag: Die Sorte blüht früh, sie ist selbstfertil und ein guter Pollenspender. Sie gilt als relativ widerstandsfähig gegenüber Spätfrost. 'Opal' kommt früh in Ertrag und ist sehr ertragreich.

Frucht und Verwertung: Die rundlichen, rotvioletten Früchte haben ein Fruchtgewicht von 35–40 g und einen Durchmesser von 40 mm. Bei normalem Behang schmecken sie recht gut, sie sind süßlich mit schwacher Säure und aromatisch. Der durchschnittliche Zuckergehalt liegt bei 14,7 % (60 °Oechsle). Das hellgelbe, mittelfeste Fruchtfleisch löst gut vom Stein. Die Sorte muß für den Transport frisch gepflückt werden. Sie eignet sich vor allem zum Frischverzehr und für die Marmeladenherstellung.

Pflaume

Ortenauer
Synonyme: 'Kruft I', 'Borsumer'

Die Spätsorte 'Ortenauer' reift kurz vor der 'Hauszwetsche'. Sie beeindruckt durch äußere Fruchtqualität und durch ihre hohen und regelmäßigen Erträge. Beim Handel ist die Sorte beliebt, da sie haltbar ist und sich gut transportieren läßt. Leider ist sie scharkaanfällig, die Krankheit zeigt sich vor allem in Rindenrissen und Holzschäden, Absterben von Ästen und ganzen Bäumen.

Herkunft: Zufallssämling, der schon Ende des 17. Jahrhunderts in dem Dorf Borsum bei Emden (Emsland) angebaut wurde. Die Sorte kam durch Sortimentspflanzungen von Kruft in Geisenheim und Nürtingen nach Süddeutschland und verbreitete sich ab Mitte der 60er Jahre zuerst unter der Bezeichnung 'Kruft I' bzw. 'Johannisberg I' stärker in Mittelbaden. Dort wurde ihr dann mit der Bezeichnung 'Ortenauer' ein handelsgängiger Name gegeben.

Wuchs und Anbau: Mittelstarker Wuchs mit flach abgehenden und später hängenden Ästen. Die Sorte eignet sich für alle Erziehungsformen. Zum Anbau kann sie nur in scharkafreien Lagen empfohlen werden. Um eine gute Fruchtqualität zu erreichen, muß die Sorte straff geschnitten und das hängende alte Fruchtholz entfernt werden.

Blüte, Befruchtung, Ertrag: Die Sorte blüht mittelfrüh und ist selbstfruchtbar. Die Sorte kommt sehr früh in Ertrag und bringt regelmäßige und hohe Ernten.

Frucht und Verwertung: Die länglich-elliptischen Früchte sind mittelgroß (26–35 g), sie verjüngen sich am Stielende deutlich, Durchmesser von 32–36 mm. Die dunkelblauen Früchte sind sehr stark beduftet und haben ein festes, gelbgrünes Fruchtfleisch, das gut vom Stein löst. Der Geschmack ist mäßig aromatisch, bei großem Ertrag und in höheren Lagen meist etwas flach. Der durchschnittliche Zuckergehalt liegt bei 17,2 % (71 °Oechsle) Die Früchte sind für den Frischverzehr geeignet, aufgrund ihrer guten Verwertungseigenschaften finden sie aber vor allem bei Bäckereien und in der Konservenindustrie Absatz.

Pflaume

Oullins Reneklode

Synonyme: 'Massot', 'Reine Claude précoce',
'Fausse Reine Claude', 'Oullins Golden
Gage'

Eine frühreifende Reneklode mit großen,
süßen und angenehm schmeckenden Früchten. Die reichtragende, scharkaresistente
Sorte hat aufgrund ihrer geringen Transportfähigkeit und Haltbarkeit nur noch Bedeutung für die Direktvermarktung und den
Selbstversorgeranbau.

Herkunft: Als Zufallssämling im frühen
19. Jahrhundert von M. Filliand in Coligne,
Frankreich, gefunden und durch die Baumschule M. Massot in Oullins bei Lyon in den
Handel gebracht. Um 1860 in Deutschland
eingeführt und heute in allen Gebieten verbreitet.

Wuchs und Anbau: Starkwüchsig mit großer, breitkugeliger Krone und langem, sper-
rigem Fruchtholz mit Neigung zur Verkahlung. Auf der Unterlage 'Große Grüne Reneklode' zeigt die Sorte Unverträglichkeit. Anbau nur in windgeschützten Lagen.

Blüte, Befruchtung, Ertrag: Mittelfrüh
bühende, selbstfruchtbare Sorte, die als guter Pollenspender gilt. Die Sorte kommt
früh in Ertrag und bringt hohe, aber nicht
immer regelmäßige Ernten.

Frucht und Verwertung: Die Mitte August, etwas folgernd reifenden Früchte haben eine rundliche, leicht abgeplattete
Form und eine gelbe bis gelbgrüne Farbe.
Sie erreichen ein Fruchtgewicht von 40–55 g
und einen Durchmesser von 43–46 mm. Das
gelbliche Fruchtfleisch ist gallertartig, sehr
saftig, hat einen leicht würzigen Geschmack
und löst nicht immer vom Stein. Der durchschnittliche Zuckergehalt liegt bei 17,5 %
(72 °Oechsle). Bei Überbehang schmecken
die Früchte fade, sie neigen bei Regen zum
Platzen, sind anfällig für *Monilia* und werden gerne von Wespen angefressen. Die
Früchte eignen sich vor allem für den
Frischverzehr und zur Marmeladenherstellung.

Pflaume 184

President

Eine spätreife, scharkatolerante Sorte für den Frischmarkt mit hohen und regelmäßigen Erträgen. Die sehr großen Früchte eignen sich gut für eine Lagerung, wenn sie frisch gepflückt werden. In feuchten Jahren ist die Gefahr eines *Monilia*-Befalls der Früchte groß. Der Anbau wird nur in Gebieten empfohlen, in denen genügend Wärme zur Ausreife vorhanden ist.

Herkunft: 'President' wurde von Rivers in Sawbridgeworth, England im Jahr 1894 als Sorte mit unbekannter Abstammung vorgestellt und 1901 in den Anbau gebracht. Seit Mitte der 70er Jahre in Süddeutschland stärker verbreitet.

Wuchs und Anbau: Der Baum wächst sehr stark, hat ein brüchiges Holz und neigt leicht zur Verkahlung. Durch regelmäßigen Rückschnitt ins zweijährige Holz, mit einem sogenannten »Stummelschnitt«, kann Bruchgefahr und Verkahlung vermieden werden. Die Sorte fruchtet am einjährigen Langtrieb.

Blüte, Befruchtung, Ertrag: Die selbststerile Sorte blüht mittelfrüh, zusammen mit 'Ortenauer'. Als Pollenspender eignen sich 'Ruth Gerstetter', 'Cacaks Schöne', 'Stanley' und 'Valor'. Die Sorte setzt früh mit dem Ertrag ein und bringt trotz der Selbststerilität hohe und regelmäßige Ernten. Bei zu hohem Behang muß unbedingt eine Ausdünnung erfolgen, sonst bleiben die Früchte rötlich und schmecken fade.

Frucht und Verwertung: Je nach Baumalter und Jahr reifen die Früchte mit oder nach der 'Hauszwetsche' Mitte September Anfang Oktober. Die dunkelvioletten bis leicht rötlichen Früchte sind länglich-eiförmig und schwach beduftet, Gewicht: 65–85 g, Durchmesser: 45–50 mm. Einzelne Früchte bringen es auf über 100 g. Sie müssen hartreif geerntet werden. Nach einigen Tagen werden sie weich und schmecken angenehm süßlich bis leicht säuerlich. Durchschnittlicher Zuckergehalt 17,0 % (70 °Oechsle). Die Sorte wird vor allem für den Frischmarkt angebaut, sie eignet sich auch für die Saft- und Marmeladenherstellung.

Pflaume

Ruth Gerstetter

Sie ist die frühreifste aller Pflaumen- und Zwetschensorten mit transportfesten, mittelgroßen Früchten. Der Anbauwert der Sorte liegt in der Scharkatoleranz und in den hohen Preisen zu Saisonbeginn. Für Frühgebiete eine sehr empfehlenswerte Sorte mit hohem Marktwert. Die folgernde frühe Reife und die Kleinkronigkeit sprechen auch für einen Anbau in Haus- und Kleingärten.

Herkunft: Von Adolf Gerstetter aus Besigheim, Württemberg, 1920 aus einer Kreuzung von 'The Czar' × 'Gute von Bry' gezogen und 1932 in den Handel gebracht.

Wuchs und Anbau: Der Baum wächst zuerst mittelstark und steil aufrecht, später nur noch schwach. Die wenig verzweigten Äste der kleinen Krone sind mit kurzem Fruchtholz besetzt. Die Bäume neigen zur Vergreisung und sind oft nur kurzlebig.

Blüte, Befruchtung, Ertrag: Die selbststerile Sorte blüht mittelfrüh. Als Befruchter eignen sich 'Ersinger Frühzwetsche', 'Graf Althanns Reneklode' und 'President'. Der Ertrag setzt früh ein, und es werden mittelhohe, nicht immer regelmäßige Ernten erzielt. Der Anbau lohnt sich nur für den Frischmarkt.

Frucht und Verwertung: Die dunkelweinroten bis violetten Früchte sind mittelstark beduftet. Sie reifen Ende Juni bis Mitte Juli zusammen mit spätreifen Kirschen Die ovalen Früchte haben ein Gewicht von 30–40 g. Der Durchmesser liegt bei 34–38 mm. Das hellgelbe bis weißgrünliche Fruchtfleisch ist relativ fest und löst gut vom Fleisch. Es schmeckt leicht säuerlich, etwas flach mit wenig Aroma. Der durchschnittliche Zuckergehalt liegt bei 13,8 % (56 °Oechsle). Die Früchte reifen folgernd und fallen sehr leicht ab.

Pflaume

Sanctus Hubertus

Eine früh reifende Sorte mit rundlichen Früchten, die früh mit dem Ertrag einsetzt und hohe Ernten bringt. Die scharkatolerante Sorte hat bei normalem Ertrag gut schmeckende Früchte, die allerdings nicht in allen Jahren vom Stein lösen. Die Sorte neigt zum Überbehang und muß scharf geschnitten bzw. ausgedünnt werden. Eine Sorte für die Frühgebiete.

Herkunft: Von dem privaten Züchter K.E. Swerts in Grimmelingen, Belgien, aus einer Kreuzung von 'Mater Dolorosa' × 'Early Rivers' gezüchtet und im Jahr 1966 zugelassen. Seit 1980 ist die Sorte in Deutschland im Anbau.

Wuchs und Anbau: Der Baum wächst zuerst stark, mit dem früh einsetzenden Ertrag nur noch mittelstark und bildet eine breite, relativ dichte Krone mit sehr großen Blättern. Die Sorte eignet sich für alle Anbausysteme.

Blüte, Befruchtung, Ertrag: Die mittelspät blühende Sorte ist selbstfruchtbar und ist auf keine Befruchtersorte angewiesen. Der Ertrag setzt sehr früh ein und ist bei guter Pflege regelmäßig und hoch. Durch Überbehang kann Alternanz auftreten.

Frucht und Verwertung: Die mittelgroßen, runden Früchte reifen Mitte Juli bis Anfang August, noch vor der 'Ersinger Frühzwetsche'. Sie haben eine dunkelblaue, auf der Schattenseite auch violett-rötliche Farbe und ein Gewicht von 33–40 g bei einem Durchmesser von 36–40 mm. Die Früchte sind pflaumenartig und schmecken angenehm und harmonisch, bei Überbehang allerdings fade oder sauer. Sie haben einen durchschnittlichen Zuckergehalt von 14,7% (60 °Oechsle). Die transportfesten Früchte eignen sich zum Frischverbrauch und für die Verwertungsindustrie.

Pflaume

Stanley

'Stanley' ist eine sehr ertragreiche und auch ertragssichere, mittelspät reifende, scharkatolerante Sorte. Die innere Fruchtqualität befriedigt nicht immer, dies trifft oft auch für die Steinablösbarkeit zu. Die Nachfrage nach der Sorte ist deshalb rückläufig.

Herkunft: Die Sorte ist im Jahr 1913 an der Forschungsstation Geneva in USA aus einer Kreuzung von 'Prune de Age' × 'Grande Duke' entstanden und seit 1926 im Handel. Sie wurde 1930 nach Deutschland eingeführt, aber erst seit den 50er Jahren verstärkt angebaut.

Wuchs und Anbau: Der Wuchs des Baumes ist zuerst mittelstark, mit dem früh einsetzenden Ertrag läßt dieser aber nach. Die Sorte hat einen lockeren Kronenaufbau und eignet sich für alle Erziehungsarten. Für die Entwicklung einer ausreichenden Fruchtqualität braucht sie warme Lagen, die eine lange Vegetationsperiode ermöglichen. 'Stanley' wird heute nicht mehr für den Erwerbsanbau empfohlen, ist aber noch vielfach im Anbau.

Blüte, Befruchtung, Ertrag: 'Stanley' blüht mittelspät, ist selbstfruchtbar und ein hervorragender Pollenspender. Die Sorte setzt sehr früh mit dem Ertrag ein und bringt auch bei schlechten Blühbedingungen noch gute Ernten.

Frucht und Verwertung: Die mittelgroßen Früchte (33–41 g) haben einen Durchmesser von 34–38 mm. Die dunkelblauen Früchte sind stark beduftet und meist etwas ungleichhälftig. Sie haben eine auffallend tiefe Bauchnaht und eine starke Verjüngung an der Stielseite. Der durchschnittliche Zuckergehalt liegt bei 17,2% (71 °Oechsle). Die Reifezeit liegt Ende August bis Mitte September, etwa eine Woche vor der 'Hauszwetsche'. Sie eignet sich zum Frischverzehr und auch für die Konservenherstellung. Für die Musbereitung müssen die Früchte vollreif geerntet werden. In diesem Zustand eignen sie sich auch für Brennereien.

Pflaume

Valjevka

Die spätreifende Sorte mit mittelgroßen, attraktiven Früchten wird für Scharkagebiete als Ersatz für die 'Hauszwetsche' empfohlen. Die haltbaren und gut transportfähigen Früchte eignen sich hervorragend für die Vermarktung über die Großhandelsketten. Ein regelmäßiger Rückschnitt ist notwendig, um eine ausreichende Fruchtgröße zu erreichen.

Herkunft: Aus einer Kreuzung von 'Prune d'Agen' × 'Stanley' im Jahr 1959 durch Paunovic an der jugoslawischen Forschungsstation Cacak entstanden und 1984 als Sorte zugelassen. Seit dieser Zeit in Deutschland, im Anbau zuerst auch unter Nr. I/6 ZDR.

Wuchs und Anbau: Die mittelstark bis stark wachsende Sorte hat viele vorzeitige, z. T. bedornte Triebe und bildet eine breitpyramidale Krone. Das Fruchtholz ist kurz und stark verzweigt. Die Sorte eignet sich für alle Anbausysteme und wird in Süddeutschland in den letzten Jahren verstärkt angebaut.

Blüte, Befruchtung, Ertrag: Die selbstfruchtbare Sorte blüht spät, zusammen mit 'Fellenberg' und ist etwas empfindlich gegen schlechte Blühbedingungen. Die Eignung als Pollenspender ist gut. Der Ertrag tritt früh ein und ist bei guter Pflege regelmäßig und hoch.

Frucht und Verwertung: Die mittelgroße länglich ovale Frucht weist eine deutliche Verjüngung an der Stielseite auf. Die gleichmäßig dunkelblau bis schwarz gefärbten Früchte sind sehr stark beduftet. Sie reifen Mitte September mit der 'Hauszwetsche' und haben ein Fruchtgewicht von 28–40 g sowie einen Durchmesser von 33–37 mm. Das sehr feste und saftige Fruchtfleisch löst sich gut vom Stein, es hat eine gelbgrüne bis goldgelbe Farbe, schmeckt süß-säuerlich, bei Vollreife auch aromatisch. Der durchschnittliche Zuckergehalt liegt bei 18,1 % (75 °Oechsle). Die Früchte eignen sich zum Frischverzehr und sehr gut als Kuchenbelag sowie für die industrielle Verwertung. Der hohe Zuckergehalt läßt eine gute Ausbeute beim Brennen erwarten.

Pflaume

Valor

Die Anfang September reifende 'Valor' ist eine Sorte für den Frischmarkt. Die großen, attraktiven Früchte haben eine hervorragende Fruchtqualität. Die vielfach erwähnte Scharkatoleranz trifft leider nicht zu. Neben einem vorzeitigen Fruchtfall ist auch eine Verfärbung des Fruchtfleisches zu beobachten. Befallene Früchte reifen früher und schmecken fade. Eine gewisse Regenempfindlichkeit ist vorhanden.

Herkunft: Die Sorte entstand aus einer Kreuzung von 'Imperial Epineuse' × 'Grand Duke' im Jahr 1933 durch G.H. Dickson an der kanadischen Versuchsstation Vineland Station in Ontario. Im Jahr 1967 wurde sie benannt und herausgegeben.

Wuchs und Anbau: Der Baum wächst mittelstark und relativ kompakt. Die Sorte eignet sich für alle Erziehungssysteme und sollte nur in Gebieten mit geringem Scharkadruck gepflanzt werden.

Blüte, Befruchtung, Ertrag: Die selbststerile Sorte blüht mittelfrüh. Als Befruch-ter eignen sich 'Katinka', 'Hanita', 'Cacaks Schöne', 'Stanley' und 'Elena'. Der Ertrag tritt früh ein und ist trotz der Selbststerilität hoch und regelmäßig.

Frucht und Verwertung: Die dunkelblauen, auf der Schattenseite leicht violett gefärbten Früchte weisen eine sehr starke Beduftung auf. Sie sind länglich-oval, haben ein Fruchtgewicht von 55 bis 63 g und einen Durchmesser von 40 bis 45 mm. Die Reifezeit liegt ca. eine Woche vor 'Fellenberg'. Die Reife erfolgt nicht ganz gleichmäßig. Da die Früchte hartreif geerntet werden sollten, ist ein Durchpflücken notwendig. Das gelbgrüne bis orangegelbe Fruchtfleisch löst gut vom Stein und schmeckt hervorragend. Es zeichnet sich durch einen hohen Zucker- und Säuregehalt aus. Der durchschnittliche Zuckergehalt liegt bei 19,3 % (83 °Oechsle). 'Valor' ist eine Sorte für den Frischmarkt und eignet sich besonders für die Direktvermarktung, da hier die hohe Qualität honoriert wird.

Pflaume

Zibarten
Synonyme: 'Ziparten', 'Zippate', 'Ziberl'

Als Zibarten werden Wildpflaumen mit sehr kleinen, gelbgrünen Früchten bezeichnet, die spät reifen und nur über die Brennerei verwertet werden können. Zibartenwasser hat einen besonderen Geschmack und gilt als ausgesprochene Spezialität.

Herkunft: Formenreicher Kreis von Wildpflaumen, der sich nur schwer in eine botanische Ordnung einfügen läßt und vor allem in Österreich, der Schweiz und Baden-Württemberg beheimatet ist. Steine von Zibarten wurden schon in spätkeltischen Siedlungen gefunden. Die hier beschriebene Sorte stammt aus dem südbadischen Raum.

Wuchs und Anbau: Der Baum wächst nur mittelstark, in der Wildnis auch strauchartig. Die Anfälligkeit gegenüber Krankheiten ist gering. Die Sorte ist scharkaresistent.

Blüte, Befruchtung, Ertrag: Die Sorte blüht recht früh mit 'Lützelsachser' und ist selbstfruchtbar. Der Ertrag ist in der Regel reich.

Frucht und Verwertung: Die gelbgrünen, runden Früchte sind schwach beduftet und haben auf der Sonnenseite teilweise leicht rötliche Partien. Sie reifen zwischen Mitte September und Anfang Oktober. Das Fruchtgewicht liegt bei 4–7 g bei einem Durchmesser von 18–22 mm. Das gelbgrüne Fruchtfleisch ist weich und saftig, löst schlecht vom Stein und enthält relativ viele Gerbstoffe. Geschmacklich erinnern die Früchte deshalb mehr an Schlehen als an Pflaumen. Der durchschnittliche Zuckergehalt liegt bei 15,8 % (65 °Oechsle). Die Früchte können nur über die Brennerei verwertet werden. Bei zunehmender Nachfrage nach Spezialitäten kann der Anbau für bestimmte Betriebe interessant sein.

Pflaume

Bergeron

Synonym: 'Gabrielle Bergeron'

Gut transportfeste, mittelspäte Tafel- und
Konservensorte für warme Lagen. Haupt-
sorte im mittleren Rhonetal.
Herkunft: Um 1920 durch Bergeron in
St. Cyr am Mont d'Or bei Lyon, gezüchtet.
Wuchs und Anbaueignung: Mittlerer bis
starker, halbaufrechter Wuchs, das Frucht-
holz ist gut mit Seitenholz garniert, das
Blatt ist breit, mittelgroß.
Blüte, Befruchtung, Ertrag: Blüte mittelspät, selbstfruchtbar, wenig spätfrostan-
fällig, aber etwas *Monilia*-anfällig. Ertrag
setzt früh ein, ist sehr hoch. Mehrmaliges
Durchpflücken nötig.
Frucht und Verwertung: Frucht mittelgroß bis groß, länglich mit großer, unregel-
mäßiger Stielgrube, mit deutlicher Bauchfurche. Grundfarbe orange, Deckfarbe ein
Drittel punktiert, Haut fast glatt. Geringe
Platzneigung. Fleisch orangefarben, fest,
wenig saftig, säuerlich, aromatisch, gut
steinlösend. Reifezeit Mitte August.

Colomer

Synonyme: 'Hatif Colomer', 'Précoce
Colomer'

Frühreifende, ertragsstarke Sorte, trans-
portfest, aber nur mittlere Geschmacks-
qualität.
Herkunft: Soll ein Sämling von 'Joubert
Foulout' sein, um 1930 durch Colomer in
Ile-sur-Tète, Süd-Frankreich, gefunden.
Wuchs und Anbaueignung: Starkwachsend, halbaufrecht, neigt zum Aufkahlen.
Blüte, Befruchtung, Ertrag: Blüte mittelfrüh, selbstfruchtbar, etwas frostanfällig.
Bringt frühe, hohe Erträge, die Reife ist
folgernd.
Frucht und Verwertung: Kleine bis mittelgroße Früchte, 30–40 g, länglich, leichte
Furche, die sich zum Stiel vertieft, grünlichgelb bis orangefarben, ein Viertel sonnenseits dunkelrot punktiert, Fleisch gelborange, fest, wenig saftig, mild süßsäuerlich,
gut steinlösend. Stein mittelgroß, breite-
förmig, bitterer Kern. Reife Mitte bis Ende
Juli. Früchte sind gut lagerfähig.

Aprikose

Hargrand

Wegen ihrer außergewöhnlichen Fruchtgröße ist diese Neuzüchtung eine sehr empfehlenswerte Sorte. Der Baum ist sehr widerstandsfähig gegenüber Krankheiten und Kälte.

Herkunft: Die Sorte ist eine Sämlingsselektion von Dr. Layne, Harrow Station, Kanada, und wurde 1972 in den Handel gegeben. Sie entstand unter der Mitwirkung der Forschungsinstitute in Ontario und New Jersey.

Wuchs und Anbaueignung: Der Baum bildet eine breite, kompakte Krone, ist starkwachsend und sehr gering anfällig gegen Krankheiten, außerdem ist er wenig empfindlich gegen Spätfröste. Er besitzt große Blätter mit gezacktem Rand.

Blüte, Befruchtung, Ertrag: Die Sorte blüht mittelspät, und ist selbstfruchtbar. Sie ist sehr ertragsstark; der Ertrag beginnt sehr früh.

Frucht und Verwertung: Die Früchte sind sehr groß (bis 70 g), rundlich bis breitoval, tief gefurcht zum Stiel hin, nur leicht bewollt. Die Grundfarbe ist grünlich bis mattorange, vollreif sind die Früchte mattorange mit leichter Rotsprenkelung. Das Fruchtfleisch ist orangefarben, festfleischig, faserig, der Geschmack sehr gut, etwas säuerlich (57 °Oechsle, 2,2% Säure), sehr gut steinlösend. Der Stein ist klein in Relation zur Frucht mit einem bitteren Kern. Die Früchte können lange am Baum verbleiben, ohne mehlig zu werden, dadurch ergeben sich nur wenige Pflückgänge. Die Früchte sind sehr gut transportfähig und bei 1–4 °C bis 4 Wochen lagerbar. Die Reifezeit ist Ende Juli, Anfang August, etwa 1 Woche vor 'Bergeron'.

Aprikose

Marena

'Marena' ist eine mittelspäte Sorte für den Erwerbs- und Selbstversorgeranbau, und sie ist auch für Naß- und Gefrierkonservierung geeignet. Der Baum ist sehr gesund und ein Massenträger.

Herkunft: Die Sorte ist eine Selektion aus 'Magdeburger' ('Magdeburger Frühe') von P. Hoffmann, Versuchsstation Schraderhof, Magdeburg. 'Magdeburger' ist um 1900 aus 'Ungarische Beste' entstanden.

Wuchs und Anbaueignung: Der Baum bildet stark ausladende, breitrunde Kronen. Das Blatt ist mittelgroß. Für den Erwerbs- und Selbstversorgeranbau eine wichtige Sorte, wobei blütenfrostgefährdete Lagen zu meiden sind.

Blüte, Befruchtung, Ertrag: 'Marena' blüht früh, dadurch ist sie etwas blütenfrostgefährdet; sie ist selbstfruchtbar. Der Ertrag setzt früh ein, ist hoch und regelmäßig.

Frucht und Verwertung: Die Früchte sind groß bis sehr groß (50–60 g), rundlich oval, leicht bewollt. Ihre Farbe ist hell gelblich orange, sonnenseits rötlich orange. Das Fruchtfleisch ist weich, saftig, süß, etwas würzig, auf ungünstigen Standorten etwas faserig, gut steinlösend. Der Stein ist groß, breitoval mit schwach bitterem Kern. Die Sorte ist eine gute Konservenfrucht. Die etwas folgernde Reife macht mehrmaliges Pflücken erforderlich. Reifezeit ist im August.

Aprikose

Nancy Aprikose

Synonyme: 'Aprikose von Nancy',
'Pfirsichaprikose', 'Große Zuckeraprikose',
'Württemberger Aprikose', 'Brüsseler
Aprikose'

Die 'Nancy Aprikose' ist wohl die wichtigste
Aprikosenart und wird in ganz Europa angebaut. Gute Fruchtqualitäten werden nur in
gutem Weinbauklima erreicht.

Herkunft: Die eigentliche Herkunft ist unbekannt. Die Sorte wurde 1709 von Sta-
nislas de Lorraine nach Frankreich eingeführt. Mitte des 18. Jahrhunderts wurde sie
bei Nancy aufgefunden und beschrieben.
Durch das Alter der Sorte sind viele verschiedene Mutanten im Anbau.

Wuchs und Anbaueignung: Der Baum
wächst stark mit fast waagrecht stehenden
Seitenästen. Die Krone ist breitkugelig und
sparrig, mit kurzen Fruchtsprossen an den
Seitenzweigen. Das Blatt ist mittelgroß bis
groß. Die Sorte ist etwas *Monilia*-anfällig.

Blüte, Befruchtung, Ertrag: Die Sorte
blüht mittelfrüh und ist in der Blüte wenig
regenempfindlich. Gegenüber Spätfrost besteht eine mäßige Resistenz. Sie ist hoch-
gradig selbstfruchtbar. Der hohe Ertrag
setzt schon nach wenigen Jahren ein.

Frucht und Verwertung: Die Früchte
sind kugelig bis breit eiförmig, sehr gut
steinlösend, mit einem Fruchtgewicht von
50–60 g groß bis sehr groß. Der oval eiförmige Stein ist mittelgroß und hohlliegend.
Die Fruchtfurche ist breit, jedoch nicht tief.
Die feste Fruchthaut ist dick und wollig. Die
grünlichgelbe Grundfarbe wird bei Vollreife
hell orangegelb mit einer sonnenseits kar-
minroten, verwaschenen bis punktierten
Deckfarbe. Das orangegelbe, etwas faserige
Fruchtfleisch ist mittelfest schmelzend und
mäßig saftig und wird bei Überreife schnell
mehlig. Es schmeckt süß und hat eine feine
Säure, wird jedoch nur im Weinbauklima
aromatisch (53 °Oechsle, 1,2% Säure). Der
Kern schmeckt bitter. Hartreif geerntet sind
die Früchte gut transportfähig. Sie reifen
gut nach, was sortentypisch ist. Je nach
Standort reift die Sorte Anfang bis Ende
August.

Aprikose

Orangered

Hochinteressante Frühsorte wegen ihrer schön geformten, großen Frucht, jedoch nur mittelmäßiger Ertrag.

Herkunft: Hough Universität, New Jersey, USA, über Südfrankreich nun auch in Deutschland bekannt.

Wuchs und Anbaueignung: Steiler Wuchs, großes gesundes Blatt, sehr widerstandsfähig gegen Kälte und Krankheiten.

Blüte, Befruchtung, Ertrag: Blüht früh bis mittelfrüh, zur besseren Befruchtung mit anderen Sorten pflanzen. Ertrag beginnt mittelfrüh, ist nur mäßig hoch.

Frucht und Verwertung: Frucht sehr groß, bis 60 g, länglich oval, bepunktet, das Fleisch ist gelborange, sehr fest mit glatter Haut (53 °Oechsle, 0,8 % Säure), süßwürzig, saftig, sehr gut steinlösend, der Stein ist im Verhältnis zur Frucht klein, braun. Die Reifezeit beginnt ab Anfang Juli.

Polonais

Synonyme: 'Polonaise', 'Orange de Provence'

Alte französische Sorte, dort immer noch in bedeutendem Umfang im Anbau, besticht durch ihr gesundes Laub.

Herkunft: Gebietssorte aus Vimes, Département Gard.

Wuchs und Anbaueignung: Mittelstark wachsend, sehr gesund, gute Seitenastgarnierung, relativ kleines Blatt.

Blüte, Befruchtung, Ertrag: Blüte mittelspät bis spät, selbstfruchtbar. Ertrag setzt früh ein und ist sehr hoch.

Frucht und Verwertung: Früchte mittelgroß, 45–50 g, oval länglich, glatte Haut, Deckfarbe gelborange, sonnenseits orangerot. Fruchtfleisch orangefarben, relativ weich. Vollreif besitzen die Früchte einen guten Geschmack, werden aber bald mehlig (54 °Oechsle, 1,2 % Säure). Die Sorte löst gut vom Stein, Stein mittelgroß mit süßem Kern. Früchte mit guter Lagerfähigkeit. Reife Ende Juli, Anfang August.

Aprikose

Temporao de Vila Franca

Die Sorte hat wegen des hohen und sicheren Ertrages in den 70er Jahren alteingeführte Sorten verdrängt, ihre Bedeutung nimmt aber infolge ihrer frühen Blüte und der damit verbundenen Gefahr von Blütenfrostschäden in letzter Zeit wieder ab.

Herkunft: Portugal, 1955, von der Generaldirektion des Landwirtschaftsdienstes, Lissabon, gezüchtet.

Wuchs und Anbaueignung: Der Baum wächst stark und aufrecht. Der Anbau ist nur in wärmeren Lagen ohne Spätfrostgefahr möglich. Der Baum hat sehr große Blätter mit später überhängenden Ästen.

Blüte, Befruchtung, Ertrag: Die Sorte blüht sehr früh und reich und bringt dadurch auch nach Spätfrösten noch einen geringen Ertrag; sie ist selbstfruchtbar. Der Ertrag setzt früh ein, ist hoch, nach guter Befruchtung ist Ausdünnen zum Erreichen besserer Fruchtgrößen notwendig.

Frucht und Verwertung: Die mittelgroßen Früchte (etwa 40 g) sind rundoval, regelmäßig geformt, etwas bewollt, ihre Farbe orangegelb, selten mit leichter Röte. Das Fruchtfleisch ist orangegelb, fest, saftig-süß (37°Oechsle, 2,5% Säure), gut steinlösend, der Stein ist mittelgroß, glatt, braun mit bitterem Kern. Die Früchte sind mäßig transportfähig. Die Sorte reift Mitte bis Ende Juli. Sie ist für den Erwerbsanbau und für den Hausgarten geeignet.

Aprikose

Ungarische Beste
Synonyme: 'Ungarische',
'Klosterneuburger', 'Rote Aprikose', 'Rote
Marille'

'Ungarische Beste' ist eine alte bewährte
Sorte, besonders wertvoll für Selbstversorger. Ihre Früchte sind hervorragende Verwertungsfrüchte, die sich außerdem durch
eine schöne Optik auszeichnen.

Herkunft: Der Zufallssämling aus Ungarn
wurde 1868 von Hofgärtner Glocker in
Enyed aufgefunden, von England aus in Ungarn, Österreich und Deutschland verbreitet. Es sind viele Typen mit schlechteren
Eigenschaften im Anbau.

Wuchs und Anbaueignung: Der Baum ist
anfangs stark wachsend, später mittelstark,
mit breiter, kleiner Krone. Er hat eine gute
Garnierung mit Seitenholz und hängend angesetztes Fruchtholz und stellt keine besonderen Ansprüche an den Anbau.

Blüte, Befruchtung, Ertrag: Die Sorte ist
früh, aber verzögert aufblühend, selbstfruchtbar, eine gute Befruchtersorte. Der
Ertrag setzt früh ein und ist relativ hoch.

Frucht und Verwertung: Die mittelgroßen bis großen Früchte (50 g) sind kugelig
unsymmetrisch, leicht gefurcht. Sie neigen
etwas zum Platzen und haben eine zähe,
schwach bewollte Fruchthaut. Ihre Grundfarbe ist grünlichgelb, vollreif sattgelb, die
Sonnenseite ist dunkelrot überzogen, bei
feuchtkühlem Wetter auch dunkelbraun gepunktet. Das Fruchtfleisch ist hellorange
und mit dunklen Adern durchzogen, fest,
vollreif weicher und dann auch saftig; es
wird schnell mehlig (53 °Oechsle, 1,8 %
Säure). Der Geschmack ist schwach süß bis
süßsäuerlich, das Aroma kommt erst beim
Kochen zur Geltung, wegen des hohen Säureanteils sind die Früchte gut gelierfähig.
Die Sorte löst gut vom Stein; der Stein ist
mittelgroß, bauchig, der Kern ist leicht bitter. Die Früchte sind sehr gut transportfähig, mehrmaliges Durchpflücken ist notwendig infolge folgernder Reife. Die Reifezeit liegt Mitte Juli, Anfang August.

Aprikose

Flavourtop

Vor allem in Italien häufig angebaute spätreifende, gelbfleischige Sorte mit hervorragenden Konservierungseigenschaften.
Herkunft: Von J.H. Weinberger, Station de
Fresno, Kalifornien, USA, 1964 ausgelesen.
Wuchs und Anbaueignung: Wuchs stark
und aufrecht, breitrunde Krone. Anfällig für
Kräuselkrankheit und Mehltau.
Blüte, Befruchtung, Ertrag: Blüte früh,
rosafarben, selbstfruchtbar. Ertrag gut.
Frucht und Verwertung: Früchte mittelgroß bis groß, 90–110 g, hochgebaut. Bauchnaht mitteltief. Grundfarbe weißlichgelb, zu
60% intensiv dunkelrot überzogen. Fruchthaut glatt, dick, schwer abziehbar; Geschmack nur mittelmäßig. Festes Fleisch,
daher gute Kompottfrüchte, nicht zerko-
chend und an der Luft nicht braunend, mittelgut steinlösend; Stein klein, wenig gefurcht, zum Teil spaltend. Reife Ende August. Früchte sind sehr gut lagerfähig,
Fruchtfleisch auch nach der Auslagerung
noch fest.

Independence

Mittelspäte bis späte gelbfleischige Nektarinensorte mit hohem Marktwert, besonders in Frankreich und Italien.
Herkunft: Von J.H. Weinberger, de Fresno,
Kalifornien, gezüchtet, seit 1965 im Handel.
Sämling aus 'Red King'.
Wuchs und Anbaueignung: Wuchs mittelstark bis stark, gute Verzweigung, blaß-
grünes Blattwerk. Anfällig für Kräuselkrankheit, gering für Mehltau.
Blüte, Befruchtung, Ertrag: Blüte mittelfrüh, selbstfruchtbar. Ertrag beginnt früh,
ist hoch, regelmäßig, Ausdünnen nötig.
Frucht und Verwertung: Früchte mittelgroß bis groß, 100 g, rundoval bis oval mit
langgezogener, mitteltiefer Bauchnaht und
mitteltiefer Stielgrube. Grundfarbe orangegelb, Deckfarbe 85% leuchtend rot, verwaschen. Glatte, dünne, nur bedingt abzieh-
bare Haut, Fleisch gelborange, schmelzend
weich, mild säuerlich mit angenehmem
Aroma. Stein gut lösend. Reife Mitte August. Früchte gut transportfähig.

　　　　　　　　　　　Nektarine

Nectared 4

'Nectared 4' ist eine alteingeführte, mittelspäte, gelbfleischige Nektarinensorte, die sich besonders in Italien und Frankreich als Marktsorte bewährt hat.

Herkunft: Sie wurde von der New Brunswick Research Station, New York, USA, 1955 selektiert und ist seit 1962 im Handel. Es ist eine Kreuzung aus ('Codoka' × 'Flaming Gold') × 'NJN 14'.

Wuchs und Anbaueignung: 'Nectared 4' ist starkwachsend. Der Baum ist mäßig gut mit Seitenästen garniert, etwas kräuselkrankheitsanfällig.

Blüte, Befruchtung, Ertrag: Die Blüte ist mittelfrüh bis mittelspät, die Blüte ist groß, rosa, die Sorte ist selbstfruchtbar. Der Ertrag setzt früh ein und ist hoch. Ausdünnen kann erforderlich werden.

Frucht und Verwertung: Die Frucht ist mittelgroß (80–100 g), etwas ungleich rundoval und besitzt eine flache bis mitteltiefe Bauchnaht. Die Grundfarbe ist gelborange, die Deckfarbe 85–90% intensiv rot, verwaschen, hartreif etwas dunkel gefärbt. Die Fruchthaut ist glatt, mitteldick, mäßig gut abziehbar, das Fruchtfleisch gelb bis orangegelb, um den Stein etwas gerötet, mittelfest, sehr saftig. Die Früchte schmecken süß, mildsäuerlich, leicht aromatisch, ihre Steinlöslichkeit ist mittelgut bis schlecht. Der Stein ist mittelgroß und mäßig gefurcht. Reifezeit ist Mitte August. Hartreif geerntet sind die Früchte gut transportfest und auch nach Lagerung noch saftig. Die Sorte ist vor allem für den Frischverzehr geeignet.

Nektarine

Snowqueen
Synonym: 'Snow Queen'

Snowqueen ist eine mittelfrüh reifende, weißfleischige Nektarinensorte mit unverwechselbarem Äußeren (Pigmentierung) und guter Geschmacksqualität.

Herkunft: Sie wurde von D.L. Armstrong in Kalifornien, USA, gezüchtet und ist ein Sämling aus freier Abblüte.

Wuchs und Anbaueignung: Der Baum ist starkwachsend, die kräftigen Seitenzweige sind gut garniert, das Blatt ist dunkelgrün. Die Sorte ist anfällig für Kräuselkrankheit und Mehltau.

Blüte, Befruchtung, Ertrag: 'Snowqueen' blüht mittelfrüh mit glockenförmigen, rosa Blüten, die zwar klein, aber sehr dekorativ sind. Die Sorte ist selbstfruchtbar. Der Ertrag setzt früh ein und ist mittelhoch bis hoch.

Frucht und Verwertung: Die mittelgroßen bis großen Früchte (100–120 g) sind rund bis rundoval und verfügen über eine ausgeprägte Bauchfurche und eine weite Stielgrube. Die Grundfarbe ist weißlichgrün bis cremegelb, die Deckfarbe zu 85 % verwaschen rot mit typisch gelber Pigmentierung in der roten Deckfarbe, leicht berostet. Ihre Haut ist glatt, dick, schlecht abziehbar, gelegentlich auch aufreißend. Das Fruchtfleisch ist grünlichweiß bis weiß, schmelzend. Der Geschmack ist mild säuerlich, bei Vollreife überwiegt die Süße. Für eine Nektarine besitzen die Früchte einen sehr guten Geschmack. Ihre Steinlöslichkeit ist mittelgut bis gut; der Stein ist rundlich abgeflacht, tief gefurcht, selten spaltend. Die Reifezeit ist Ende Juli bis Anfang August. Die Früchte sind auch nach Lagerung noch gut saftig.

Nektarine

Benedicte

'Benedicte' ist ein sehr wohlschmeckender, spätreifender, weißfleischiger Pfirsich mit sehr großer Frucht.

Herkunft: Die Sorte wurde von M. Meynaud, Noves, Bouches du Rhone, gezüchtet.

Wuchs und Anbaueignung: Es ist ein starkwachsender, sehr gesunder Baum mit dunkelgrünem Blattwerk. Die Sorte ist nur gering anfällig für Kräuselkrankheit.

Blüte, Befruchtung, Ertrag: Die Blühzeit ist mittelspät bis spät, die Blüte ist klein, rosa, dunkelberandet. Die Sorte ist selbstfruchtbar. Der Ertrag setzt früh ein und ist hoch. Aufgrund der Großfrüchtigkeit muß nur wenig ausgedünnt werden.

Frucht und Verwertung: Die Früchte sind groß bis sehr groß (120–140 g), ebenmäßig rund geformt mit ausgeprägter, tiefer Naht und haben eine geringe Behaarung. Ihre Grundfarbe ist gelblich grün, die Deckfarbe 60–80% rot verwaschen, etwas gesprenkelt. Die Fruchthaut ist gut abziehbar, das Fruchtfleisch ist weißlichgrün, besonders um den Stein herum von Rot durchzogen. Die Früchte sind sehr gut steinlösend, der Stein ist sehr klein in Relation zur Frucht, mäßig gefurcht, graubraun. Reifezeit ist Ende August. Die Früchte sind gut lagerbar und gut transportfähig.

Pfirsich

Bero

'Bero' ist eine ertragssichere und ertragreiche Sorte mit großen, wohlschmeckenden Früchten, die vor allem für den Frischverzehr geeignet sind.

Herkunft: Die Sorte entstand durch Auslese aus der Sorte 'Beste von Rothe', die um 1920 von A. Rothe in Hosterwitz bei Dresden selektiert wurde, in der Versuchsstation der Zentralstelle für Sortenwesen in Radebeul bei Dresden und ist seit 1970 im Handel.

Wuchs und Anbaueignung: Die Sorte wächst stark, aufrecht, mit breit ausladender Krone. Blüte und Holz sind erstaunlich frostwiderstandsfähig, was die Verbreitung der Sorte sehr befördert. Sie ist widerstandsfähig gegen Kräuselkrankheit.

Blüte, Befruchtung, Ertrag: 'Bero' blüht mittelfrüh mit großen, rosenförmigen Blüten; die Sorte ist selbstfertil. Der Ertrag setzt früh ein, ist hoch und regelmäßig.

Frucht und Verwertung: Die Früchte sind mittelgroß bis groß, rundlich, grünlich bis gelb, trüb karminrot gesprenkelt, sehr saftig, wohlschmeckend mit mäßiger Süße, wenig säuerlich, schwach aromatisch und gut steinlösend. Die Sorte ist für Erwerbs- und Selbstversorgeranbau geeignet, die Früchte müssen aber vorsichtig behandelt werden, da Druckstellen schnell verbräunen. Reifezeit ist Ende August, Anfang September. Nur hartreif geerntet sind die Früchte gut transportfähig.

Pfirsich

Dixired

'Dixired' ist eine gut eingeführte, gelbflei-schige, mittelfrühe Sorte, die ertragsmäßig den späten Sorten nachsteht, aber wegen ihrer hohen Fruchtqualität trotzdem emp-fehlenswert ist.

Herkunft: Sie entstand durch freie Ab-blüte von 'Halehaven', und wurde von J.H.Weinberger, in Fort Valley, Georgia, USA, gezüchtet. Seit 1945 im Handel, seit den 60er Jahren auch in Deutschland.

Wuchs und Anbaueignung: Der Baum wächst mittelstark bis stark, aufrecht, im Alter eine breit ausladende Krone bildend. Die Sorte ist kräuselkrankheitsanfällig. Gute Fruchtqualität wird vor allem im Weinbauklima erreicht.

Blüte, Befruchtung, Ertrag: Die Sorte blüht mittelspät mit sehr kleinen, rosa Blü-ten, sie ist selbstfruchtbar. Der Ertrag setzt früh ein, befriedigt aber im Vollertrag nicht immer.

Frucht und Verwertung: Die Früchte sind mittelgroß bis groß (90–120 g), platt-rund, ebenmäßig geformt, ihre Bauchfurche ist wenig eingezogen, die Haut abziehbar, nur wenig behaart und abreibbar. Auf hell-gelber Grundfarbe ist die Deckfarbe son-nenseits dunkelrot bis rot marmoriert. Das Fruchtfleisch ist schwefelgelb bis gelb, um den Stein etwas rot gefärbt, fest, saftig, an kühlen Standorten etwas faserig, ansonsten schmelzend. Der Geschmack ist sehr aro-matisch mit angenehmer Säure, der Stein klein, stark gefurcht, im Weinbauklima gut steinlösend. Reifezeit ist Mitte bis Ende Juli. Hartreif geerntet sind die Früchte gut transportfest.

Early Red Haven

Reichtragende gelbfleischige Sorte mit interessantem Reifezeitpunkt (nach 'Dixired', vor 'Red Haven') und dadurch eine sehr gute Ergänzung des Sortiments.

Herkunft: Mutation aus 'Red Haven'.

Wuchs und Anbaueignung: Wuchs mittelstark bis stark, anfällig für Kräuselkrankheit.

Blüte, Befruchtung, Ertrag: Blüte früh bis mittelfrüh, kleine rosafarbene Blüten, selbstfruchtbar. Ertrag sehr hoch, Ausdünnen deshalb unabdingbar.

Frucht und Verwertung: Früchte mittelgroß, höchstens 100 g, relativ stark behaart, Haut abziehbar, mitteldick. Grundfarbe gelborange, Deckfarbe rotgeflammt bis verwaschen, 70–75 %. Fruchtfleisch orangegelb, mäßige Qualität, saftig süß, leicht parfümiert. Der Stein ist klein, mittelgut bis gut lösend, aber nur auf warmem Standort. Reife Mitte bis Ende Juli. Hartreif geerntete Früchte gut lagerfähig.

Fairhaven

Sehr schöne, große Früchte und bessere Fruchtqualität als 'Red Haven'.

Herkunft: Kreuzung von 'J.H. Hale' × 'South Haven', in South Haven, Michigan (USA), 1935 von Stanley Johnston selektiert. Dort seit 1946 im Anbau.

Wuchs und Anbaueignung: Bildet eine starke, breit ausladende Krone, mittelmäßig anfällig für Kräuselkrankheit.

Blüte, Befruchtung, Ertrag: Blüte mittelfrüh, dunkelrosa bis hellrote Blüten, selbstfruchtbar. Ertrag hoch und regelmäßig.

Frucht und Verwertung: Große bis sehr große Früchte, 120–140 g, rund bis rundoval, die Bauchfurche in der Kelchgrube eingezogen. Grundfarbe gelb bis orangegelb, Deckfarbe 90 %, rot verwaschen, teilweise geflammt. Haut abziehbar, kaum behaart. Fruchtfleisch gelb bis orangefarben, fest, gering faserig, sehr saftig, süß, mit hervorragendem Pfirsicharoma und angenehmer Säure. Stein gut lösend. Reife Mitte August. Die Früchte gut transportfest.

Pfirsich

Manon

Gut steinlösende mittelfrühe, weißfleischige Sorte, besonders in Frankreich häufig angebaut.
Herkunft: Von M. Meynaud, Noves, B. du Rhone.
Wuchs und Anbaueignung: Mittelstark wachsend, etwas anfällig für Kräuselkrankheit.
Blüte, Befruchtung, Ertrag: Blüte mittelfrüh, groß, rosa Blüten, selbstfruchtbar. Ertrag hoch, Ausdünnen erforderlich.
Frucht und Verwertung: Mittelgroße bis große Früchte, 90–110 g, gleichmäßig rund bis rundoval, mit leichter Bauchnaht, Grundfarbe grünlich cremeweiß, Deckfarbe 70–90% rot verwaschen bis geflammt, mittelstark behaart, Haut nur bedingt abziehbar. Fruchtfleisch grünlich weiß, zum Stein hin grünlich, grobfleischig, leicht faserig, sehr süß mit etwas Pfirsicharoma. Steinlöslichkeit gut trotz der recht frühen Reife, Stein klein, wenig gefurcht. Reife Mitte Juli, mittlere Transportfähigkeit.

Nerine

Mittelfrühe gelbfleischige Sorte, sehr schöne Früchte, Ernte vor 'Red Haven'.
Herkunft: Selbstung von 'Fairhaven'.
Wuchs und Anbaueignung: Starkwüchsig, im Alter hängende Zweige, etwas kräuselkrankheitsanfällig.
Blüte, Befruchtung, Ertrag: Blüte mittelfrüh mit großen, hellrosa bis rosa Blüten, selbstfruchtbar. Ertrag setzt früh ein, ist hoch und regelmäßig.
Frucht und Verwertung: Früchte mittelgroß bis groß, 90–110 g, schwache Bauchfurche, ebenmäßig rundoval, Haut schlecht abziehbar, leicht behaart. Grundfarbe vollreif intensiv gelb, Deckfarbe 80% verwaschen rot, teilweise marmoriert. Das Fruchtfleisch besticht durch sehr schönes Gelb, etwas faserig, süßsäuerlich, angenehm aromatisch. Stein mittelgroß, nur selten gespalten, Steinlöslichkeit ist mittel bis gut. Reife Mitte bis Ende Juli. Früchte gut transportfest.

Pfirsich

Pilot

'Pilot' ist eine weißfleischige, gesunde Massenträgersorte mit guter Fruchtqualität für alle Anbaugebiete und alle Verwertungsmöglichkeiten.

Herkunft: Sie entstand als Auslese aus Sämlingen von 'Prinz' (ein Familienname), die aus Marquardt bei Potsdam stammten, und wurde in der Versuchsstation Radebeul der Zentralstelle für Sortenwesen selektiert, sie ist im Handel seit 1971.

Wuchs und Anbaueignung: Der Baum wächst stark, aufrecht, eine dichte, typisch hochkugelige Krone bildend. Die Sorte ist widerstandsfähig gegen Kräuselkrankheit und für Pfirsiche sehr frostfest. Sie ist deshalb weit verbreitet und unterliegt kaum Anbaubeschränkungen.

Blüte, Befruchtung, Ertrag: Die Blütezeit ist mittelspät bis spät, die Blüten sind groß und rosenförmig, relativ frostverträglich. Die Sorte ist selbstfruchtbar. Der Ertrag setzt früh ein, ist sehr hoch und regelmäßig.

Frucht und Verwertung: Die mittelgroßen bis sehr großen Früchte (100–130 g) sind länglich bis rundoval, ihre Grundfarbe ist grünlich gelb bis gelb, die Deckfarbe dunkelrot verwaschen mit 50–75 % Ausbreitung, karminrot punktiert. Die Haut ist dünn, abziehbar mit relativ starker Behaarung. Das Fruchtfleisch ist grünlichgelb bis weißlichgelb, weich, faserig, sehr saftig. Der Geschmack ist angenehm süßsäuerlich, aromatisch, die Steinlöslichkeit ist gut. Reifezeit ist Mitte August, etwa eine Woche nach 'Red Haven'. Die Sorte ist geeignet für Frischverzehr und für die häusliche Konservierung. Hartreif geerntete Früchte sind gut transportfähig.

Pfirsich

Red Haven
Synonym: 'Redhaven'

'Red Haven' ist noch immer weltweit die wichtigste gelbfleischige Pfirsichsorte. Sie ist gut anpassungsfähig an verschiedene Standorte, bringt regelmäßig sehr hohe Erträge, ihre Früchte sind von ausgezeichneter Qualität.

Herkunft: Es ist eine Kreuzungsnachkommenschaft von 'Hale Haven' × 'Kalhaven' und eine Züchtung von Stanley Johnston an der Michigan Agricultural Experimental Station in South Haven, Michigan, USA, seit 1940 ist sie im Handel. Sie ist in ganz Europa verbreitet.

Wuchs und Anbaueignung: Der Baum ist mittelstark bis stark wachsend, etwas kräuselkrankheitsanfällig, für Erwerbs- und Selbstversorgeranbau in allen wärmeren Lagen. Typisch ist das dunkle Holz.

Blüte, Befruchtung, Ertrag: Die Sorte bringt kleine, hellrote Blüten, blüht mittelfrüh und ist selbstfruchtbar. Der Ertrag setzt sehr früh ein und ist sehr hoch.

Frucht und Verwertung: Die Früchte sind mittelgroß bis groß (110–130 g), rundlich mit leichter Bauchnaht, ihre Grundfarbe ist hellgelb bis gelb, die Deckfarbe rot bis tiefrot mit bis zu 90% Bedeckung, die Haut kann bei vollreifen Früchten gut abgezogen werden; sie hat eine kurze, weiche, abreibbare Behaarung. Das Fruchtfleisch ist dunkelgelb, zum Stein hin hellgelb mit wenigen Rotsprenkelungen, fest, saftig, zart. Die Früchte sind sehr wohlschmekkend mit angenehmer Säure. Der Stein ist mittelgroß, tief gefurcht, nicht spaltend und leicht lösend. Reifezeit ist Anfang bis Mitte August. Die Früchte sind gut transportfest und hartreif geerntet auch mit Maschine sortierbar.

Red Wing
Synonym: 'Redwing'

Eine gute, weißfleischige Marktsorte mit früher Ausfärbung.

Herkunft: Von W.E. Lammerts, Ontario, Kalifornien, USA, selektiert aus einer Kreuzung von 'Babcock' × 'Stensgaard July Elberta'.

Wuchs und Anbaueignung: Der Baum wächst mittelstark bis stark und besitzt dunkelgrünes Blatt mit nierenförmigen Nektarien. Die Sorte ist anfällig für Kräuselkrankheit.

Blüte, Befruchtung, Ertrag: Die Sorte ist früh blühend, die Blüte klein, dunkelrosa, glockenförmig. Die Sorte ist selbstfertil und bringt sehr hohen Ertrag.

Frucht und Verwertung: Die mittelgroßen bis großen Früchte (90–110 g) sind gleichmäßig rundlich, leicht abgeflacht mit leichter Bauchnaht, ihre Grundfarbe ist gelblichgrün, die Deckfarbe zu 80% verwaschen rot bis rotviolett und leicht marmoriert. Die dicke Haut ist schwach behaart und läßt sich nur mäßig gut abziehen. Das Fleisch ist gelblich weiß mit leichter Rotfärbung um den Stein, kaum faserig. Der Geschmack ist charakteristisch süß mit nur wenig Säure und leicht parfümiert. Die Steinlöslichkeit ist gut, der Stein mittelgroß, oval, mäßig gefurcht, hellbraun, nicht spaltend. Reifezeit ist Anfang bis Mitte August, hartreif geerntete Früchte sind gut transportfähig.

Pfirsich

Roter Ellerstädter

Synonyme: 'Kernechter vom Vorgebirge', 'Vorgebirgspfirsich'

Die Sorte ist beliebt als Einweckpfirsich aufgrund ihres guten Aromas. Sie ist auch an ungünstigen Standorten anbauwürdig und trägt dort regelmäßig.

Herkunft: Die Sorte wurde um 1870 von Fritz, Ellerstadt, Pfalz, aus freier Abblüte selektiert. Wegen ihres Alters sind mittlerweile verschiedene Typen im Anbau (oft über Samen vermehrt). Dem Typ 'Philippi' sollte wegen der sehr guten Fruchtgröße der Vorzug gegeben werden. 'Kernechter vom Vorgebirge' ist ein mit großer Wahrscheinlichkeit Ende des 19. Jh.s im Bonner Raum verbreiteter Typ von 'Roter Ellerstädter'.

Wuchs und Anbaueignung: Der Baum bildet in der Jugend eine sehr starke, breit ausladende Krone, später läßt das Wachstum nach. Er zeigt geringe Anfälligkeit für Kräuselkrankheit. Anbau ist in allen nicht blütenfrostgefährdeten warmen Lagen möglich.

Blüte, Befruchtung, Ertrag: Die Sorte ist mittelfrüh blühend, die Blüte ist unscheinbar klein, rosa, selbstfruchtbar. Der Ertrag setzt früh ein und ist sehr hoch. Die Sorte muß intensiv ausgedünnt werden.

Frucht und Verwertung: Die Frucht ist mittelgroß (90–100 g), der Typ 'Philippi' ist größer (120 g), rundoval, ihre Grundfarbe ist weißlichgrün, die Deckfarbe 90% flächig dunkelrot. Die Früchte sind stark behaart, wobei die Behaarung nicht abreibbar ist. Ihre Haut ist gut abziehbar, wodurch sie sich für die häusliche Verwertung gut eignen. Das Fleisch ist weißgrün, um den Stein herum deutlich rot gefärbt, grobfleischig faserig, sehr saftig und wohlschmeckend mit ausgeprägtem Pfirsicharoma, sehr gut steinlösend. Der Stein ist mittelgroß und tief gefurcht. Reifezeit ist Anfang bis Mitte September. Hartreif geerntet sind die Früchte gut transportfähig.

Pfirsich

Starcrest

'Starcrest' dürfte die derzeit interessante-
ste Frühsorte bezüglich Geschmack und Ertrag sein.

Herkunft: Sie wurde von Chypus, St. Lau-
rant du Pape, als Mutation aus 'Springcrest'
ausgelesen.

Wuchs und Anbaueignung: Der Baum
wächst mittelstark bis stark, er ist anfällig
für die Kräuselkrankheit.

Blüte, Befruchtung, Ertrag: Die Sorte
blüht sehr früh bis früh mit großen rosa
Blüten; sie ist selbstfruchtbar. Der Ertrag
setzt früh ein, ist hoch und regelmäßig.

Frucht und Verwertung: Die Früchte
sind mittelgroß (80–100 g), meist rundoval,
gelegentlich etwas ungleich geformt, ihre
Grundfarbe ist gelb mit bis zu 90% rubin
dunkelroter Deckfarbe, geflammt bis verwaschen. Die Haut ist nur bedingt abziehbar, fest, relativ stark behaart. Das Fleisch
ist gelb, grobfleischig, etwas faserig mit guter Geschmacksqualität, aromatisch süßsäuerlich. Der Stein ist mittelgroß, tief gefurcht, oft gespalten, nur teilweise lösend.
Die Reifezeit ist sehr früh, Ende Juni bis
Anfang Juli. Durch ihre feste Haut sind die
Früchte relativ gut transportfähig.

Pfirsich

Apfelbeere 'Nero'
Aronia melanocarpa

'Nero' ist eine ertragreiche, großdoldige Sorte der Apfelbeere, die zum plantagenmäßigen Anbau geeignet ist. Die Früchte besitzen einen hohen Anthocyangehalt, und sind dadurch ein guter Farbstofflieferant. Gleichzeitig haben die Sträucher durch Blüten und Herbstfärbung einen beachtlichen Zierwert.

Herkunft: 'Nero' entstand aus apomiktischen Sämlingen eines in Rußland entstandenen Bastards. Sie wurde in der Slowakei ausgelesen und in den Handel gebracht. In Deutschland ist sie seit 1975 im Anbau.

Wuchs und Anbau: Breitaufrechter, 1–2 m hoher, dichter Strauch, auf *Sorbus aucuparia* veredelt, über 3 m hoch. Anbauempfehlung: 3,0 × 1,5 m Abstand. Zur maschinellen Beerntung nur wurzelechte Sträucher anbauen.

Blüte, Befruchtung, Ertrag: Blüte von Mitte bis Ende Mai in großen Doldentrauben mit 10 bis 20 weißen Einzelblüten.

Staubbeutel dunkelrot. Blütenbildung erfolgt aus vorjährigem Holz. Selbstfruchtbar. Flächenertrag um 90 dt/ha.

Frucht und Verwertung: 'Nero' hat etwa 12 mm dicke, kugelige Früchte, violettschwarz mit wachsartigem Reif überzogen, in großen Doldentrauben, hängend. Einzelfruchtmasse etwa 1,0 g. Reife ziemlich einheitlich im August. Sie enthalten tief dunkelroten Saft mit hoher Farbstabilität. Die Früchte sind für die Lebensmittelindustrie zur Herstellung von Getränken, Marmeladen und Gelees, in der Milchindustrie für Fruchtjoghurt und in der Süß- und Backwarenindustrie als Zutat geeignet. Die Farbstoffgewinnung ist möglich. Für den Frischverzehr sind sie bedeutungslos. Ihr gesundheitlicher Wert ist beachtlich.

Edeleberesche 'Rosina'
Sorbus aucuparia var. edulis

'Rosina' ist eine ertragreiche Sorte mit großen, bitterstofffreien Früchten zur häuslichen und industriellen Verwertung. Sie ist
besonders für den landschaftsgestaltenden
Extensivanbau im Bergland von Bedeutung.
Durch ihre relativ kleine Krone und ihren
Schmuckwert bildet 'Rosina' ideale Haus-
bäume.

Herkunft: 'Rosina' wurde bei der systematischen Suche nach leistungsfähigen
Edelebereschen in Sebnitz, Saale, gefunden,
durch H. Müller und Mitarbeiter im Institut
für Gartenbau Dresden-Pillnitz verklont, geprüft und 1954 in den Handel gebracht.

Wuchs und Anbau: Der Baum wächst
mittelstark mit breitpyramidaler dichter
Krone. Vermehrung durch Veredlung auf
Sämlinge von *Sorbus aucuparia*. 'Rosina'
bildet gute Stämme. Anbauempfehlung:
4 m Abstand in der Reihe. Rückschnitt ins
alte Holz ist nach Möglichkeit zu unter-
lassen.

Blüte, Befruchtung, Ertrag: Blüten in
flach ausgebreiteten endständigen Dolden-
rispen. Folgerndes Aufblühen von Ende Mai
bis Anfang Juni. Selbstfruchtbar. Der Ertrag setzt früh ein. Vom 5. bis 7. Standjahr
sind Erträge von 5–7 kg je Baum zu erzielen,
ab 10. Standjahr 15–30 kg.

Frucht und Verwertung: Die rötlich-oran-
gefarbenen Früchte erreichen etwa 15 mm
Durchmesser. Das Fruchtfleisch ist hellgelb
bis orange, der Geschmack angenehm herb
säuerlich. Beerenmasse: 100 Beeren ergeben 120 g. Je nach Lage sind sie von August
bis September erntereif. Die Erte erfolgt
manuell durch Abbrechen oder Abschnei-
den der Dolden, dabei sind die Achsel-
knospen zu schonen. Analysenwerte: Gesamtzucker 8%, Gesamtsäure 4%, Askorbinsäure 90 mg%. Bei zunehmender Reife
nimmt der Zuckergehalt zu und der Säuregehalt ab. Verwertung zu Konzentrat, Saft,
Kompott, Gelee, Marmelade, Likör und zum
Kandieren. Die Konzentrate sind in der
Süßwaren- und Limonadenindustrie und in
der Küche verwendbar.

Wildobst

Holunder 'Haschberg'
Sambucus nigra

'Haschberg' ist eine stark wachsende Sorte mit sehr großen Fruchtdolden und zuverlässig hoher Ertragsleistung. Die Beeren liefern einen sehr dunklen Saft. Sie ist für den Erwerbsanbau, besonders als Viertelstamm, geeignet. Für die Farbstoffgewinnung gilt sie als eine der besten Sorten, doch ist der Saft auch für die Getränkebereitung verwendbar.

Herkunft: Die Sorte wurde in Österreich ausgelesen, in Klosterneuburg verklont, geprüft und in den Handel gebracht.

Wuchs und Anbau: Sehr stark wachsend. Bildet kräftige Jahrestriebe. Zur Viertelstammerziehung ist sie gut geeignet. Anbauempfehlung: 6 × 4 bis 5 × 3 m Abstand.

Blüte, Befruchtung, Ertrag: Blüten in endständigen, großen, flachen Trugdolden. Einzelblüten klein, weiß bis gelblich, stark duftend. Blütezeit ab Anfang Juni. Selbstfruchtbar. Flächenertrag 110–130 dt/ha bei Viertelstämmen.

Frucht und Verwertung: Früchte in großen bis sehr großen Trugdolden. Einzelbeeren klein bis mittelgroß, kugelig bis oval, glänzend blauschwarz. Reifezeit je nach Lage Anfang bis Mitte September. Reife innerhalb der Dolde ist ziemlich gleichmäßig, einzelne Dolden jedoch oft folgernd, deswegen ist ein zweimaliger Erntegang zweckmäßig. Die Sorte ist zur Farbstoffgewinnung besonders gut geeignet, ebenso zur industriellen oder häuslichen Verarbeitung zu alkoholischen und alkoholfreien Getränken, Gelee und Marmelade.

Holunder 'Mammut'
Sambucus nigra

'Mammut' ist eine starkwachsende Holundersorte mit breiten Fruchtdolden, mittelgroßen Beeren und dunkelrot gefärbten Fruchtstielen. Die Dolden reifen gleichmäßig und sind vollbeerig. Die Reife erfolgt mittelfrüh, etwa ab Ende August. Die Sorte ist auch zum Anbau auf leichten Böden geeignet.

Herkunft: 'Mammut' wurde im Berliner Raum von Albrecht aus einer Wildpopulation ausgelesen, in der Zuchtstation in Berlin-Baumschulenweg verklont, geprüft und 1985 in den Handel gebracht.

Wuchs und Anbau: Stark und aufrecht wachsender Strauch, der ohne Schnitteingriffe 5 m Höhe erreichen kann. Er besitzt sehr gutes Regenerationsvermögen. Jahrestriebe werden bis 2 m lang. Anbauempfehlung: 6 × 4 m Abstand.

Blüte, Befruchtung, Ertrag: Blüten in endständigen, aufrechten, großen, flachen Trugdolden. Einzelblüten klein, weiß bis gelblich, stark duftend. Blütezeit Juni. Selbstfruchtbar, sehr ertragreich.

Frucht und Verwertung: Früchte in mittelgroßen, 14–16 cm breiten Dolden. Mittleres Doldengewicht 70 g. Beeren mittelgroß, kugelig-rund, 6 mm Durchmesser, dunkelschwarzblau, mattglänzend. Gleichmäßig reifend. Fruchtstaft ist sehr farbintensiv. Analysenwerte: Trockensubstanz 10,7%, Zucker (als Invertzucker) 7,6%, Gesamtsäure (als Weinsäure) 1,28%, Askorbinsäure 26,4 mg%. Die Früchte sind zur häuslichen und industriellen Verarbeitung zu alkoholischen und alkoholfreien Getränken, Gelee und Marmelade geeignet. Die Blüten können zur Herstellung von Tee und »Holundersekt« genutzt werden.

Wildobst

Holunder 'Sampo'
Sambucus nigra

'Sampo' ist eine mittelstark wachsende Sorte mit mittelgroßen Fruchtdolden und großen Beeren, die regelmäßig hohe Erträge bringt. Sie reift mittelfrüh und ist durch den ausgewogenen Gehalt der Früchte an Säuren und anderen Inhaltsstoffen und den sehr angenehmen Geschmack des Saftes zur Getränkebereitung besonders gut geeignet.

Herkunft: Eine in Dänemark durch Kreuzungszüchtung entstandene Sorte, die vom Institut für Gartenbau der Königlichen Landwirtschaftsuniversität Kopenhagen und dem Gartenbauforschungszentrum Aarslev herausgebracht wurde (S. Dalbro und A. Thuesen).

Wuchs und Anbau: 'Sampo' bildet mittelhohe, dichte Sträucher mit verhältnismäßig vielen Trieben. In Dänemark wurden höchste Einzelstraucherträge erzielt. Die Sorte ist besonders zum strauchförmigen Anbau im mittel- und norddeutschen Flachland zu empfehlen, wo sie der Sorte 'Haschberg' im Ertrag überlegen ist. Empfohlener Pflanzabstand 5 × 2 m.

Blüte, Befruchtung, Ertrag: Blüten in endständigen, großen flachen Trugdolden. Einzelblüten klein, weiß bis gelblich, stark duftend. Blütezeit ab Anfang Juni. Selbstfruchtbar. Erträge hoch, vom 3. bis 4. Standjahr wurden in Aarslev durchschnittliche Einzelstraucherträge von 9 kg erreicht.

Frucht und Verwertung: Früchte in mittelgroßen, dichten, schweren Dolden. Mittleres Doldengewicht 112 g. Beeren groß, kugelig, glänzend schwarz. Fruchtstiele dunkelrot. Gleichmäßig reifend. Der Saft besitzt eine gute Farbintensität und erhielt bei Prüfungen sehr gute Geschmacksnoten. Analysenwerte: Titrierbare Säure 11 bis 12 g/kg, Anthocyanin 496 mg/100 g. Die Früchte sind zur häuslichen und industriellen Verarbeitung zu Getränken verschiedenster Art, Gelee und Marmelade sehr gut geeignet, besonders auch zur Bereitung von Holundersuppe.

Kornelkirsche 'Titus'
Cornus mas

'Titus' ist eine besonders ertragreiche Auslese aus der Wildart, mit dunkelroten Früchten, die zur Verarbeitung zu Säften, Marmelade und Gelee sehr gut geeignet sind. Die Sorte ist zum Einzelanbau in Gärten, zum plantagenmäßigen Anbau und zur Pflanzung in flurschützenden Hecken und an Waldrändern geeignet. Durch ihre reiche Blüte hat sie zudem hervorragenden Zierwert.

Herkunft: 'Titus' wurde vom Forschungsinstitut für Obst- und Ziergehölze in Bojnice, Slowakei, aus wildwachsenden Beständen ausgelesen und 1981 in den Handel gebracht.

Wuchs und Anbau: 'Titus' ist eine starkwachsende Sorte. Sie bildet 3 m hohe, breitaufrechte, ziemlich dichte Sträucher. Die Seitentriebe sind kurz und kräftig entwikkelt. Anbauempfehlung: Abstand 5 × 3 m bis 6 × 4 m. Ein starkes Verjüngen bis ins alte Holz ist möglich. Die Vermehrung erfolgt durch Veredlung auf Sämlinge von *Cornus mas*.

Blüte, Befruchtung, Ertrag: Die leuchtend gelben Blüten erscheinen sehr früh, lange vor dem Laubaustrieb, in kleinen, sitzenden, rundlichen Dolden. Bestäubung durch Insekten. Für Bienen sind sie gute Nektar- und Pollenspender. Die Sorte bringt regelmäßig hohe Erträge. Die durchschnittlichen Straucherträge liegen bei 15 kg.

Frucht und Verwertung: 'Titus' hat mittelgroße, ovale bis birnenförmige Früchte, die sich bei Vollreife dunkelrot färben. Sie reifen folgernd, im mitteldeutschen Raum etwa ab Ende September. Der Geschmack vollreifer Früchte ist angenehm herbsäuerlich erfrischend. Der Anteil der spindelförmigen, an beiden Enden abgestumpften Steine beträgt etwa 16%. Die Ernte wird in mehrtägigem Abstand durch Schütteln auf Folienplanen vorgenommen. 'Titus' ist zur häuslichen und industriellen Verarbeitung auch in Mischung mit anderen Früchten geeignet. Zum Frischverzehr haben die Früchte nur geringe Bedeutung.

Wildobst

Sanddorn 'Askola'
Hippophaë rhamnoides

Mittelfrühe Sorte, kann von Ende August bis Mitte September beerntet werden.
Herkunft: Von Albrecht ausgelesen, in Berlin-Baumschulenweg verklont, geprüft, seit 1991 im Handel.
Wuchs und Anbau: Wächst stark, locker und steil, erreicht 4–5 m Höhe. Bedornung mittelstark, Wurzelschoßbildung mäßig. Regenerationsvermögen nach Rückschnitt sehr gut, der Neutrieb setzt im 2. Jahr wieder Früchte an. 1,25–1,5 m Pflanzabstand.
Blüte, Befruchtung, Ertrag: Rein weibliche Sorte blüht von Mitte März bis Ende April. Befruchter: 'Pollmix'. Windbestäuber. In Plantagen 8–10% männliche Pflanzen erforderlich. Sehr reich und dicht fruchtend.
Frucht und Verwertung: Frucht tief orangefarben, sehr farbstabil. 100 Beeren = 29 g. Gesamtfruchtsäure 5,3%, Askorbinsäure 260 mg%, Karotin 12 mg%, Tokopherol 28 mg%, Öl 3,7%. Mit der Rüttelmaschine erntbar.

Sanddorn 'Dorana'
Hippophaë rhamnoides

Besonders für den Anbau in Gärten. Reift mittelfrüh, Triebe sind dicht mit Beeren besetzt, die ihre orangerote Farbe bis in den Winter behalten. Dekoratives Ziergehölz.
Herkunft: In Brandenburg von Albrecht ausgelesen, in Berlin-Baumschulenweg verklont, geprüft und seit 1990 im Handel.
Wuchs und Anbau: Wuchs schwach, straff aufrecht, mit dünnem Seitenholz, erreicht etwa 2–3 m Höhe, ist mittelstark bedornt, wenig Wurzelschoßbildung. Regenerationsvermögen mäßig. Abstand in Hecken 1,0–1,25 m.
Blüte, Befruchtung, Ertrag: Rein weibliche Sorte, blüht von Mitte März bis Anfang Mai. Befruchter: 'Pollmix'. Windbestäuber, reich und regelmäßig fruchtend. Einzelstrauchertäge 6–10 kg.
Frucht und Verwertung: Relativ gut pflückbar. Gesamtfruchtsäure 4,9%, Askorbinsäure 340 mg%, Karotin 4–9 mg%, Tokopherol 24 mg%, Öl 3,4%.

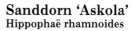

Wildobst

Sanddorn 'Frugana'
Hippophaë rhamnoides

'Frugana' ist eine frühreifende Sorte für den Erwerbsanbau, mit guten Eigenschaften für die Saftgewinnung. Sie ist von Mitte bis Ende August zu beernten. Die Früchte lassen sich maschinell ernten.

Herkunft: 'Frugana' wurde im Rüdersdorf-Herzfelder Gebiet von H.-J. Albrecht aus einer Population der Wildart ausgelesen, in Berlin-Baumschulenweg verklont und geprüft und 1986 in den Handel gebracht.

Wuchs und Anbau: 'Frugana' wächst steif aufrecht, sehr stark mit lockerer Verzweigung. Sie erreicht ungeschnitten eine Höhe von 4–5 m und ist wenig bedornt. Charakteristisch sind lange, dicht mit Früchten besetzte Triebe mit geringer Seitenverzweigung. Auf Rückschnitt reagiert sie mit starker Neutriebbildung. Sie setzt im zweiten Jahr an den Neutrieben wieder Früchte an. 1,0–1,5 m Abstand in der Reihe.

Blüte, Befruchtung, Ertrag: Die rein weibliche Sorte blüht früh, je nach Witterung im Zeitraum von Mitte März bis Ende April. Zur Befruchtung sind 'Pollmix'-Klone geeignet. In Plantagen sind 8–10% männliche Pflanzen erforderlich. Reich fruchtend.

Frucht und Verwertung: 'Frugana' hat mittelgroße, ovale, wenig beschülferte, glänzend orangefarbene Früchte mit einem etwa 4 mm langen Stiel. Etwa ab Mitte September beginnen die Früchte zu verblassen, dabei kommt es zu einem Qualitätsabbau. Beerenmasse: 100 Beeren = 40 g. Analysenwerte: Gesamtfruchtsäure 3,5%, Askorbinsäure 160 mg%, Karotin 8–10 mg%, Tokopherol 21 mg%, Öl 4,1%. Die Früchte lassen sich mit der Sanddornrüttelmaschine ernten, im Garten ist auch Pflücken möglich. Aus 'Frugana' hergestellte Säfte besitzen ein mildes Sanddornaroma.

Wildobst

Sanddorn 'Hergo'
Hippophaë rhamnoides

Als Massenertragssorte für den Erwerbsanbau erlangte 'Hergo' besondere Bedeutung. Sie hat mittelgroße Beeren mit hohem Säuregehalt, die sich in guter Qualität maschinell ernten lassen. Sie reift mittelfrüh, etwa Ende August bis Anfang September, und kann bis Ende September geerntet werden.

Herkunft: 'Hergo' wurde im Rüdersdorf-Herzfelder Gebiet aus einer Population der Wildart ausgelesen (Albrecht), in Berlin-Baumschulenweg verklont und geprüft und 1983 in den Handel gebracht.

Wuchs und Anbau: 'Hergo' wächst mittelstark bis stark, breitaufrecht mit guter Verzweigung. Ungeschnitten erreicht sie 4 m Höhe. Das Seiten- und Fruchtholz ist verhältnismäßig dünn, dadurch bei Vollertrag etwas überhängend. Die Fruchtzweige sind schwach bedornt, sie neigt zu mäßiger Wurzelschoßbildung. Das Regenerationsvermögen nach Rückschnitt ist sehr gut. Der Neutrieb setzt im zweiten Jahr wieder Früchte an. Anbauempfehlung: 1,25 bis 1,75 m Abstand in der Reihe.

Blüte, Befruchtung, Ertrag: Die rein weibliche Sorte blüht mittelfrüh bis spät, je nach Witterung im Zeitraum von Mitte März bis Anfang Mai. Zur Befruchtung sind die 'Pollmix'-Klone geeignet. In Plantagen sind 8 bis 10% männliche Pflanzen erforderlich. Sehr reich fruchtend. Einzelstraucherträge 15 bis 25 kg.

Frucht und Verwertung: 'Hergo' hat mittelgroße, ovale bis walzenförmige, hellorangefarbene, schwach beschülferte Früchte mit kurzem, etwa 2,5 mm langem Stiel. Beerenmasse: 100 Beeren = 37 g. Analysenwerte: Gesamtfruchtsäure 3,5%, Askorbinsäure 150 mg%, Karotin 5 mg%, Tokopherol 16 mg%, Öl 4,3%. Die Früchte lassen sich gut mit der Sanddornrüttelmaschine ernten, jedoch sollte dieses Ernteverfahren etwa 14 Tage nach dem optimalen Erntebeginn abgeschlossen sein, danach ist das Beernten nach Schockfrostung vorzuziehen. Zur Herstellung von Säften sehr gut geeignet.

Sanddorn 'Leikora'
Hippophaë rhamnoides

'Leikora' ist die erste in Europa für Zwecke der Fruchtverarbeitung ausgelesene Sanddornsorte. Sie zeichnet sich durch große Beeren mit hohem Säuregehalt und einem ausgewogenen Verhältnis verschiedener Vitamine aus. Hervorzuheben ist die gute Stabilität der tief orangeroten Fruchtfarbe. Die Erntezeit ist von Mitte September bis Anfang Oktober. Nachteilig sind ihre hohen Fruchthaltekräfte, die die maschinelle Beerenernte erschweren.

Herkunft: Von H.-J. Albrecht, Berlin, in Leitzkau ausgelesen und in Berlin-Baumschulenweg verklont, geprüft und 1979 in den Handel gebracht.

Wuchs und Anbau: Breitaufrechter, mittelstark bis stark wachsender kompakter Strauch mit guter Seitenverzweigung. Ohne Schnitteingriffe etwa 4 m hoch. Das Regenerationsvermögen nach kräftigem Rückschnitt in mehrjähriges Holz ist sehr gut, doch bringen erst die im zweiten Jahr gebildeten Triebe wieder einen vollen Fruchtertrag. Die Wurzelschoßbildung ist mäßig, die Bedornung schwach. Anbauempfehlung: 1,5 m bis 2,0 m in der Reihe.

Blüte, Befruchtung, Ertrag: Die rein weibliche Sorte blüht mittelfrüh bis spät, je nach Witterung Mitte März bis Anfang Mai. Zur Befruchtung sind die 'Pollmix'-Klone geeignet, Windbestäuber. In Plantagen sind 8 bis 10% männliche Pflanzen erforderlich, reichfruchtend.

Frucht und Verwertung: 'Leikora' hat große, mittelstark beschülferte Früchte mit sehr kurzem, festsitzendem Stiel. Analysenwerte: Gesamtfruchtsäure 3,4%, Askorbinsäure 240 mg%, Karotin 4 bis 8 mg%, Tokopherol 26 mg%, Öl 4,9%. 'Leikora' baut die Askorbinsäure verhältnismäßig langsam ab. Bestes Ernteverfahren ist das Abschlagen oder Abrütteln nach Schockfrostung. Die Früchte sind zur Herstellung von Saft, Süßmost und Nektar hervorragend geeignet, das Öl für Kosmetik und Pharmazie. Zweige als Schmuckreisig gut verwendbar, besonders attraktives Ziergehölz.

Wildobst

Sanddorn 'Pollmix'
Hippophaë rhamnoides

Unter der Bezeichnung 'Pollmix' sind vier männliche Klone im Handel, die sich in der Blütezeit ergänzen und deren Befruchtungseignung für die weiblichen Sorten 'Askola', 'Dorana', 'Frugana', 'Hergo' und 'Leikora' nachgewiesen wurde.

Herkunft: Die 'Pollmix'-Klone wurden aus Populationen der Wildart ausgelesen, in der Zuchtstation in Berlin-Baumschulenweg verklont, geprüft und ab 1983 in den Handel gebracht.

Wuchs und Anbau: 'Pollmix 1' wächst in der Jugend straff aufrecht mit wenig Seitenverzweigung, später breitbuschig, ist dicktriebig und fast dornenlos. 'Pollmix 2' ist schon in der Jugend stark verzweigt, wächst breitaufrecht, ist dünntriebig und stark bedornt. 'Pollmix 3' wächst breitaufrecht, ist schnellwüchsig und schwach bis mittelstark bedornt. 'Pollmix 4' wächst mäßig stark, straff aufrecht, ist dicktriebig und wenig bedornt. Die Pollmix-Klone sind den weibli-chen Sorten in Mischung zuzuordnen. In Plantagen sind 8–10% Pollmix-Pflanzen erforderlich.

Blüte und Befruchtung: Die rein männlichen Blüten erscheinen zusammen mit denen der weiblichen Sorten. Blühzeitdifferenzen treten zwischen den Sorten in Abhängigkeit von der Witterung mehr oder weniger ausgeprägt auf. 'Pollmix 1' beginnt als erster Klon mit dem Aufblühen und Stäuben, es folgen 'Pollmix 2' und 'Pollmix 4'. 'Pollmix 3' erblüht und stäubt als letzter.

Frucht und Verwertung: Keine Früchte, da rein männliche Sorte.

Scheinquitte 'Fusion'
Chaenomeles × superba

'Fusion' ist eine Scheinquittensorte mit großen, für die Verarbeitung gut geeigneten
Früchten, die sich durch hohen Gesamt-
säure- und Askorbinsäuregehalt auszeichnen. Durch ihre attraktiven Blüten besitzt
sie beachtlichen Zierwert. Sie ist besonders
für den Anbau in Gärten geeignet.
Herkunft: 'Fusion' wurde von H.-J. Albrecht und Mitarbeitern in Berlin-Baumschulenweg aus Sämlingen der Sorte 'Crimson and Gold' ausgelesen und 1987 in den
Handel gebracht.
Wuchs und Anbau: Breitaufrecht wachsender, etwa 1 m hoher Strauch mit bogig
übergeneigten Zweigen, etwas sparrig und
mit verdornten Kurztrieben. Anbauempfehlung: In Hecken 0,8–1,0 m Abstand. In Plantagen Reihenabstand etwa 2 m. Regenerationsvermögen nach Rückschnitt in altes
Holz sehr gut.
Blüte, Befruchtung, Ertrag: Die einfachen, schalenförmigen, bis 5,5 cm breiten,
scharlachroten Blüten erscheinen folgernd
von Mitte April bis Mitte Mai. Reichblü-
hend an Kurztrieben und einjährigen Langtrieben. Bestäubung durch Insekten, gute
Pollen- und Nektarspender. Vermutlich
Fremdbefruchter. Straucherträge 1,5–3,0 kg.
Frucht und Verwertung: Die Früchte
sind groß, 4–9 cm lang, 4–6 cm breit, meist
schwach längs gefurcht, ab Oktober gelb
und hell oder rotbraun gepunktet. Angenehm erfrischend duftend, Aroma quitten-
ähnlich. Einzelfruchtmasse 40–100 g. Sie
sind fest, gut transportfähig und bei kühler
Lagerung mehrere Wochen haltbar. Analysenwerte: Gesamtzucker: 2,9%, Gesamtsäure (als Apfelsäure) 3,7%, Askorbinsäure
117 mg%. Rohsaftausbeute etwa 67%. Die
Früchte sind zur Verarbeitung zu Gelee,
Konfitüre, Getränken und Füllmasse für
Süß- und Backwaren geeignet.

Wildobst

Vitamin-Rose 'Pi Ro 3'

'Pi Ro 3' ist eine wenig bestachelte, ertragreiche Rose mit besonders hohem Askorbinsäuregehalt der Hagebutten. Sie ist zum Anbau in Plantagen und Wildhecken geeignet und besitzt einen hohen ökologischen Wert.

Herkunft: 'Pi Ro 3' entstand aus einer Kreuzung von *Rosa dumalis* × *R. pendulina* var. *salaevensis*. Sie wurde von S. Stritzke und Mitarbeitern im Institut für Gartenbau Dresden-Pillnitz ausgelesen. Vorarbeiten dazu erfolgten im Rosarium in Sangerhausen unter von Rathleff.

Wuchs und Anbau: Bis 2 m hoher, lockerer Strauch mit breit ausladenden Zweigen. Die Langtriebe sind fast stachellos. Anbauempfehlung: 4,0 × 1,0 bis 1,5 m Abstand. Rückschnitt fördert die Basistriebbildung. Durch Stecklinge vermehrte Pflanzen sind am besten geeignet.

Blüte, Befruchtung, Ertrag: Blüten bis zu 4 an den Enden der Jahreskurztriebe, zartrosa, 4–5 cm breit. Kelchblätter groß, fiederspaltig. Blühzeit: Ende Mai bis Juni. Gute Pollenspender für Bienen und Hummeln. Straucherträge 2–3 kg, Spitzenerträge bis 8 kg.

Frucht und Verwertung: Hagebutten hochrot, walzen- bis flaschenförmig, etwa 3 cm lang und bis 1,5 cm dick, mit wenigen Kernen und bleibenden großen Kelchblättern. Einzelfruchtmasse etwa 2,5 g, Fruchtfleischanteil etwa 82%. Erntezeit August bis Mitte September. Enthalten etwa 1200 mg Vitamin C je 100 g Frischsubstanz. Die Hagebutten von 'Pi Ro 3' sind als Drogenfrucht nutzbar, ferner für Marmelade, Konfitüre, Mus, Süßmost und Wein.

Avanta

'Avanta' ist eine gut schmeckende, ertragreiche Frühsorte für den Hausgarten und Erwerbsanbau. Sie ist mäßig anfällig für Fruchtfäule und stellt keine besonderen Bodenansprüche.

Herkunft: 'Avanta' ist eine Kreuzung aus den Klonen 'IVT 72273' × 'IVT 75083'. Sie wurde 1985 im früheren IVT Wageningen, Niederlande, gezüchtet. (Sortenschutz).

Wuchs und Anbau: Die Pflanze ist mittel bis stark wachsend, kugelförmig bis flach kugelförmig und mitteldicht. Sie hat mittelgrünes bis dunkelgrünes Laub. Die Anzahl der Ausläufer ist groß bis sehr groß.

Blüte, Reifezeit, Ertrag: 'Avanta' ist selbstfertil und blüht früh bis sehr früh. Die Blüte ist mittelgroß bis groß und unter dem Laub bis in Laubhöhe blühend, die Blütenblätter überlappen. Die Sorte ist einmaltragend und reift sehr früh bis früh. Der Ertrag ist mittelhoch bis hoch.

Frucht: Die Früchte sind groß, mit 2. Pflücke etwas kleiner werdend. Sie sind kegelförmig, orangerot, oft stark glänzend und mittelfest, mit eingesenkt sitzenden Nüßchen. Das Fruchtfleisch ist leicht ungleichmäßig orangerot, der Geschmack ist süßsäuerlich und aromatisch. Die Früchte sind gut pflückbar mit Kelch, weniger gut ohne Kelch und ausreichend transportfähig. Vitamin C-Gehalt 67,3 mg/100 g; 6,9 % lösliche TRS; Säure 0,6 g/100 g.

Alle im folgenden genannten Erdbeersorten sind selbstfertil bis auf 'Mieze Schindler', 'Pandora' und 'Direktor Paul Wallbaum'. Für einen ausreichenden Ertrag ist guter Insektenbeflug der Blüten notwendig. Nicht selbstfertile Sorten benötigen eine Befruchtersorte mit der gleichen Blühzeit.

Erdbeere

Bogota

'Bogota' ist eine süßsäuerlich, wenig aromatisch schmeckende ertragreiche Sorte für den Erwerbsanbau und den Hausgarten. Sie ist stark anfällig für Fruchtfäule, stellt aber keine besonderen Bodenansprüche und wächst auch auf leichtem Boden. Auf ungünstigen Standorten ist sie anfällig gegenüber *Veticillium*-Welke und Mehltau. Sie ist eine der am spätesten reifenden Sorten. Guter Pollenspender für spätblühende Sorten.

Herkunft: 'Bogota' ist eine Kreuzung aus 'Sämling 53 116' × 'Tago'. Sie wurde im früheren IVT, Wageningen, Niederlande, gezüchtet. Es besteht Sortenschutz. Im Handel seit 1978.

Wuchs und Anbau: Die Pflanze ist mittel bis stark wachsend, kugelförmig und wächst locker bis dicht mit mittelgrünem Laub. Die Anzahl der Ausläufer ist durchschnittlich, sie bilden sich spät.

Blüte, Reifezeit, Ertrag: Die Sorte ist selbstfertil. Die Blüte ist mittelgroß und blüht spät, sie blüht unter dem Laub bis in Laubhöhe, die Blütenblätter überlappen. Die Sorte ist einmaltragend und reift spät bis sehr spät. Der Ertrag ist hoch mit einem hohen Anteil von Auslesefrüchten. Auf schweren Böden geringerer Ertrag.

Frucht: Die Früchte sind groß, mit 2. Pflücke etwas kleiner werdend. Sie sind kegelförmig, orangerot, mittelglänzend und fest, mit eingesenkten bis plan sitzenden Nüßchen. Bei hohen Temperaturen werden die Früchte schnell weich. Das Fruchtfleisch ist leicht ungleichmäßig orangerot, der Geschmack ist süßsäuerlich und wenig aromatisch. Die Früchte sind mäßig gut mit Kelch pflückbar und lösen leicht vom Kelch. Sie sind transportfest. Die Sorte ist für die industrielle Verwertung ungeeignet. Vitamin C-Gehalt 60,1 mg/100 g; 9,4 % lösliche TRS; Säure 2,9 g/100 g.

Erdbeere 226

Chandler

'Chandler' ist eine gut schmeckende Frühsorte. Sie ist für den Hausgarten sowie für
den Erwerbsanbau geeignet. Ihre Fäulnisanfälligkeit ist mittelhoch, die Sorte stellt
mittlere bis hohe Bodenansprüche. In Europa wurde die Sorte insbesondere in Spa-
nien angebaut.

Herkunft: 'Chandler' ist eine Kreuzung
aus 'Douglas' × 'Klon C 55', sie wurde von
R. S. Bringhurst, University of California,
Berkeley, USA, gezüchtet und ist seit 1980
im Handel.

Wuchs und Anbau: Die Pflanze ist stark
wachsend, hat einen flachkugelförmigen
Wuchs, ist mitteldicht, sie hat etwas helle-
res grünes Laub, die Anzahl der Ausläufer
ist groß.

Blüte, Reifezeit, Ertrag: Die Sorte ist
selbstfertil. Die mittelfrühe Blüte ist groß,
die Blütenblätter überlappen sich. Sie blüht
in Laubhöhe bis über dem Laub. Die Sorte
ist einmaltragend und reift früh. Der Ertrag
ist mittelhoch bis hoch.

Frucht: Die Früchte sind groß bis mittelgroß, mit 2. Pflücke wenig kleiner werdend.
Sie sind kegelförmig, leuchtend orangerot
bis rot, stark glänzend und fest, mit eingesenkten Nüßchen. Das Fruchtfleisch ist
gleichmäßig mittelrot, der Geschmack der
Sorte ist süßsäuerlich mit gutem Aroma.
Die Früchte sind gut pflückbar mit Kelch
und schlecht pflückbar ohne Kelch. Vitamin C-Gehalt 51,3 mg/100 g; 8,5% lösliche
TRS; Säure 0,8 g/100 g.

Erdbeere

Darlibelle

'Darlibelle' ist eine gut schmeckende Frühsorte, mit mittelhohem bis hohem Ertrag. Sie ist für den Hausgarten sowie für den Erwerbsanbau geeignet. Die Fäulnisanfälligkeit ist mäßig hoch und sie stellt mittlere bis hohe Bodenansprüche. Sie wächst besonders gut in warmem Klima.

Herkunft: 'Darlibelle' ist eine Kreuzung aus 'Gariguette' × 'Aiko'. Sie wurde 1985 von der Société Civile Darbonne, Milly-La-Foret in Frankreich, gezüchtet.

Wuchs und Anbau: Die Pflanze ist stark wachsend, hat einen halbkugelförmigen Wuchs und ist locker bis mitteldicht. Sie hat mittelgrünes Laub, die Anzahl der Ausläufer ist hoch.

Blüte, Reifezeit, Ertrag: Die Sorte ist selbstfertil, die Blütezeit ist früh bis mittelfrüh. Die Blüte ist mittelgroß bis groß, die Blütenblätter berühren sich. Die Sorte blüht in Laubhöhe bis über dem Laub, sie ist einmaltragend und reift früh. Ihr Ertrag ist mittelhoch bis hoch.

Frucht: Die Früchte sind groß, mit 2. Pflücke wenig kleiner werdend. Sie sind kegelförmig, leuchtend orangerot, mittelstark bis stark glänzend und fest, mit eingesenkten bis intermediär sitzenden Nüßchen. Das Fruchtfleisch ist leicht ungleichmäßig orangerot. Der Geschmack der Sorte ist süßsäuerlich mit gutem Aroma. Die Früchte sind gut pflückbar mit Kelch und schwer pflückbar ohne Kelch. Vitamin C-Gehalt 57,7 mg/100 g; 8,1% lösliche TRS; Säure 0,8 g/100 g.

Erdbeere

Darline

'Darline' ist eine eher süß, weniger säuerlich schmeckende Frühsorte, die sowohl für den Hausgarten als auch für den Erwerbsanbau (Selbstpflücke) geeignet erscheint. Sie ist gering bis mittelstark anfällig für Fruchtfäule und stellt mittlere bis hohe Bodenansprüche.

Herkunft: 'Darline' ist eine Kreuzung aus 'Gariguette' × 'Aiko'. Sie wurde 1985 von der Société Civile Darbonne, Milly-La-Foret in Frankreich, gezüchtet. Es besteht Sortenschutz.

Wuchs und Anbau: Die Pflanze ist mittelstark bis stark wachsend, halbkugelförmiger Wuchs, locker, die Laubfarbe ist mittelgrün, die Anzahl der Ausläufer ist groß.

Blüte, Reifezeit, Ertrag: Die Sorte ist selbstfertil. Die Blütezeit ist früh bis mittelfrüh. Die mittelgroßen bis großen Blüten blühen unter dem Laub bis in Laubhöhe, die Blütenblätter berühren sich bis zum Überlappen. Die Sorte ist einmaltragend und reift früh. Der Ertrag ist nur mittelhoch.

Frucht: Die Früchte sind groß bis sehr groß, mit der 2. Pflücke wenig kleiner werdend. Sie sind kegelförmig, orangerot, mittelstark bis stark glänzend und fest, mit eingesenkt bis intermediär wachsenden Nüßchen. Das Fruchtfleisch ist leicht ungleichmäßig orangerot, der Geschmack ist eher süß, weniger säuerlich und hat gutes Aroma. Die Früchte sind gut pflückbar mit Kelch, schwer pflückbar ohne Kelch, aber gut greifbar, da sie frei liegen. Vitamin C-Gehalt 58,4 mg/100 g; 8,3 % lösliche TRS; Säure 0,8 g/100 g.

Erdbeere

Direktor Paul Wallbaum

'Direktor Paul Wallbaum' ist eine süßsäuerlich schmeckende, altbekannte Liebhabersorte. Sie ist für den Hausgarten geeignet. Bei Trockenheit ist Bewässerung notwendig. Die Sorte ist mittel bis stark anfällig für Fruchtfäule und stellt geringe bis mittlere Bodenansprüche.

Herkunft: Die Abstammung von 'Direktor Paul Wallbaum' ist nicht bekannt. Die Sorte wurde von K.P. Thiele, Borstel, gezüchtet.

Wuchs und Anbau: Die Pflanze ist mittelstark wachsend, flach kugelförmig. Das Laub ist mitteldicht bis dicht, die Anzahl der Ausläufer ist hoch.

Blüte, Reifezeit, Ertrag: Die Sorte blüht mittelfrüh. Die Blüte ist mittelgroß und in Laubhöhe bis über dem Laub blühend, die Blütenblätter überlappen. Die Sorte hat rein weibliche Blüten, weshalb eine Befruchtersorte notwendig ist. Sie ist einmaltragend und mittelspät bis spät reifend. Ihr Ertrag ist nur mittelhoch.

Frucht: Die Früchte sind mittelgroß, mit 2. Pflücke zunehmend kleiner werdend. Sie sind herzförmig, dunkelpurpurrot glänzend und mittelfest, mit eingesenkt sitzenden Nüßchen. Das Fruchtfleisch ist weißlichrosa, der Geschmack ist süßlichsäuerlich mit gutem Aroma. Die Früchte sind mit und ohne Kelch mäßig gut pflückbar. Vitamin C-Gehalt 72,6 mg/100 g; 11,6% lösliche TRS; Säure 0,8 g/100 g.

Erdbeere

Elsanta

'Elsanta' ist eine gut schmeckende Sorte mit großer Verbreitung im Erwerbsanbau. Sie ist für den Frischmarkt und für Selbstpflücker geeignet, jedoch weniger für den Hausgarten. Sie hat Probleme mit Welkekrankheiten und ist spätfrostgefährdet. Sie stellt mittlere bis hohe Bodenansprüche. Trotz ihrer Empfindlichkeit für Wurzelerkrankungen ist sie derzeit eine der weltweit wichtigsten Sorten, da ihre Früchte attraktiv und transportfest sind und sie mit ihrer Pflück- und Ertragsleistung die meisten anderen Sorten übertrifft.

Herkunft: 'Elsanta' ist eine Kreuzung aus 'Gorella' × 'Holiday'. Sie wurde von L.M. Wassenaar, im früheren IVT Wageningen, Niederlande, gezüchtet. Es besteht Sortenschutz. Im Handel seit 1982.

Wuchs und Anbau: Die Pflanze ist mittelstark bis stark wachsend, kugelförmig bis flach kugelförmig, mitteldicht. Sie hat grünes bis dunkelgrünes Laub, die Anzahl der Ausläufer ist mittel. Bei Barfrost besteht Auswinterungsgefahr. Um die Empfindlichkeit für Wurzelerkrankungen zu umgehen, ist einjähriger Anbau empfehlenswert. Auch der Anbau im Gewächshaus auf künstlichem Nährmedium kann erfolgreich sein.

Blüte, Reifezeit, Ertrag: Die Sorte ist selbstfertil. Sie blüht früh. Die Blüte ist mittelgroß und unter dem Laub bis in Laubhöhe blühend. Die Blütenblätter sind sich berührend bis überlappend. Die Sorte ist einmaltragend und reift mittelfrüh. Ihr Ertrag ist sehr hoch.

Frucht: Die Früchte sind groß, mit 2. Pflücke wenig kleiner werdend. Sie sind kegelförmig, orangerot bis rot, stark glänzend und fest bis sehr fest, mit eingesenkt bis intermediär sitzenden Nüßchen. Das Fruchtfleisch ist leicht ungleichmäßig orangerot. Der Geschmack ist süßsäuerlich mit gutem Aroma. Die Früchte sind gut pflückbar mit Kelch, mittelgut ohne Kelch. Vitamin C-Gehalt 77,8 mg/100 g; 9,1 % lösliche TRS; Säure 0,8 g/100 g.

Erdbeere

Elvira

'Elvira' ist eine säuerlichsüß schmeckende Sorte mit wenig auffälligem Aroma. Sie ist eine mittelfrühe Sorte für den Erwerbsanbau sowie für den Hausgarten. Sie ist nur mäßig anfällig für Fruchtfäule, die Mehltauanfälligkeit ist ebenfalls mäßig. Die Gefahr von Auswinterungsschäden bei Kahlfrost ist mittelhoch. Sie stellt mittlere Bodenansprüche.

Herkunft: 'Elvira' ist eine Kreuzung aus 'Gorella' × 'Vola'. Sie wurde 1967 von H. G. Kronenburg, im früheren IVT Wageningen, Niederlande, gezüchtet. Es besteht Sortenschutz. Seit 1979 im Handel.

Wuchs und Anbau: Die Pflanze ist mittelstark wachsend, flach kugelförmig, locker. Sie hat mittelgrünes Laub, die Anzahl der Ausläufer ist mittelhoch. Die Sorte eignet sich gut zur Ernteverfrühung unter Folie.

Blüte, Reifezeit, Ertrag: 'Elvira' ist selbstfertil, blüht früh bis mittelfrüh. Die Blüte ist mittelgroß und in Laubhöhe bis unter dem Laub blühend, die Blütenblätter überlappen. Die Sorte ist einmaltragend und reift mittelfrüh. Ihr Ertrag ist mittelhoch bis hoch.

Frucht: Die Früchte sind groß, mit 2. Pflücke wenig kleiner werdend. Sie sind kegelförmig, rot, stark glänzend und mittelfest, mit eingesenkt bis intermediär sitzenden Nüßchen. Das Fruchtfleisch ist leicht ungleichmäßig, mittelrot. Der Geschmack ist säuerlichsüß mit mittlerem Aroma. Die Früchte sind gut pflückbar mit Kelch und weniger gut pflückbar ohne Kelch. Die Früchte sind gut zu verarbeiten. Vitamin C-Gehalt 83,8 mg/100 g; 8,6 % lösliche TRS; Säure 0,9 g/100 g.

Festiva

'Festiva' ist eine süßsauer schmeckende Sorte mit gutem Aroma. Sie ist für den Erwerbsanbau, den Frischmarkt, Selbstpflücker und für den Hausgarten geeignet. Sie ist mittelstark bis stark anfällig für Fruchtfäule, stellt aber nur geringe bis mittlere Bodenansprüche.

Herkunft: 'Festiva' ist eine Kreuzung aus 'Famosa' mit einer unbekannten Sorte. Sie wurde von P. Stückrath, Deutsch Evern, 1984 gezüchtet. Es besteht Sortenschutz.

Wuchs und Anbau: Die Pflanze ist mittelstark bis stark wachsend, kugelförmig, mitteldicht bis dicht. Sie hat dunkelgrünes Laub, die Anzahl der Ausläufer ist mittelhoch.

Blüte, Reifezeit, Ertrag: Die Sorte ist selbstfertil. Die Blütezeit von 'Festiva' ist mittelfrüh, ihre Blüten sind mittelgroß bis groß und blühen unter dem Laub bis in Laubhöhe. Die Blütenblätter überlappen. Die Sorte ist einmaltragend und reift mittelspät bis spät. Ihr Ertrag ist mittelhoch.

Frucht: Die Früchte sind groß, mit 2. Pflücke wenig kleiner werdend. Sie sind kegelförmig, dunkelrot, mittelstark bis stark glänzend und fest, mit eingesenkt sitzenden Nüßchen. Das Fruchtfleisch ist gleichmäßig rot, teils mit Höhle, der Geschmack ist süßsauer mit gutem Aroma. Die Früchte sind mittelgut pflückbar mit und ohne Kelch.

Florika

'Florika' ist eine nach Walderdbeeraroma schmeckende mittelfrüh reifende, dekaploide Sorte. Sie ist sehr robust und wuchsstark, ideal für Hausgarten und Selbstpflükker, weniger für den Erwerbsanbau geeignet. Sie ist gering anfällig für Fruchtfäule und Welkekrankheiten und stellt geringe Bodenansprüche. Die Sorte benötigt dadurch nur geringe Pflanzenschutzmaßnahmen. Der Anbau sollte als »Erdbeerwiese« erfolgen.

Herkunft: 'Florika' ist eine F 2-Hybride aus der Kreuzung ('Sparkle' × *Fragaria vesca* var. *semperflorens*) × Klettererdbeere 'Hummi'. Sie wurde in Zusammenarbeit von R. Bauer, Breitbrunn, und dem Lehrstuhl für Obstbau der TU München, Weihenstephan, gezüchtet. Dekaploide Fragaria-vescana-Hybriden entstanden in mehreren Kreuzungsschritten. Im Handel seit 1989. (Sortenschutz).

Wuchs und Anbau: Die Pflanze ist mittelstark bis stark wachsend, kugelförmig, mitteldicht bis dicht. Sie hat dunkelgrünes Laub. Die Anzahl der Ausläufer ist groß und flächendeckend. Der Anbau als »Erdbeerwiese« kann problemlos über 6 bis 8 Jahre ohne Neupflanzung erfolgen.

Blüte, Reifezeit, Ertrag: Die Sorte ist selbstfertil. 'Florika' ist eine früh bis mittelfrüh blühende Sorte mit mittelgroßen Blüten, die in Laubhöhe und oft über dem Laub blühen, die Blütenblätter überlappen. Die Sorte ist einmaltragend und reift mittelfrüh. Der Ertrag ist mittelhoch.

Frucht: Die Früchte sind mittelgroß, mit 2. Pflücke wenig kleiner werdend. Sie sind rundlich bis kegelförmig, leuchtend rot, mäßig glänzend und mittelfest bis weich, die Nüßchen sitzen eingesenkt bis intermediär. Das Fruchtfleisch ist leicht ungleichmäßig orangerot, der Geschmack ist süßlich und aromatisch mit Walderdbeeraroma. Ein Vorteil ist, daß die Früchte leicht ohne Kelch pflückbar sind. Vitamin C-Gehalt 62,5 mg/100 g; 9,1% lösliche TRS; Säure 0,9 g/100 g.

Fratina

'Fratina' ist eine Sorte mit mittelgroßen, weitgehend gleichzeitig reifenden Früchten, die in zwei Erntedurchgängen abgeerntet werden können. Ihre hohe Widerstandsfähigkeit gegenüber *Botrytis* und Blattkrankheiten, die festen Früchte und die gute Verarbeitungseignung aufgrund hoher Fruchtqualität machen die Sorte gut für maschinelle Ernteverfahren geeignet. Für das Pflücken von Hand ist sie nur für Haus- und Kleingärten zu empfehlen.

Herkunft: Züchtung des Instituts für Obstforschung Dresden-Pillnitz (H. Murawski, M. Ulrich) speziell für maschinelle Ernte, aus einer Kreuzung 'Valentin' × 'Senga Sengana'. Im Handel seit 1976.

Wuchs und Anbaueignung: Die Pflanze wächst stark und bildet willig Ausläufer. Die aufrecht wachsenden Hochbüsche erleichtern die maschinelle Ernte. Die Pflanzen tolerieren den Totalschnitt zur Ernte ohne Ertragseinbußen im Folgejahr. Die Sorte ist anspruchslos und wegen ihrer Trocken-heitsresistenz auch besonders für leichtere Böden geeignet.

Blüte, Reifezeit, Ertrag: Die Sorte ist selbstfertil. 'Fratina' blüht früh, ist daher etwas blütenfrostgefährdet, die Reifezeit ist früh bis mittelfrüh. Der Ertrag der einmaltragenden Sorte ist hoch bis sehr hoch und liegt über 'Senga Sengana'. Je nach Witterung und Standortverhältnissen können 65–80% der Früchte gleichzeitig geerntet werden. Optimal ist ein Handerntedurchgang vor maschineller Totalernte. Sandige Böden fördern die konzentrierte Fruchtreife.

Frucht und Verwertung: Die Frucht ist mittelgroß, Erstlingsfrüchte sind etwas größer. Vollreife Früchte sind dunkelrot, stark glänzend, herz- bis kegelförmig mit aufsitzendem Kelch, der sich leicht lösen läßt. Das Fruchtfleisch ist relativ fest, fein süß-säuerlich mit kräftigem Erdbeeraroma. Die dunkelfleischigen Früchte sind sehr gut für alle Verwertungs- und Konservierungsverfahren geeignet, insbesondere für Gefrierkonservierung.

Erdbeere

Gerida

'Gerida' ist eine Sorte mit sehr hohem Ertrag an festen und attraktiven Früchten. Damit eignet sie sich besonders für den Erwerbsanbau und die Vermarktung über den Großhandel. Sie ist widerstandsfähig gegenüber Wurzel- und Rhizomkrankheiten und eignet sich für den Anbau auf schweren Böden. Befall mit echtem Mehltau und Wurzelfäule muß kontrolliert werden.

Herkunft: Züchtung von G. Spiegler in der Häberli Obst- und Beerenobstzentrum AG, Neukirch-Egnach, Schweiz aus der Kreuzung 'Elvira' × 'Elsanta'. Im Handel seit 1990, Sortenschutz seit 1994.

Wuchs- und Anbaueignung: Die Pflanze hat einen mitteldichten Aufbau, kräftigen Wuchs und eine starke Ausläuferbildung. 'Gerida' blüht unter dem Laub. Die Fruchtstände sind relativ kurz. Die Pflückleistung ist sehr gut aufgrund der leicht brechenden Stiele und der festen Früchte. Die Düngung sollte aufgrund des starken Wuchses reduziert werden.

Blüte, Reifezeit, Ertrag: Die Sorte ist selbstfertil. 'Gerida' blüht mittelfrüh, die Reifezeit ist mittelspät, ca. 5 bis 7 Tage nach 'Elsanta'. Der Ertrag ist hoch bis sehr hoch.

Frucht: Die Früchte sind groß, kegelförmig, mittelrot, stark glänzend und gut haltbar. Das Fruchtfleisch ist fest bis sehr fest, hell, fein süßsäuerlich mit gutem Geschmack. Die Früchte eignen sich vor allem zum Frischverzehr.

Erdbeere

Havelland

'Havelland' ist eine säuerlich-süß schmekkende, großfrüchtige helle Sorte mit weiter
Anbaubreite für Haus- und Siedlergärten
und Liebhaber. Sie ist nur gering anfällig für
Mehltau und Grauschimmel.

Herkunft: Züchtung von H. Murawski am
Institut für Obstforschung Dresden-Pillnitz,
aus einer Kreuzung 'Müncheberger Frühe' ×
'Georg Soltwedel'. Im Handel seit 1971.

Wuchs und Anbaueignung: Stark wachsend, breit fallende Hochbüsche bildend.
Laubmahd nach der Ernte wirkt sich negativ auf den Folgeertrag aus. Ausläuferbildung erfolgt sehr reichlich. Sie gedeiht auf
allen Böden mit guter Nährstoffversorgung,
wobei die Fruchtfestigkeit auf leichteren
Böden besser ist.

Blüte, Reifezeit, Ertrag: Die Sorte ist
selbstfertil. Sie blüht mittelfrüh, die Reifezeit ist ebenso mittelfrüh (etwa eine Woche
vor 'Senga Sengana'). Der Ertrag ist mittelhoch, was aber durch Großfrüchtigkeit kom-
pensiert wird.

Frucht und Verwertung: Großfrüchtige
Sorte, die auch im 2. Erntejahr noch gute
Erträge bringt. Sie ist sehr gut pflückbar.
Die Früchte sind fast zylindrisch, mitunter
etwas kantig und unregelmäßig. Der Kelch
sitzt bei den meisten Früchten auf und ist
leicht zu lösen. Die Fruchtfarbe ist hell- bis
mittelrot, das Fruchtfleisch ist rot. Reife
Früchte sind weich, sehr saftig und fein aromatisch, sie sind für Frischverzehr und Verarbeitung, nicht aber für Gefrierkonservierung geeignet.

Erdbeere

Honeoye

'Honeoye' ist eine säuerlich schmeckende, sehr dunkle Frühsorte. Sie ist für den Hausgarten und den Erwerbsanbau geeignet. Sie ist anfällig für Welkekrankheiten und stellt mittlere bis hohe Bodenansprüche.

Herkunft: 'Honeoye' ist eine Kreuzung aus 'Tamella' × 'Induka'. Die Sorte wurde in den USA 1985 gezüchtet.

Wuchs und Anbau: Die Pflanze ist mittelstark bis stark wachsend, kugelförmig bis flach kugelförmig, mitteldicht. Sie hat mittelgrünes bis dunkelgrünes Laub, die Anzahl der Ausläufer ist mittelgroß.

Blüte, Reifezeit, Ertrag: Die Sorte ist selbstfertil. 'Honeoye' blüht früh. Die Blüte ist groß und unter dem Laub blühend, die Blütenblätter überlappen. Die Sorte ist einmaltragend und reift früh. Der Ertrag ist mittelhoch bis hoch.

Frucht: Die Früchte sind mittelgroß bis groß, mit der 2. Pflücke wenig kleiner werdend. Sie sind kegelförmig, dunkelpurpurrot, mittelstark bis stark glänzend und mittelfest, mit eingesenkten Nüßchen. Das Fruchtfleisch ist dunkelorangerot, der Geschmack ist säuerlich, wenig süß, aber aromatisch. Die Früchte sind gut pflückbar mit Kelch, weniger gut ohne Kelch. Vitamin C-Gehalt 59,0 mg/100 g; 7,5% lösliche TRS; Säure 1,0 g/100 g.

Erdbeere

Kent

'Kent' ist eine süßsäuerlich, angenehm schmeckende, aromatische Sorte. Sie ist für den Erwerbsanbau, den Frischmarkt und für den Hausgarten geeignet. Sie ist mäßig stark anfällig für Fruchtfäule und stellt geringe bis mittlere Bodenansprüche. Verschiedene Typen von 'Kent' sind in der Vermehrung vorhanden, so daß hier auf Sortenechtheit geachtet werden muß.

Herkunft: 'Kent' stammt aus Kanada, gezüchtet etwa 1985.

Wuchs und Anbau: Die Pflanze ist stark wachsend, kugelförmig, mitteldicht, sie hat dunkelgrünes Laub, die Anzahl der Ausläufer ist mittel bis hoch.

Blüten, Reifezeit, Ertrag: Die Sorte ist selbstfertil, mittelfrüh blühend, hat mittelgroße bis große Blüten und blüht unter dem Laub bis in Laubhöhe. Die Blütenblätter überlappen. Die Sorte ist einmaltragend und reift früh. Der Ertrag ist hoch.

Frucht: Die Früchte sind groß, mit 2. Pflücke wenig kleiner werdend. Sie sind kegelförmig, leuchtend rot, stark glänzend und fest, der Nüßchensitz ist intermediär bis aufsitzend. Das Fruchtfleisch ist etwas uneinheitlich orangerot, der Geschmack der Sorte ist angenehm mit süßsäuerlichem Aroma. Die Früchte sind leicht mit Kelch und mäßig gut ohne Kelch pflückbar; am Kelch bleibt die Sorte gelegentlich weißlich. Vitamin C-Gehalt 43,5 mg/100 g; lösliche TRS 8,6%; Säure 0,7 g/100 g.

Erdbeere

Korona

'Korona' ist eine säuerlichsüß, befriedigend schmeckende, aber sehr ertragreiche Sorte. Sie ist eine wichtige Sorte für den Erwerbsanbau, den Frischmarkt und den Hausgarten. 'Korona' ist stark anfällig für Fruchtfäule und etwas für Mehltau, stellt aber nur geringe bis mittlere Bodenansprüche.

Herkunft: 'Korona' ist eine Kreuzung aus 'Tamella' × 'Induka'. Sie wurde von L.M. Wassenaar im früheren I.V.T., Wageningen, Niederlande, gezüchtet. Die Sorte ist seit 1972 im Handel. Es besteht Sortenschutz.

Wuchs und Anbau: Die Pflanze ist mittelstark bis stark wachsend, kugelförmig, mitteldicht. Sie hat mittelgrünes bis dunkelgrünes Laub. Die Anzahl der Ausläufer ist mittelgroß bis groß.

Blüte, Reifezeit, Ertrag: Die Sorte ist selbstfertil. 'Korona' blüht mittelfrüh. Die Blüte ist mittelgroß bis groß und in Laubhöhe blühend. Die Sorte ist einmaltragend und reift mittelfrüh, die Reifeperiode ist ungewöhnlich lang. Der Ertrag ist hoch bis sehr hoch.

Frucht: Die Früchte sind mittelgroß bis groß, mit 2. Pflücke zunehmend kleiner werdend. Sie sind kegelförmig, mittelrot, mittelstark glänzend und mittelfest bis fest, mit eingesenkt sitzenden Nüßchen. Das Fruchtfleisch ist einheitlich orangerot. Die Früchte sind gut mit Kelch und schwer ohne Kelch pflückbar. Die Früchte sind wenig druckempfindlich, gut für Verarbeitung zu Konfitüre, weniger gut für Steril- und Gefrierkonservierung geeignet. Vitamin C-Gehalt 45,7 mg/100 g; 8,1% lösliche TRS; Säure 0,7 g/100 g.

Erdbeere

Laroma

'Laroma' ist eine süßsäuerlich schmeckende ertragreiche Sorte für den Erwerbsanbau, den Frischmarkt und den Hausgarten. Sie ist mittelstark anfällig für Fruchtfäule und stellt nur geringe bis mittlere Bodenansprüche.

Herkunft: Die Abstammung von 'Laroma' ist nicht bekannt. Sie wurde um 1985 gezüchtet von H.P. Stückrath, Deutsch Evern. Es besteht Sortenschutz.

Wuchs und Anbau: Die Pflanze ist mittelstark bis stark wachsend, kugelförmig, mitteldicht. Sie hat mittelgrünes Laub, die Anzahl der Ausläufer ist mittelgroß bis groß.

Blüte, Reifezeit, Ernte: 'Laroma' ist selbstfertil und blüht mittelfrüh. Die Blüte ist mittelgroß und in Laubhöhe blühend. Die Bütenblätter überlappen. Die Sorte ist einmaltragend und reift spät. Der Ertrag ist hoch.

Frucht: Die Früchte sind groß, mit 2. Pflücke wenig kleiner werdend. Sie sind kegelförmig, gleichmäßig dunkelpurpurrot gefärbt, mittelstark bis stark glänzend und mittelfest, mit eingesenkt sitzenden Nüßchen. Das Fruchtfleisch ist gleichmäßig dunkelrot, der Geschmack ist süßsäuerlich aromatisch. Die Früchte sind gut mit und ohne Kelch pflückbar. Vitamin C-Gehalt 50,3 mg/100 g; 8,2 % lösliche TRS; Säure 0,8 g/100 g.

Erdbeere

Mars

'Mars' ist eine süßsäuerlich schmeckende, mittelspäte Sorte mit mittlerem bis hohem Ertrag, die sich für den Erwerbsanbau, den Frischmarkt und den Hausgarten eignet. Sie ist mittelmäßig anfällig für Fruchtfäule und stellt geringe Bodenansprüche. Aufgrund ihres starken Wuchses benötigt sie einen weiten Pflanzenabstand.

Herkunft: 'Mars' ist eine Kreuzung aus 'Orion' × 'Nr. 83/68'. Sie wurde von H. Frantz, Röhrmoos, um 1985 gezüchtet. Es besteht Sortenschutz.

Wuchs und Anbau: Die Pflanze ist stark bis sehr stark wachsend, hat einen kugelförmigen Wuchs und ist mitteldicht. Sie hat mittelgrünes Laub, die Anzahl der Ausläufer ist mittelgroß bis groß.

Blüte, Reifezeit, Ertrag: 'Mars' ist selbstfertil und blüht früh. Die Blüte ist groß, die Blütenblätter überlappen sich. Die Sorte blüht unter dem Laub bis in Laubhöhe. Sie ist einmaltragend und reift mittelspät. Der Ertrag ist mittelhoch bis hoch.

Frucht: Die Früchte sind groß bis sehr groß, gelegentlich gerieft und mit 2. Pflücke wenig kleiner werdend. Sie sind kegelförmig, purpurrot, mittelstark glänzend und fest, mit eingesenkten bis intermediär sitzenden Nüßchen. Das Fruchtfleisch ist mittelrot, der Geschmack ist süßsäuerlich mit gutem Aroma. Die Früchte sind gut greifbar, sie sind nicht allzuschwer mit Kelch und schwer ohne Kelch zu pflücken. Vitamin C-Gehalt 63,5 mg/100 g; 8,8% lösliche TRS; Säure 1,0 g/100 g.

Erdbeere

Mieze Schindler

'Mieze Schindler' ist eine süßsäuerlich schmeckende, altbekannte Liebhabersorte. Sie ist für den Hausgarten und dort überwiegend für den Frischverzehr geeignet. Bei Trockenheit ist Bewässerung notwendig. Sie ist mittelstark bis stark anfällig für Fruchtfäule und stellt geringe Bodenansprüche. Aufgrund ihres hervorragenden Geschmacks wird sie trotz der geringen Ertragsleistung immer wieder angebaut.

Herkunft: 'Mieze Schindler' ist eine Kreuzung aus 'Lucida Perfecta' × 'Johannes Müller', gezüchtet 1925 von O. Schindler, Dresden-Pillnitz.

Wuchs und Anbau: Die Pflanze ist mittelstark wachsend, hat einen flach kugelförmigen Wuchs, ist locker bis mitteldicht, sie hat dunkelgrünes Laub, die Anzahl der Ausläufer ist hoch.

Blüte, Reifezeit, Ertrag: Mittlere Blühzeit, die Blüte ist mittelgroß, die Blütenblätter überlappen sich. Sie blüht über dem Laub. 'Mieze Schindler' ist eine rein weibliche Sorte, deswegen ist eine Befruchtersorte notwendig. Die Sorte ist einmaltragend und reift mittel bis spät. Der Ertrag ist gering bis höchstens mittelhoch.

Frucht: Die Früchte sind klein bis mittelgroß, mit 2. Pflücke deutlich kleiner werdend. Sie sind nierenförmig, teils rundlich bis kegelförmig, dunkelpurpur glänzend und weich, mit eingesenkten Nüßchen. Das Fruchtfleisch ist weißlichrosa, der Geschmack der Sorte ist süßsäuerlich mit hervorragendem Aroma (Walderdbeeraroma). Die Fruchtstände sind freiliegend, die Früchte sind sehr druckempfindlich. Vitamin C-Gehalt 68,8 mg/100 g; 9,5 % lösliche TRS; Säure 0,7 g/100 g.

Erdbeere

Mrak

'Mrak' ist eine remontierende, ertragreiche, kräftig süßsäuerlich schmeckende Frühsorte. Sie ist für den Hausgarten und für den Erwerbsanbau geeignet. Sie ist für Fruchtfäule mittel bis stark anfällig und stellt relativ hohe Bodenansprüche.

Herkunft: 'Mrak' ist eine Kreuzung aus 'Hecker' × 'Aiko'. Sie wurde von R.S. Bringhurst, University of California, Berkeley, USA, um 1977 gezüchtet. Es besteht Sortenschutz.

Wuchs und Anbau: Die Pflanze ist mittelstark bis stark wachsend, hat einen flachen kugelförmigen Wuchs und ist mitteldicht. Sie hat mittelgrünes bis dunkelgrünes Laub, die Anzahl der Ausläufer ist mittelhoch bis hoch.

Blüte, Reifezeit, Ertrag: Die Sorte ist selbstfertil. Die Blüte der frühblühenden Sorte ist mittelgroß bis groß, die Blütenblätter überlappen sich. Die Sorte ist zeitig remontierend und reift in der 1. Ernte früh. Der Ertrag ist hoch.

Frucht: Die Früchte sind groß, mit 2. Pflücke etwas kleiner werdend. Sie sind kegelförmig, orangerot, mittelstark glänzend und fest, haltbar, mit eingesenkten bis intermediären Nüßchen. Das Fruchtfleisch ist gleichmäßig orangerot. Der Geschmack ist kräftig süßsäuerlich und mit angenehmem Aroma. Die Früchte haben einen dünnen Stiel, sind leicht mit Kelch pflückbar und sind frei liegend. Vitamin C-Gehalt 69,1 mg/100 g; 8,5% lösliche TRS; Säure 0,8 g/100 g.

Erdbeere

Muir

'Muir' ist eine kräftig süßsäuerlich schmekkende, ertragreiche remontierende Sorte.
Sie ist für den Erwerbsanbau und Hausgarten geeignet. Sie ist mittelstark bis stark
anfällig für Fruchtfäule und stellt mittlere
bis hohe Bodenansprüche.

Herkunft: 'Muir' ist eine Kreuzung aus
'Klon 70.3–117' × 'Klon 71.98–605'. Sie
wurde 1977 von R.S. Bringhurst, University
of California, Berkeley, USA, gezüchtet. Es
besteht Sortenschutz.

Wuchs und Anbau: Die Pflanze ist mittelstark bis stark wachsend, hat einen flach
kugelförmigen Wuchs und ist mitteldicht.
Sie hat mittelgrünes bis dunkelgrünes
Laub, die Anzahl der Ausläufer ist mittelhoch bis hoch.

Blüte, Reifezeit, Ertrag: Die Sorte ist
selbstfertil. Die Blüte der frühblühenden
Sorte ist groß, die Blütenblätter überlappen
sich. Sie blüht in Laubhöhe. Die Sorte ist
früh bis mittelspät remontierend und reift
in der 1. Ernte früh bis mittelfrüh. Der Ertrag der ersten Ernte ist hoch, der der zweiten mittelhoch.

Frucht: Die Früchte sind groß, mit
2. Pflücke wenig kleiner werdend. Sie sind
kegelförmig, orangerot bis rot, stark glänzend, fest und haltbar, mit intermediär sitzenden Nüßchen. Das Fruchtfleisch ist
gleichmäßig mittelrot, der Geschmack ist
kräftig süßsäuerlich und angenehm aromatisch. Die Früchte sind schlecht pflückbar
mit Kelch und schwer abknickbar. Die
Früchte sind freiliegend. Vitamin C-Gehalt
59,4 mg/100 g; 7,5% lösliche TRS; Säure
0,6 g/100 g.

Erdbeere

Nordika

'Nordika' ist eine säuerlichsüß schmekkende Frühsorte für den Erwerbsanbau und
Hausgarten. Sie ist mittelstark anfällig für
Fruchtfäule und stellt mittlere bis hohe Bodenansprüche.

Herkunft: 'Nordika' ist eine Kreuzung aus
('Senga Sengana' × 'Velentine' / = 'Glima') ×
'Belrubi'. Sie wurde 1982 von H.J. Kaack,
Fuhlendorf, gezüchtet. Es besteht Sorten-
schutz.

Wuchs und Anbau: Die Pflanze ist mittelstark wachsend, kugelförmig bis flach kugelförmig und mitteldicht. Sie hat dunkelgrünes Laub, die Anzahl der Ausläufer ist mittelhoch.

Blüte, Reifezeit, Ertrag: Die Sorte ist
selbstfertil. 'Nordika' blüht sehr früh und
ist daher etwas blütenfrostgefährdet. Die
Blüte ist mittelgroß bis groß und in Laubhöhe bis über dem Laub blühend. Die Blütenblätter überlappen. Die Sorte ist einmaltragend und reift früh. Der Ertrag ist mittelhoch bis hoch.

Frucht: Die Früchte sind mittelgroß bis
groß, mit 2. Pflücke etwas kleiner werdend.
Sie sind kegelförmig, leuchtend rot, mittel
bis stark glänzend, fest, mit eingesenkt bis
intermediär sitzenden Nüßchen. Das
Fruchtfleisch ist leicht unregelmäßig orangerot. Der Geschmack ist säuerlichsüß und
aromatisch. Die Früchte sind gut pflückbar
mit Kelch und mittelgut bis gut pflückbar
ohne Kelch. Die Früchte liegen frei und sind
gut greifbar. Vitamin C-Gehalt 54,3 mg/
100 g; 9,1% lösliche TRS; Säure 0,9 g/100 g.

Erdbeere

Pandora

'Pandora' ist eine süßsäuerlich schmekkende Spätsorte. Sie ist für den Erwerbsanbau und für den Hausgarten geeignet. Sie ist empfindlich für Nässe und stark anfällig für Fruchtfäule und stellt mittlere Bodenansprüche.

Herkunft: 'Pandora' ist eine Kreuzung aus 'Klon JI 5967' × 'Merton Dawn'. Sie wurde 1983 vom Institute of Horticultural Research International, Warwick, England, gezüchtet. Es besteht Sortenschutz.

Wuchs und Anbau: Die Pflanze ist stark wachsend, kugelförmig, dicht, etwas sperrig, die Laubfarbe ist dunkelgrün. Die Anzahl der Ausläufer ist mittelhoch.

Blüte, Reifezeit, Ertrag: 'Pandora' blüht sehr spät. Die Blüte ist groß und unter dem Laub blühend. Die Blütenblätter überlappen. Die Sorte hat rein weibliche Blüten, deswegen ist eine spät blühende Befruchtersorte notwendig. Sie ist einmaltragend und reift sehr spät. Der Ertrag ist mittelhoch bis hoch.

Frucht: Die Früchte sind groß, mit der 2. Pflücke wenig kleiner werdend. Sie sind kegelförmig, orange bis mittelrot, mittelstark glänzend und fest, mit eingesenkt sitzenden Nüßchen. Das Fruchtfleisch ist gleichmäßig orangerot, der Geschmack ist säuerlichsüß und aromatisch. Die Früchte sind sperrig übereinanderliegend und schwer zu pflücken. Vitamin C-Gehalt 73,6 mg/100 g; 8,2% lösliche TRS; Säure 1,0 g/100 g.

Erdbeere

Polka

'Polka' ist eine süß bis süßsäuerlich schmeckende Sorte. Sie ist für den Erwerbsanbau und Hausgarten geeignet. Sie ist anfällig für Fruchtfäule und Welkekrankheiten und stellt mittlere Bodenansprüche. Sie benötigt genügend Feuchtigkeit während der Blüte und Ernte. Vorteilhaft ist, daß in der Regel mehrere Früchte pro Fruchtstand gleichzeitig reifen.

Herkunft: 'Polka' ist eine Kreuzung aus 'Iduka' × 'Sivetta'. Sie wurde 1980 von L. M. Wassenaar im früheren IVT Wageningen, Niederlande, gezüchtet. Es besteht Sortenschutz.

Wuchs und Anbau: Die Pflanze ist stark wachsend, kugelförmig bis flach kugelförmig, mitteldicht. Sie hat mittelgrünes Laub. Die Anzahl der Ausläufer ist mittelhoch bis hoch.

Blüte, Reifezeit, Ertrag: Die Sorte ist selbstfertil. Die mittelspät bis spät erblühenden Blüten sind mittelgroß und in Laubhöhe bis unter dem Laub blühend, die Blütenblätter sind überlappend. Die Sorte ist einmaltragend und reift mittelspät. Ihr Ertrag ist hoch.

Frucht: Die Früchte sind mittelgroß, ab 2. Pflücke zunehmend kleiner werdend. Sie sind kegelförmig, rot bis purpurrot, mittelstark bis stark glänzend und fest, mit eingesenkt bis intermediärem Nüßchensitz. Das Fruchtfleisch ist gleichmäßig mittelrot durchgefärbt. Der Geschmack ist süß bis süßsäuerlich mit gutem Aroma. Die Früchte sind leicht bis mittelschwer pflückbar und leicht zu entkelchen. Bei günstiger Witterung sind die Früchte gut an der Pflanze haltbar. Vitamin C-Gehalt 48,2 mg/100 g; 8,5 % lösliche TRS; Säure 0,8 g/100 g.

Erdbeere

Rapella

'Rapella' ist eine süßsäuerlich schmekkende, remontierende Sorte für den Er-
werbsbanbau und für den Hausgarten. Sie
kann auch in Ampeln, Kübeln und Balkon-
kästen gepflanzt werden. Die Sorte ist nur
mittelmäßig anfällig für Fruchtfäule, aber
Vertcillium-anfällig. Sie stellt geringe bis
mittlere Bodenansprüche.

Herkunft: 'Rapella' ist eine Kreuzung aus
'Tioga' × 'Rapunda'. Sie wurde von
L. M. Wassenaar, im früheren IVT Wage-
ningen, Niederlande, gezüchtet. Es besteht
Sortenschutz.

Wuchs und Anbau: Die Pflanze ist mittelstark bis stark wachsend, flach kugelförmig,
mitteldicht. Sie hat mittelgrünes bis dunkelgrünes Laub. Die Anzahl der Ausläufer
ist mittelhoch.

Blüte, Reifezeit, Ertrag: Die Sorte ist
selbstfertil. Die sehr früh erblühenden Blüten sind mittelgroß und unter dem Laub bis
in Laubhöhe blühend. Die Sorte reift in der
1. Ernte früh und in der 2. Ernte mittelfrüh.

Der Ertrag der 1. Ernte ist mittelhoch, der
Ertrag der 2. Ernte liegt meist etwas über
dem der ersten Ernte.

Frucht: Die Früchte sind mittelgroß bis
groß, mit 2. Pflücke etwas kleiner werdend.
Sie sind kegelförmig, leuchtend rot, mittelstark bis stark glänzend und mittelfest bis
fest, die Nüßchen sitzen intermediär. Das
Fruchtfleisch ist etwas uneinheitlich orangerot. Der Geschmack ist süßsäuerlich aromatisch. Die Früchte sind mittelgut mit
Kelch und ohne Kelch pflückbar. Sie sind
gut greifbar. Vitamin C-Gehalt 49,2 mg/
100 g;   10,2 %   lösliche   TRS;   Säure
0,5 g/100 g.

Erdbeere

Rosella

'Rosella' ist eine süßsäuerlich schmeckende Sorte für den Erwerbsanbau, den Hausgarten und den Frischmarkt. Sie ist mittelstark bis stark anfällig für Fruchtfäule. Sie stellt geringe Bodenansprüche.

Herkunft: Bei 'Rosella' ist die Abstammung nicht bekannt. Sie wurde 1985 von P. Stückrath, Deutsch Evern, gezüchtet. Es besteht Sortenschutz.

Wuchs und Anbau: Die Pflanze ist mittelstark bis stark wachsend, kugelförmig, dicht. Sie hat auffallend dunkelgrünes Laub. Die Anzahl der Ausläufer ist groß.

Blüte, Reifezeit, Ertrag: Die Sorte ist selbstfertil, blüht sehr früh und ist dadurch etwas spätfrostgefährdet. Die Blüte ist mittelgroß und unter dem Laub blühend. Die Sorte ist einmaltragend und reift früh bis mittelfrüh. Der Ertrag ist mittelhoch bis hoch.

Frucht: Die Früchte sind mittelgroß bis groß, ab der 2. Pflücke wenig kleiner werdend. Sie sind kegelförmig, gleichmäßig rot gefärbt, stark glänzend und fest, die Nüßchen sind eingesenkt bis intermediär. Das Fruchtfleisch ist mittelrot gefärbt. Der Geschmack ist süßsäuerlich mit gutem Aroma. Die Früchte sind gut mit Kelch und schwer ohne Kelch pflückbar. Vitamin C-Gehalt 46,8 mg/100 g; 8,9% lösliche TRS; Säure 0,9 g/100 g.

Senga Sengana

'Senga Sengana' ist eine süßsäuerlich schmeckende, altbekannte Sorte, die sowohl für den Erwerbsanbau als auch für den Hausgarten geeignet ist. Sie ist immer noch weit verbreitet, obwohl sie hoch anfällig für Fruchtfäule ist, sie stellt aber keine besonderen Bodenansprüche und ist sehr widerstandsfähig gegen Trockenheit. Auch gegen andere Krankheiten, wie *Verticillium*welke oder Mehltau, ist die Sorte recht widerstandsfähig. Das erklärt u.a. ihre absolute Spitzenstellung unter den Erdbeersorten der 60er und 70er Jahre. Für Selbstpflücker heute immer noch eine interessante Sorte.

Herkunft: 'Senga Sengana' ist eine Kreuzung aus 'Markee' × 'Sieger'. Sie wurde gezüchtet von R. von Sengbusch, Hamburg. Die Sorte ist seit 1952 im Handel.

Wuchs und Anbau: Die Pflanze ist stark wachsend, flach kugelförmig, dicht. Sie hat dunkelgrünes Laub. Die Anzahl der Ausläufer ist mittelgroß bis groß. Sie toleriert relativ hohe Dosen an Herbiziden.

Blüte, Reifezeit, Ertrag: Die Sorte ist selbstfertil. Die Blütezeit ist mittelspät bis spät. Ihre Blüten sind mittelgroß und unter dem Laub blühend. Die Sorte ist einmaltragend und reift mittelfrüh. Der Ertrag ist hoch, mit längerer Standzeit abnehmend.

Frucht: Die Früchte sind mittelgroß, mit 2. Pflücke zunehmend kleiner werdend. Sie sind kegelförmig, purpurrot glänzend und mittelfest bis fest, mit eingesenkten Nüßchen. Das Fruchtfleisch ist leicht ungleichmäßig orangerot bis dunkelrot. Der Geschmack ist süßsäuerlich und je nach Witterung mittelgut bis gut. Das Aroma ist je nach Reifezustand weniger oder mehr ausgeprägt. Die Früchte sind mittelgut bis gut mit Kelch und schwerer ohne Kelch pflückbar. Sie sind hervorragend für alle Arten der Verwertung geeignet. Vitamin C-Gehalt 51,5 mg/100 g; 7,8% lösliche TRS; Säure 0,9 g/100 g.

Erdbeere

Tenira

'Tenira' ist eine wertvolle, säuerlichsüß schmeckende, ertragreiche Sorte für den Erwerbsanbau und Hausgarten. Sie ist mittelmäßig anfällig für Fruchtfäule und stellt geringe bis mittlere Bodenansprüche. Die Sorte ist relativ robust und widerstandsfähig gegen andere Erkrankungen. Vorteilhaft ist ihre relativ gleichzeitige Fruchtreife.

Herkunft: 'Tenira' ist eine Kreuzung aus 'Red Gauntlet' × 'Gorella'. Sie wurde von L. M. Wassenaar und H. G. Kronenberg im früheren IVT Wageningen, Niederlande, gezüchtet. Es besteht Sortenschutz. 'Tenira' ist seit 1973 im Handel.

Wuchs und Anbau: Die Pflanze ist mittelstark bis stark wachsend, flach kugelförmig, mitteldicht bis dicht. Sie hat mittelgrünes Laub. Die Anzahl der Ausläufer ist mittelhoch. Auf Befall mit Roter Spinne muß geachtet werden.

Blüte, Reifezeit, Ertrag: Die Sorte ist selbstfertil. 'Tenira' blüht mittelfrüh. Die Blüte ist mittelgroß bis groß und blüht in Laubhöhe, oft auch über dem Laub. Die Sorte ist einmaltragend und reift mittelfrüh. Der Ertrag ist mittelhoch bis hoch.

Frucht: Die Früchte sind mittelgroß bis groß, werden aber ab der 2. Pflücke etwas kleiner. Sie sind kegelförmig, orangerot bis rot, stark glänzend und fest, mit eingesenktem bis intermediärem Nüßchensitz. Das Fruchtfleisch ist ungleichmäßig orangerot. Der Geschmack ist säuerlichsüß mit gutem Aroma. Die Früchte sind leicht mit Kelch pflückbar, jedoch schwer entkelchbar. Sie neigen gelegentlich zur Bildung weißer Spitzen. 'Tenira' ist eine gute Verarbeitungssorte. Vitamin C-Gehalt 61,3 mg/100 g; 8,6 % lösliche TRS; Säure 0,8 g/100 g.

Erdbeere

Thuriga

'Thuriga' ist eine Sorte, die sich durch besonders große Früchte und sehr guten Geschmack auszeichnet. Sie ist aufgrund ihrer Robustheit und ihrem ansprechenden Geschmack für den Anbau im Hausgarten, für Erwerbsanbau mit Direktvermarktung und Selbstpflücker zu empfehlen.

Herkunft: Züchtung von G. Spiegler der Häberli Obst- und Beerenzentrum AG Neukirch-Egnach, Schweiz, aus der Kreuzung 'Belrubi' × 'Maxim'. Sie ist seit 1991 im Handel, es besteht Sortenschutz seit 1994.

Wuchs und Anbaueignung: Die Pflanze ist locker im Aufbau, aber kräftig im Wuchs. Sie bestockt sich nicht stark und ist deshalb gut für den zwei- und mehrjährigen Anbau geeignet. Da sie relativ wenige, aber kräftige lange Blütenstände bildet, ist eine frühzeitige Pflanzung in der ersten Augusthälfte erforderlich. Auch auf schweren Böden zeigt sich 'Thuriga' wenig anfällig für Wurzel- und Rhizomkrankheiten. Ein Auftreten des Blütenstechers muß gut kontrolliert werden.

Blüte, Reifezeit, Ertrag: Die Sorte ist selbstfertil. Sie blüht mittelfrüh, ihre Reifezeit ist mittelspät, etwa 5 Tage nach 'Elsanta'. Der Ertrag ist mittelhoch bis hoch.

Frucht: Die Frucht ist groß, gleichmäßig geformt, dunkelrot und stark glänzend. Das Fleisch ist gleichmäßig dunkelrot und sehr fest, die Früchte sind dadurch sehr gut haltbar. Der Geschmack ist säuerlich süß mit ansprechendem Aroma. Die Früchte sind sowohl für Frischverzehr als auch für die Verwertung und Konservierung geeignet.

　　　　　　　　　　　　Erdbeere

Achilles

'Achilles' ist eine rote, gut schmeckende ertragreiche Sorte, die sowohl für den Frischmarkt wie den Erwerbsanbau und für den Hausgarten geeignet ist. Sie ist mittelstark anfällig für Mehltau und gering bis mittelmäßig anfällig für Blattfallkrankheiten.

Herkunft: Die Herkunft von 'Achilles' ist unbekannt.

Wuchs und Anbau: Die Pflanze ist früh austreibend, mittelstark bis stark wachsend, die Büsche werden mitteldicht. Der Trieb ist halbaufrecht und mittelmäßig bestachelt. Die Fruchttriebe sind überhängend.

Reifezeit, Ertrag: Die Reifezeit der Sorte ist mittelspät bis spät. Der Ertrag ist mittelhoch bis hoch.

Frucht: Die Früchte sind groß bis sehr groß, kugelig bis elliptisch, rot, ausgereift werden sie schön dunkelrot. Sie sind fest, nicht bereift, gering behaart mit einzelnen Borsten. Die Beeren sind am Strauch sehr lange haltbar. Ihre Süße ist stark, die Säure gering. Sie schmecken leicht aromatisch. Der Geschmack ist gut, jedoch ist die Schale etwas nachschmeckend. Die Schale ist fest. Negativ ist die starke Neigung zum Platzen. Vitamin C-Gehalt 38,9 mg/100 g; Säure 2,5 g/100 g.

Stachelbeeren sind alle selbstfertil. Guter Bienenflug ist für ausreichenden Fruchtansatz notwendig. Fremdbestäubung bringt in jedem Falle besseren Fruchtansatz. Das gilt gleichermaßen für alle Stachelbeersorten.

Stachelbeere

Grüne Kugel

'Grüne Kugel' ist eine grüne, gut schmekkende, ertragreiche Sorte für den Frischmarkt und den Hausgarten. Sie ist stark anfällig für Mehltau und stark anfällig für Blattfallkrankheit. Sie eignet sich sehr gut für die Grünpflücke.

Herkunft: 'Grüne Kugel' ist ein Sämling von 'Hönings Früheste', sie wurde von A. Mauk, Lauffen, gezüchtet. Sie ist seit 1940 im Anbau.

Wuchs und Anbau: Die Pflanze ist früh bis mittelfrüh austreibend. Sie ist locker bis mitteldicht wachsend, die Triebe sind aufrecht und stark bestachelt. Die Fruchttriebe sind überhängend.

Reifezeit, Ertrag: Die Reifezeit der Sorte ist mittelfrüh. Der Ertrag der Sorte ist hoch bis sehr hoch, aber nicht immer zuverlässig.

Frucht: Die Früchte sind groß, schwach elliptisch bis eiförmig, leicht kantig, glatt, intensiv grün und kelchseits weißlichgrün. Sie sind gering bereift und sehr gering behaart. Die Adern der Früchte sind stark durchscheinend. Die Süße ist stark, die Säure gering bei einem süßlichen Aroma. Die Schale ist süßschmeckend. Die Früchte haben ein mittelgutes Aroma und einen guten Geschmack. Die Sorte ist gut pflückbar. Die Neigung zum Platzen der Beeren ist gering bis mittelstark. Vitamin C-Gehalt 24,8 mg/100 g, 15,7% lösliche TRS; Säure 1,5 g/100 g.

Stachelbeere

Hönings Früheste
Synonym: 'Hönings Frühe'

'Hönings Früheste' ist eine gelbe, gut schmeckende Sorte. Sie schmeckt bereits bei geringem Reifegrad gut. Die reifen Früchte sind aber sehr weich und nicht transportfähig. Die Sorte ist als früheste Sorte im Sortiment eine wertvolle Sorte für den Hausgarten. Ihre Anfälligkeit für Mehltau und Blattfallkrankheit ist als mittelhoch einzustufen. Sie bevorzugt warme Klimagebiete und gute Bodenbedingungen, da sie empfindlich gegenüber Winterfrost ist.

Herkunft: 'Hönings Früheste' stammt von 'Früheste Gelbe' ab. Sie wurde von J. Hönings, Neuß, gezüchtet und ist seit 1900 im Anbau.

Wuchs und Anbau: Die Pflanze ist früh austreibend. Sie hat einen aufrechten Wuchs und ist stark wachsend. Sie ist kräftig verzweigt, bildet sehr schnell eine dichte Pflanze und hat eine starke dreiteilige Bestachelung. Eine regelmäßige Auslichtung ist notwendig.

Reifezeit, Ertrag: Die Reifezeit der Sorte ist sehr früh. Der Ertrag ist mittelhoch, aber unregelmäßig.

Frucht: Die Früchte sind mittelgroß, kugelig bis schwach elliptisch, goldgelb, weich bis mittelfest und bei Vollreife weich. Sie sind gering bereift, sehr stark behaart und haben eine dünne Schale. Die Süße ist stark, die Säure sehr gering bei einem süßlichen, angenehmen Aroma. Der Nachgeschmack der Schale ist sehr gering. Die Frucht ist haltbar am Strauch, die Neigung zum Platzen ist gering. Die Sorte ist wenig anfällig für Sonnenbrand und zur Vollreife leicht rieselnd. Vitamin C-Gehalt 13,8 mg/100 g; 14,3 % lösliche TRS; Säure 1,2 g/100 g.

Stachelbeere

Invicta
Synonym: 'Invictus'

'Invicta' ist eine hellgrüne, gut schmek-kende ertragreiche Sorte. Sie ist eine wert-volle Sorte für den Erwerbsanbau und den Hausgarten. Hervorzuheben ist ihre geringe Anfälligkeit für Mehltau und für Blattfall-krankheit. Die Sorte ist transportfähig und vielseitig zu verwenden.

Herkunft: 'Invicta' ist eine Kreuzung aus ('Resistenta' × 'Rote Triumph') × 'Keep-sake'. Sie wurde in der East Malling Re-search Station, England, gezüchtet.

Wuchs und Anbau: Die Pflanze ist mittel-früh austreibend, buschig bis breit buschig und stark wachsend. Sie ist mitteldicht ver-zweigt, hat einen überhängenden Wuchs und ist mit doppelten bis dreifachen Sta-cheln mittelstark bewehrt.

Reifezeit, Ertrag: Die Reifezeit der Sorte ist mittelspät. Der Ertrag ist hoch bis sehr hoch.

Frucht: Die Früchte sind mittelgroß, kuge-lig bis schwach elliptisch, hellgrün bis mit-telgrün und fest. Sie sind schwach bereift und mittelstark behaart. Die Schale der Früchte ist dünn bis mitteldick. Die Süße ist mittel, die Säure gering. Die Schale hat einen geringen Nachgeschmack. Der Ge-schmack ist trotzdem angenehm. Die Früchte sind gut pflückbar. Ihre Neigung zum Platzen ist gering. Vitamin C-Gehalt 24,5 mg/100 g; 13,8 % lösliche TRS; Säure 1,8 g/100 g.

Stachelbeere

Maiherzog
Synonym: 'May Duke'

'Maiherzog' ist eine rote, gut schmeckende mittel ertragreiche Sorte für den Hausgarten. Sie ist mittel anfällig für Mehltaubefall und für Blattfallkrankheit. Es ist eine Sorte für Frischmarkt und Verarbeitung.

Herkunft: Der Züchter der Sorte 'Maiherzog' ist unbekannt. Die Sorte wurde 1892 von L. Maurer aus England in Deutschland eingeführt.

Wuchs und Anbau: Die Pflanze ist früh austreibend, breitbuschig wachsend. Sie ist mitteldicht wachsend und hat aufrechte Triebe mit überhängenden Gerüst- und Fruchttrieben. Sie ist in der Triebmitte mittelstark und an der Triebspitze gering bestachelt.

Reifezeit, Ertrag: Die Reifezeit der Sorte ist früh. Der Ertrag ist unregelmäßig, mitunter nur gering, im Durchschnitt mittelmäßig.

Frucht: Die Früchte sind mittelgroß, kugelig bis schwach elliptisch, mittelrot bis schwarzrot und fest. Sie sind gering behaart. Die Schale ist dünn und hat durchscheinende Adern. Süße und Säure sind mittelstark bei einem angenehmen, süßsäuerlichen Aroma. Der Geschmack ist gut. Die Schale ist nicht nachschmeckend. Die Neigung zum Platzen der Beeren ist gering. Sie sind anfällig für Sonnenbrand. Vitamin C-Gehalt 24,1 mg/100 g; 12,3% lösliche TRS; Säure 2,0 g/100 g.

Stachelbeere

Mucurines

'Mucurines' ist eine hellgrüne, kräftig aromatisch und gut schmeckende ertragreiche, gesunde Spätsorte. Sie ist für den Erwerbsanbau und für den Hausgarten geeignet. Hervorzuheben ist ihre Widerstandsfähigkeit gegenüber Mehltau und Blattfallkrankheit.

Herkunft: Der Züchter der Sorte 'Mucurines' ist unbekannt.

Wuchs und Anbau: Die Pflanze ist mittelfrüh austreibend. Sie hat einen breitbuschigen bis aufrechten Wuchs und ist stark wachsend. Sie zeigt eine starke Neutriebbildung und einen kräftigen Pflanzenaufbau. Die Triebe sind mittelstark bis stark einteilig bewehrt.

Reifezeit, Ertrag: Die Reifezeit der Sorte ist mittelspät bis spät. Der Ertrag ist hoch.

Frucht: Die Frucht ist groß, breit elliptisch bis leicht verkehrt eiförmig, hellgrün. Sie hat durchscheinende Adern, an der Stielseite sind die Adern leicht rot gefärbt. Sie sind fest, mittelstark bereift und haben eine feste Schale. Die Süße ist hoch, die Säure gering. Das Aroma ist kräftig und angenehm. Die Schale schmeckt säuerlich nach. Der Geschmack der Früchte ist gut. Sie sind gut pflückbar und haltbar am Strauch. Vitamin C-Gehalt 21,4 mg/100 g; 12,7 % lösliche TRS; Säure 2,7 g/100 g.

Reflamba

'Reflamba' ist eine grüne, gering aromatisch schmeckende, ertragreiche Spätsorte. Sie ist besonders für den Hausgarten und auch für den Erwerbsanbau geeignet. Sie ist nur gering bis mittel anfällig für Mehltau und Blattfallkrankheit.

Herkunft: 'Reflamba' ist durch Einkreuzung der mehltauresistenten Wildart *Ribes divaricatum* in Kultursorten entstanden. Ihre Abstammung ist folgende: ['Keepsake' × ('Goldkugel' × *R. divaricatum*)] × frei abgeblüht. Sie wurde von R. Bauer, Breitbrunn, gezüchtet und steht seit 1987 unter Sortenschutz. Im Handel ist sie seit 1989.

Wuchs und Anbau: Die Pflanze treibt spät aus und zeigt breitbuschigen und dichten Wuchs. Der Pflanzenaufbau ist etwas sparrig. Die Triebe sind mittelstark bestachelt mit teils langen Stacheln. Auffallend sind ihre großen Blätter.

Reifezeit, Ertrag: Die Reifezeit der Sorte ist spät bis sehr spät. Der Ertrag ist hoch bis sehr hoch.

Frucht: Die Frucht ist mittelgroß bis groß, kugelig bis lang eiförmig, fest, tiefgrün und nicht behaart. Sie hat eine dicke Schale. Süße und Säure sind gering, jedoch säurebetont. Die Schale hat einen wenig aromatischen sauren Nachgeschmack und ist etwas zäh. Der Geschmack ist befriedigend. Die Frucht ist lange haltbar am Strauch. Die Sorte ist wegen gleichmäßiger Reife leicht pflückbar. Vitamin C-Gehalt 18,7 mg/100 g; 12,5 % lösliche TRS; Säure 2,4 g/100 g.

Stachelbeere

Remarka

Rote, aromatische, ertragreiche Frühsorte für Erwerbsanbau und Hausgarten. Für Frischmarkt und Grünpflücke. Gering anfällig für Mehltau und Blattfallkrankheit.

Herkunft: Kreuzung ['Keepsake' × ('Goldkugel' × *Ribes divaricatum*)] × 'Mauks Frühe Rote' wurde von R. Bauer, Köln-Vogelsang, 1950 gekreuzt, seit 1970 im Handel.

Wuchs und Anbau: Mittelfrüh austreibend, buschig, dichter Wuchs, stark verzweigt, Triebe halbaufrecht, Fruchttriebe überhängend, starke, lange Stacheln. Eine starke Auslichtung ist regelmäßig erforderlich. Erziehung als aufrechte Hecke ist möglich.

Reifezeit, Ertrag: Reife sehr früh bis früh. Ertrag mittelhoch bis hoch.

Frucht: Groß, kugelig bis schwach elliptisch, matt dunkelrot, mittelfest, nicht bereift, nur sehr gering behaart. Schale dünn, gering nachschmeckend. Geschmack gut. Beeren neigen zum Platzen. Vitamin C-Gehalt 22,5 mg/100 g; Säure 2,3 g/100 g.

Reverta

Grüne, mittelstark aromatische, angenehm schmeckende ertragreiche Frühsorte für den Hausgarten und Erwerbsanbau. Nur schwach anfällig für Mehltau, resistent gegenüber Blattfallkrankheit.

Herkunft: Kreuzung aus einem resistenten Zuchtklon und 'Früheste Gelbe', 1950 von R. Bauer gezüchtet.

Wuchs und Anbau: Früh austreibend, Wuchs dicht, buschig, mittelstark bis stark. Triebe halbaufrecht bis waagerecht, zwei- und dreifach stark bestachelt. Laub dunkelgrün, im Sommer rotgrün.

Reifezeit, Ertrag: Reift früh bis mittelfrüh. Ertrag mittelhoch bis hoch.

Frucht: Mittelgroß, kugelig bis elliptisch, gelblichgrün, fest, unbereift, mittelstark behaart. Schale dünn bis mitteldick. Früchte am Strauch nur gering haltbar, Schale mittelstark aromatisch, leicht säuerlich, nachschmeckend, sehr süß mit geringer Säure. Beeren neigen zum Platzen. Vitamin C-Gehalt 29,1 mg/100 g; Säure 2,7 g/ 100 g.

Stachelbeere

Risulfa

'Risulfa' ist eine gelbe, säuerlichsüß schmeckende, ertragreiche, sehr frühe Sorte, für frühe Grünpflücke, Frischmarkt und Erwerbsanbau geeignet. Sie ist jedoch nicht lange haltbar. Rechtzeitiges Pflücken ist deshalb erforderlich. Ihre Anfälligkeit gegenüber Mehltau ist gering, sie ist aber stärker anfällig für Blattfallkrankheit. Die Sorte stellt hohe Standortansprüche.

Herkunft: 'Risulfa' ist die Kreuzung eines resistenten Zuchtklons mit 'Früheste Gelbe'. Sie wurde von R. Bauer, Max-Planck-Institut für Züchtungsforschung, Köln-Vogelsang, 1954 gekreuzt und etwa 1970 in den Handel gegeben.

Wuchs und Anbau: Die Pflanze treibt früh aus, ist buschig und mitteldicht bis dicht wachsend. Sie hat viele Basistriebe, die Triebe wachsen aufrecht bis halbaufrecht, die Fruchttriebe sind überhängend und sperrig. Die Bewehrung ist mittelstark bis stark, meist einteilig. Die Triebspitzen sind unbewehrt.

Reifezeit, Ertrag: Die Reifezeit der Sorte ist sehr früh. Der Ertrag ist hoch.

Frucht: Die Früchte sind mittelgroß, rundlich bis elliptisch, goldgelb und mittelfest. Sie sind gering bereift und mittelstark behaart. Die Adern sind durchscheinend. Die Schale ist dünn bis mitteldick. Der Geschmack ist säuerlichsüß, jedoch mit stärkerer Säure und kräftigem Aroma. Die Schale ist mittelstark nachschmeckend. Der Geschmack ist befriedigend. Die Früchte sind wenig haltbar am Strauch und neigen zum Platzen, sie sind schnell überreif. Vitamin C-Gehalt 38,9 mg/100 g; Säure 2,5 g/100 g.

Rixanta

'Rixanta' ist eine gelbe, mäßig aromatisch schmeckende, ertragreiche Sorte, die für die Grünpflücke und den Frischmarkt geeignet ist. Die Anfälligkeit für Mehltau ist nur gering, wenn nicht zu stark gedüngt wird. Die Anfälligkeit für Blattfallkrankheit ist ebenfalls gering.

Herkunft: 'Rixanta' wurde um 1970 von R. Bauer am Max-Planck-Institut für Züchtungsforschung, Köln-Vogelsang, ausgelesen, Sortenschutz besteht seit 1987, im Handel seit 1989. Sie entstand aus der Kreuzung ['Keepsake' × ('Goldkugel' × *Ribes divaricatum*)] × 'Mauks Frühe Rote'.

Wuchs und Anbau: Die Pflanze ist mittelspät austreibend, wächst mittelstark, hochbuschig, mitteldicht bis sperrig, die Triebe sind aufrecht bis halbaufrecht, die Fruchttriebe überhängend und mittelstark bestachelt. Die Triebe im oberen Drittel sind fast unbewehrt.

Reifezeit, Ertrag: Die Sorte reift mittelspät bis spät. Der Ertrag ist hoch.

Frucht: Die Früchte sind mittelgroß, kugelig bis eiförmig, gelb. Sie sind fest, sehr gering bereift, mittelstark behaart. Die Schale ist dünn bis mittelstark. Die Süße und Säure sind ausgewogen bei einem mittelmäßig ausgeprägten Aroma. Die Schale ist sauer nachschmeckend und etwas zäh. Der Geschmack der Früchte ist gut. Die Früchte sind am Strauch haltbar, ihre Neigung zum Platzen ist gering. Vitamin C-Gehalt 27,0 mg/100 g; 12,9% lösliche TRS; Säure 2,7 g/100 g.

Stachelbeere

Rolonda

'Rolonda' ist eine rote, aromatisch schmekkende, ertragreiche Spätsorte. Sie ist für
den Frischmarkt und den Hausgarten geeignet. Sie besitzt gute Resistenz gegenüber
Mehltau und Blattfallkrankheit. Sie ist eine
der wichtigsten rotfrüchtigen Sorten im ge-
genwärtigen Sortiment.

Herkunft: 'Rolonda' wurde 1952 von
R. Bauer am Max-Planck-Institut für Züchtungsforschung, Köln-Vogelsang, gekreuzt
und 1970 ausgelesen. Sortenschutz besteht
seit 1987, im Handel ist die Sorte seit 1989.
'Rolonda' stammt aus freier Abblüte von
'London'.

Wuchs und Anbau: Die Pflanze ist mittelspät austreibend. Sie wächst mittelstark
bis stark, breitbuschig und mitteldicht. Die
Triebe sind aufrecht bis halbaufrecht. Sie
sind mittelstark bestachelt. Im oberen Drittel sind die Triebe fast unbewehrt. Die
Sorte eignet sich sehr gut für Heckenkultur.

Reifezeit, Ertrag: Die Reifezeit der Sorte
ist sehr spät. Der Ertrag ist mittelhoch.

Frucht: Die Früchte sind mittelgroß, verkehrt eiförmig bis birnenförmig, dunkelrot,
fast schwarzrot, sehr fest und deshalb gut
transportfähig. Die Frucht ist gering bereift
und gering behaart mit einem filzigen
Flaum. Die Schale ist dick. Süße und Säure
und Fruchtaroma sind mittelstark ausgeprägt. Die Schale ist zäh und leicht sauer
nachschmeckend. Der Geschmack ist angenehm. Die Früchte sind sehr lange am
Strauch haltbar. Ihre Neigung zum Platzen
ist gering. Vitamin C-Gehalt 28,0 mg/100 g;
lösliche TRS 15,3%; Säure 2,4 g/100 g.

Stachelbeere

Rote Triumph
Synonym: 'Whinham's Industrie'

'Rote Triumph' ist eine bekannte rote, süß-säuerlich schmeckende, ertragreiche mittelfrühe Sorte. Sie ist eine wichtige Sorte für den Erwerbsanbau und auch für den Frischmarkt geeignet. Sie ist allerdings aufgrund der frühen Blüte spätfrostgefährdet. Die Früchte sind sehr vielseitig in der Verarbeitung einzusetzen. Die Mehltauanfälligkeit und die Anfälligkeit für Blattfallkrankheit sind als mittelhoch zu bewerten.

Herkunft: 'Rote Triumph' wurde von R. Whinham in Morpeth, England, um 1835 gezüchtet und ist bereits seit 1888 im Handel.

Wuchs und Anbau: Die Pflanze treibt mittelspät aus und wächst breitbuschig, mitteldicht, dabei stark mit starken, aufrechten Gerüstästen. Die Triebe sind mittelstark, ein- und dreiteilig bestachelt.

Reifezeit, Ertrag: Die Sorte reift mittelfrüh. Ihr Ertrag ist hoch und regelmäßig.

Frucht: Die Früchte sind groß, kugelig bis elliptisch, dunkelrot, fest und stark bereift. Sie sind gering behaart und haben nur einzelne Borsten. Die Adern sind deutlich sichtbar. Die Beeren sind am Strauch lange haltbar. Ihre Süße ist stark, die Säure gering, sie haben ein süßsäuerliches, mittleres Aroma bei befriedigendem bis gutem Geschmack. Die Neigung zum Platzen ist mittelstark. Die Sorte hat eine längere Ernteperiode, weshalb ein Auspflücken erforderlich ist. Vitamin C-Gehalt 28,2 mg/100 g; lösliche TRS 12,6%; Säure 1,7 g/100 g.

Stachelbeere

Weiße Neckartal

'Weiße Neckartal' ist eine grüne, gut schmeckende, ertragreiche Frühsorte. Sie ist sehr gut für den Hausgarten geeignet, ebenso für den Frischmarkt und zur Süßmostherstellung. Leider ist sie stark anfällig für Mehltau und Blattfallkrankheit.

Herkunft: 'Weiße Neckartal' ist ein Sämlingsnachkomme aus 'Hönings Früheste'. Sie wurde von A. Mauk, Lauffen, gezüchtet und befindet sich seit 1942 im Anbau.

Wuchs und Anbau: Die Pflanze ist früh austreibend, stark wachsend, buschig, sie ist mitteldicht verzweigt, die Triebe sind aufrecht bis straff aufrecht wachsend, mittelstark einteilig bestachelt. Die Anthozyanfärbung der jungen Blätter ist stark.

Reifezeit, Ertrag: Die Reifezeit der Sorte ist früh bis mittelfrüh. Der Ertrag ist mittelhoch bis hoch und regelmäßig.

Frucht: Die Früchte sind groß, rund bis abgeplattet, grün bis gelbgrün, mittelfest und nicht bereift. Die Adern sind hell durchscheinend. Die dünne, feste Schale ist gering behaart und mit zahlreichen Drüsenborsten besetzt. Sie ist mittelgut haltbar am Strauch. Schon in der Vorreife hat sie eine stärkere Süße. Sie hat ein gutes bis sehr gutes Aroma. Die Schale ist gering nachschmeckend. Der Geschmack der Sorte ist gut. Die Neigung zum Platzen ist mittelstark. Die Frucht reift über eine längere Ernteperiode, deshalb ist ein Auspflükken erforderlich. Vitamin C-Gehalt 24,4 mg/ 100 G; lösliche TRS 15,5 %; Säure 1,7 g/100 g.

Stachelbeere

Ambition
Synonyme: 'Wilkran', 'Framita'

Mittelgut schmeckende, ertragreiche Sorte für Erwerbsanbau und Hausgarten. Geringe Anfälligkeit für Fruchtfäule, stachellos.
Herkunft: 1978 von H. J. Häberli, Schweiz, als stachellose Mutante in einem Bestand von 'Zefa 2' entdeckt.
Wuchs und Anbau: Mittelspät bis spät austreibend, wächst stark. Anzahl der Ruten mittelgroß bis groß, nur geringe Seitentriebbildung, braun. Jungruten nicht oder nur sehr gering bewehrt.
Blüte, Reifezeit, Ertrag: Durch sehr frühe Blüte etwas blütenfrostgefährdet. Reife mittelfrüh. Ertrag hoch.
Frucht: Früchte mittelgroß bis groß, rundlich bis kurz kegelförmig, mittelrot bis dunkelrot, wenig bereift, mittelfest und am Strauch haltbar, leicht vom Zapfen lösend und daher gut pflückbar. Vitamin C-Gehalt 26,8 mg/100 g; lösliche TRS 8,7%; Säure 1,4 g/100 g.

Autumn Bliss

Ertragreiche, herbsttragende Sorte für Erwerbsanbau und Hausgarten. Widerstandsfähig gegen Wurzelfäule und virusübertragende Blattläuse.
Herkunft: Mehrfachkreuzung aus East Malling, England, 1983 herausgegeben. Sortenschutz.
Wuchs und Anbau: Mittelspät austreibend. Wuchs stark, lange braune Ruten, mittelstark bis stark bereift. Zahlreiche Jungruten, mittelstark bewehrt.
Blüte, Reifezeit, Ertrag: Blüte früh bis mittelfrüh. Reife für herbsttragende Sorten früh, bereits ab August bis zum ersten Frost. Ertrag der Sommerernte ist gering, der der Herbsternte wesentlich höher.
Frucht: Früchte groß, stumpfkegelförmig, mittelrot, wenig bereift, mittelstark bis stark glänzend fest. Ansprechendes Aroma. Früchte leicht vom Zapfen lösend und leicht greifbar. Häufiges Durchpflücken ist erforderlich. Vitamin C-Gehalt 27,6 mg/100 g; lösliche TRS 9,0%; Säure 1,9 g/100 g.

Himbeere

Glen Moy

'Glen Moy' ist eine süßsäuerlich schmekkende, ertragreiche Sorte. Das Fruchtaroma ist mittelgut bis ansprechend. Die Sorte ist für den Erwerbsanbau und den Hausgarten geeignet. Sie ist anfällig für Rutenkranheit, aber nur gering anfällig für Fruchtfäule. Die Frosthärte ist mittelhoch.

Herkunft: 'Glen Moy' ist eine Mehrfachkreuzung unter Verwendung von 'Glen Clova', 'Lloyd George', 'Malling Landmark' und *Rubus occidentalis*. Sie wurde um 1980 von C. Taylor am Scottish Crop Research Institute, Dundee, Schottland, gezüchtet.

Wuchs und Anbau: Die Pflanze ist früh austreibend, stark bis sehr stark wachsend und hat graubraune Ruten. Die Anzahl der Jahresruten ist groß. Ein Vorteil ist, daß sie nicht bewehrt sind. Nicht geeignet für wärmeres, trockenes Klima.

Blüte, Reifezeit, Ertrag: 'Glen Moy' blüht früh und reift früh. Der Ertrag ist hoch.

Frucht: Die Früchte sind mittelgroß bis groß, lang kegelförmig und mittelrot. Sie haben einen mittleren bis starken Glanz, sind fest und gering bis mittelstark bereift. Wichtig ist, daß sie lange am Strauch haltbar sind. In der Regel reifen mehrere Früchte gleichzeitig. Säure und Süße sind mittelstark bis stark. Das Aroma ist mittelmäßig ansprechend. Die Früchte sind sehr leicht vom Zapfen lösend und leicht pflückbar. Die Ernteperiode ist kurz. Die Sorte ist sehr gut für Gefrierkonservierung geeignet. Vitamin C-Gehalt 33,5 mg/100 g; lösliche TRS 8,3%; Säure 1,3 g/100 g.

Alle Himbeersorten sind selbstfertil, deshalb erfolgen keine weiteren Angaben bei den folgenden Sorten. Für alle Himbeersorten gilt, daß trotz ihrer Selbstfertilität Fremdbefruchtung vor allem bei ungünstigem Blühwetter besseren Ansatz bewirkt.

Himbeere

Glen Prosen

Säuerliche, ertragreiche Sorte für Erwerbsanbau und Hausgarten. Stark anfällig für Rutenkrankheit, nur gering für Fruchtfäule. Für maschinelle Ernte geeignet.

Herkunft: Mehrfachkreuzung unter Einbeziehung von *Rubus occidentalis*. Um 1980 von C. Taylor am Scottish Crop Research Institute, Dundee, Schottland, gezüchtet.

Wuchs und Anbau: Früh austreibend, stark wachsend mit kräftigen dunkelbraunen bis rotbraunen Ruten. Kurze Fruchttriebe mit dichtem Fruchtbestand, Anzahl der Jahresruten groß, nicht bewehrt.

Blüte, Reifezeit, Ertrag: Blüte früh bis mittelfrüh. Reife spät, Ertrag hoch.

Frucht: Früchte mittelgroß bis groß, kurz kegelförmig bis eiförmig und mittelrot mit starkem Glanz, fest bis sehr fest und haltbar am Strauch. Mäßige Süße und starke Säure bewirken angenehmen Geschmack. Früchte sind leicht vom Zapfen lösend und leicht pflückbar. Vitamin C-Gehalt 32,5 mg/100 g; lösliche TRS 10,0%; Säure 2,1 g/100 g.

Himbo Queen
Sortenbezeichnung: 'Rafzeter'

Gut schmeckende, aromatische Sorte für Erwerbsanbau und Hausgarten. Anfällig für Rutenkrankheiten, aber nur mäßig anfällig für Fruchtfäule.

Herkunft: Kreuzung aus 'Puyallup Large' × 'Malling Exploit'. Um 1980 von P. Hauenstein, Schweiz, gezüchtet. Sortenschutz.

Wuchs und Anbau: Mittelspät austreibend, stark wachsend mit braunen Ruten. Anzahl der Jungruten mittelhoch bis hoch, mittelstark bewehrt. Fruchttriebe mittellang. Windschutz ist vorteilhaft.

Blüte, Reifezeit, Ertrag: Blüte früh bis mittelfrüh. Reife mittelspät. Ertrag regelmäßig hoch.

Frucht: Früchte groß, lang kegelförmig, mittelrot und gering bereift, mittelfest, haben einen guten Geschmack, das Aroma ist ansprechend. Die Süße ist mittelstark bis stark, die Säure ist mittelstark. Vitamin C-Gehalt 37,7 mg/100 g; lösliche TRS 9,1%; Säure 2,4 g/100 g.

Himbeere

Himbostar
Sortenbezeichnung: 'Rafzelsa'

'Himbostar' ist eine süßsäuerlich aromatisch schmeckende, ertragreiche Sorte, die sowohl für den Erwerbsanbau als auch für den Hausgarten geeignet ist. Die Sorte ist anfällig für Viruskrankheiten, deswegen nur virusfreies Pflanzenmaterial verwenden. Sie ist mittel anfällig für Fruchtfäule.

Herkunft: 'Himbostar' ist eine Kreuzung aus 'Rote Wädenswiler' mit unbekannter Sorte. Sie wurde von der Baumschule W. Hauenstein, Rafz, Schweiz, gezüchtet und dort 1975 eingeführt. Es besteht Sortenschutz.

Wuchs und Anbau: Die Pflanze ist mittelspät austreibend, mittelstark wachsend. Sie hat rotbraune Ruten, die gering bewehrt sind. Die Anzahl der Jungruten ist gering bis mittelhoch. Die Sorte hat lange Fruchttriebe. Es besteht Windbruchgefahr, wenn die Ruten nicht an ein Stützgerüst gebunden werden, insgesamt stellt die Sorte hohe Pflegeansprüche.

Blüte, Reifezeit, Ertrag: 'Himbostar' blüht früh. Die Reifezeit ist aber spät. Der Ertrag ist mittelhoch bis hoch.

Frucht: Die Früchte sind mittelgroß bis groß, kegelförmig bis rundlich, mittelrot, gering bis mittelstark bereift. Ihr Glanz ist mittelstark. Die Früchte sind fest und haltbar am Strauch. Sie haben einen mittelguten Geschmack. Die Süße ist mittelstark bis stark, die Säure stark. Das Aroma ist mittelstark. Die Früchte sind leicht vom Zapfen lösend und gut greifbar. Sie sind gut zu transportieren und eignen sich vorzüglich zur Gefrierkonservierung. Vitamin C-Gehalt 27,4 mg/100 g; lösliche TRS 8,4%; Säure 1,8 g/100 g.

Himbeere

Malling Exploit

Süßsäuerliche, ertragreiche Frühsorte mit entsprechendem Aroma. Überwiegend für den Erwerbsanbau.

Herkunft: Kreuzung aus 'Newburgh' × ('Lloyd George' × 'Pynes Royal') von H. Grubb in East Malling, England, seit 1937 im Anbau.

Wuchs und Anbau: Mittelspät austreibend, stark wachsend mit aufrechten bis überhängenden langen, stark bewehrten Ruten. Anzahl Jungruten hoch; sie sind dicht bewehrt und stark verzweigt. Ruten sind winterhart, aber windbruchgefährdet, deshalb Anbau mit Stützgerüst.

Blüte, Reifezeit, Ertrag: Die Sorte blüht früh, auch die Reifezeit ist früh. Der Ertrag ist mittelhoch bis hoch.

Frucht: Die Früchte sind groß, kegelförmig, mittelrot. Mittlerer Geschmack, Süße und Säure sind mittelmäßig. Früchte sind mittelfest und leicht vom Zapfen lösend. Vitamin C-Gehalt 48,9 mg/100 g; lösliche TRS 9,2%; Säure 1,2 g/100 g.

Meeker

Kräftig aromatisch schmeckende, ertragreiche Sorte für den Erwerbsanbau und Hausgarten. Mittelstark anfällig für Rutenkrankheiten, gering für Fruchtfäule. Tolerant gegen Virusbefall.

Herkunft: Züchtung aus den USA. Abkömmling von 'Williamette', 1967 herausgegeben.

Wuchs und Anbau: Spät austreibend, stark wachsend, graubraune sehr lange, stark bewehrte Ruten. Anzahl der Jungruten hoch. Aufgrund der biegsamen Fruchttriebe ist Windschutz empfehlenswert.

Blüte, Reifezeit, Ertrag: Blüte mittelfrüh, Reifezeit ist mittelspät bis spät. Hoher Ertrag bei langer Ernteperiode.

Frucht: Früchte mittelgroß, glänzend und mittelstark bereift, fest und haltbar am Strauch. Geschmack ansprechend. Sie sind leicht vom Zapfen lösend, leicht pflückbar. Sehr gut zur Gefrierkonservierung geeignet. Vitamin C-Gehalt 33,2 mg/100 g; lösliche TRS 10,1%; Säure 1,8 g/100 g.

Himbeere

Preußen

'Preußen' ist eine süßlich aromatisch schmeckende, ertragreiche altbekannte und wertvolle Sorte. Sie ist für den Erwerbsanbau und den Hausgarten geeignet. Sie ist mittelstark anfällig für Fruchtfäule, aber stark anfällig für Rutensterben. Es werden verschiedene Typen vermehrt. Auf virusfreies Pflanzgut ist zu achten.

Herkunft: 'Preußen' ist vermutlich eine Kreuzung aus 'Superlative' × 'Marlborough'. Sie wurde 1915 von F. Frome, Eisleben, gezüchtet und ist seit 1922 im Handel.

Wuchs und Anbau: Die Pflanze ist früh austreibend, stark wachsend und hat kräftige, straff aufrechte bis leicht überhängende, mittelbraune Ruten, die gering bewehrt sind. Die Anzahl der Jungruten ist gering.

Blüte, Reifezeit, Ertrag: Die Blühzeit ist mittelfrüh, die Reifezeit mittelspät. Auch der Ertrag ist nur mittelhoch.

Frucht: Die Früchte sind mittelgroß bis groß, rundlich bis rund, hellrot, matt glänzend und leicht flaumig behaart. Sie sind mäßig fest, ihre Säure ist gering, die Süße mittelstark. Die Früchte haben ein ansprechendes Aroma und einen guten Geschmack. Sie sind leicht vom Zapfen lösend und leicht pflückbar. Allerdings sind die Beeren nicht lange am Strauch haltbar. Vitamin C-Gehalt   18,6 mg/100 g;   Säure 1,9 g/100 g.

Himbeere

Rumiloba

'Rumiloba' ist eine süßsäuerlich aromatisch schmeckende, ertragreiche Sorte. Sie ist widerstandsfähig gegen die virusübertragende Himbeerblattlaus. Sie ist unter günstigen Standortbedingungen wenig anfällig für das Rutensterben, fruchtfäuleempfindlich, besonders bei feuchter Witterung. Bei unzureichender Pflanzenentwicklung ist die Sorte anfällig für Frostschäden.

Herkunft: Kreuzung aus 'Promiloy' und 'Resistenzklon 4 a'. Sie wurde von R. Bauer, Breitbrunn, gezüchtet und ist seit 1985 im Handel. Seit 1986 besteht Sortenschutz.

Wuchs und Anbau: Die Pflanze ist mittelspät bis spät austreibend, stark bis sehr stark und aufrecht wachsend mit braunen bis purpurnen Ruten. Die Seitentriebbildung ist gering. Die Ruten sind mittelstark bewehrt. Die Anzahl der Jungruten ist mittelhoch bis hoch. Die Sorte eignet sich gut für den Anbau unter Folie. Aufgrund der Blattlausresistenz zeigt sie kaum Abbauerscheinungen.

Blüte, Reifezeit, Ertrag: 'Rumiloba' blüht mittelspät. Die Reifezeit der Sorte ist sehr spät. Ihr Ertrag ist mittelhoch bis hoch, wobei die Ernteperiode ziemlich lang ist.

Frucht: Die Früchte sind groß bis sehr groß, kegelförmig bis lang, hellrot bis mittelrot, stark glänzend und gering bereift. Sie sind mittelfest bis fest und einige Zeit haltbar am Strauch. Ihr Geschmack ist gut. Die Süße und Säure ist mittelhoch bis hoch, das Aroma ist kräftig. Die Früchte sind leicht bis mittelschwer vom Zapfen lösend und leicht bis mittelschwer pflückbar. Sie sind sehr gut für alle Verarbeitungszwecke geeignet. Vitamin C-Gehalt 28,1 mg/100 g; lösliche TRS 8,8%; Säure 2,2 g/100 g.

Himbeere

Rusilva

'Rusilva' ist eine säuerlich schmeckende, stark aromatische, ertragreiche Sorte. Sie ist für den Erwerbsanbau und den Hausgarten geeignet. Sie ist widerstandsfähig gegen die virusübertragende Himbeerblattlaus und gegen Wurzelfäule, aber stark anfällig für Fruchtfäule. Sie leidet kaum unter Abbauerscheinungen.

Herkunft: 'Rusilva' ist eine Kreuzung aus 'Geloy' × 'Resistenzklon 4 a'. Sie wurde von R. Bauer, Breitbrunn, gezüchtet, ist seit 1988 im Handel und seit 1989 besteht Sortenschutz.

Wuchs und Anbau: Die Pflanze ist früh bis mittelfrüh austreibend, stark wachsend und hat lange Ruten, die mittelstark bewehrt sind. Die Anzahl der Jungruten ist mittelhoch. Die hellroten Früchte sind ungerechtfertigter Weise auf dem Großmarkt weniger beliebt.

Blüte, Reifezeit, Ertrag: Nach mittelspäter Blüte reift die Sorte mittelspät bis spät. Der Ertrag ist mittelhoch bis hoch.

Frucht: Die Früchte sind mittelgroß bis groß, lang kegelförmig, hellrot und gering bereift. Sie sind mittelfest bis fest und recht gut haltbar am Strauch. Die Süße ist mittelstark, die Säure mittelstark bis stark, das Aroma ist kräftig. Die Früchte sind leicht bis mittelgut pflückbar und lösen sich leicht vom Zapfen. Vitamin C-Gehalt 26,5 mg/100 g; lösliche TRS 9,9%; Säure 2,2 g/100 g.

Himbeere

Rutrago
Synonym: 'Bauer 50'

'Rutrago' ist eine säuerlichsüß, aromatisch schmeckende, sehr ertragreiche Sorte. Sie ist für den Erwerbsobstbau ebenso geeignet wie für den Hausgarten. Sie ist resistent gegen die virusübertragende Himbeerblattlaus, aber mittelstark anfällig für Fruchtfäule. Die festen Früchte sind sehr attraktiv, daher besonders für den Frischmarkt geeignet.

Herkunft: 'Rutrago' wurde von R. Bauer, Breitbrunn, gezüchtet. Die Sorte entstammt einer Kreuzung von 'Resistenzklon 4 a' × 'Tragilo'. Sie ist seit 1979 im Handel, seit 1982 besteht Sortenschutz.

Wuchs und Anbau: Die Pflanze ist spät bis sehr spät austreibend und sehr stark wachsend. Sie hat braune, kräftige Ruten, die gering bewehrt sind. Die Anzahl der Jungruten ist gering. Die Sorte hat einen kräftigen, stabilen Strauchaufbau.

Blüte, Reifezeit, Ertrag: Die Sorte reift mittelspät bis spät. Der Ertrag ist hoch.

Frucht: Die Früchte sind groß, kegelförmig bis eiförmig, mittelrot bis dunkelrot und mittelstark bereift. Sie sind fest und haltbar am Strauch. Süße und Säure sind stark, das Aroma ist kräftig. Die Früchte sind leicht bis mittelschwer vom Zapfen lösend, sie lassen sich leicht pflücken. Vitamin C-Gehalt 27,0 mg/100 g; lösliche TRS 9,4%; Säure 2,4 g/100 g.

Himbeere

Schönemann

'Schönemann' ist eine süß aromatisch
schmeckende, sehr ertragreiche altbekannte Sorte. Sie ist sowohl für den Erwerbsanbau als auch für den Hausgarten
geeignet und gut zu verarbeiten. Sie ist gering anfällig für Rutenkrankheiten, aber anfällig für Fruchtfäule. Verschiedene Typen
('Kraege', 'Meyer', 'Fellbach') sind auf dem
Markt vorhanden. Virusfreie Pflanzen bleiben lange leistungsfähig, deshalb nur gesundes Pflanzenmaterial von geprüften Her-
künften verwenden. Es ist eine der wichtigsten Spätsorten auf dem Markt.

Herkunft: 'Schönemann' ist eine Kreuzung aus 'Lloyd George' × 'Preußen'. Sie
wurde von W. Schönemann, Stuttgart, gezüchtet. Die Sorte ist seit 1950 im Anbau.

Wuchs und Anbau: Die Pflanze ist mittelspät bis spät austreibend, stark wachsend und hat graubraune, starke lange Ruten, die mittelstark bewehrt sind. Die Seitentriebe sind kräftig, die Anzahl der Jungruten ist mittelgroß bis groß. Die Pflanzen
benötigen im Sommer ausreichende Wasserversorgung.

Blüte, Reifezeit, Ertrag: Blütezeit und
Reifezeit der Sorte sind spät. Der Ertrag ist
hoch bis sehr hoch.

Frucht: Die Früchte sind sehr groß, lang-
kegelförmig bis stumpfkegelförmig, mittelrot bis dunkelrot und mäßig bereift. Sie sind
mittelfest bis fest und recht gut haltbar am
Strauch. Die Süße ist mittelstark, die Säure
ist stark, bei Überreife schmecken die
Früchte sehr süß. Sie sind leicht vom Zapfen lösend und mittelschwer pflückbar. Für
Gefrierkonservierung sind sie sehr gut geeignet. Vitamin C-Gehalt 26,7 mg/100 g; lösliche TRS 8,6%; Säure 1,6 g/100 g.

Veten

'Veten' ist eine säuerlich aromatisch schmeckende, ertragreiche Sorte. Sie ist für Erwerbsanbau und Hausgarten und hervorragend für die Verarbeitung geeignet, aber nicht sehr widerstandsfähig, besonders spätfrostgefährdet, anfällig für Virusbefall und Rutenkrankheiten und stark anfällig für Fruchtfäule. Trotzdem kann auf diese Sorte noch nicht verzichtet werden.

Herkunft: 'Veten' ist eine Kreuzung aus 'Asker' × 'Lloyd George'. Sie wurde von Statens Forskings Stasjon, Njøs, Norwegen, gezüchtet. Die Sorte ist seit 1955 im Handel.

Wuchs und Anbau: Die Pflanze ist mittelspät austreibend, stark wachsend und hat braune bis purpurbraune mittellange Ruten, die mäßig bewehrt sind. Die Seitentriebe sind kurz, die Anzahl der Jungruten ist mittelgroß bis groß. Guter Windschutz gegen Rutenbrechen ist notwendig.

Blüte, Reifezeit, Ertrag: 'Veten' blüht früh, ihre Reifezeit ist mittelfrüh. Der Ertrag ist mittelhoch bis hoch.

Frucht: Die Früchte sind mittelgroß bis groß, kegelförmig bis eiförmig, rot bis dunkelrot, mittelstark bereift. Sie sind mittelfest bis fest und recht gut haltbar am Strauch. Die Süße ist mittelstark, die Säure mittelstark bis stark. Das Fruchtaroma ist mittelkräftig. Die Früchte sind leicht bis mittelschwer vom Zapfen lösend, bei Vollreife gut pflückbar. Die reife Frucht ist nicht haltbar am Strauch, sie muß möglichst täglich geerntet werden und ist eine hervorragende Verwertungsfrucht. Vitamin C-Gehalt 23,6 mg/100 g; lösliche TRS 8,1%; Säure 1,5 g/100 g.

Himbeere

Zefa 2
Synonym: 'Zeva 2'

'Zefa 2' ist eine süßsäuerlich aromatisch schmeckende, sehr ertragreiche, robuste Sorte. Sie ist für den Erwerbsanbau und den Hausgarten geeignet. Sie ist gering bis mittelstark anfällig für Fruchtfäule.

Herkunft: 'Zefa 2' ist eine Kreuzung aus 'Rote Wädenswiler' × 'Willamette'. Sie wurde in der Eidgenössischen Forschungsanstalt Wädenswil, Schweiz, gezüchtet und ist seit 1960 im Handel.

Wuchs und Anbau: Die Pflanze ist mittelspät austreibend, stark wachsend und hat kräftige, überhängende braune Ruten. Die Anzahl der Jungruten ist groß bis sehr groß. Sie sind kräftig und stark bewehrt.

Blüte, Reifezeit, Ertrag: 'Zefa 2' blüht mittelfrüh. Die Reifezeit der Sorte ist mittelspät bis spät. Der Ertrag ist hoch.

Frucht: Die Früchte sind mittelgroß bis groß, rundlich bis nahezu rund, dunkelrot und mittelstark bis stark bereift. Sie sind mittelstark glänzend, fest und sehr haltbar am Strauch. Sie sind transportfest und haben einen guten Geschmack, Süße und Säure sind mittelstark bis stark, das Aroma ist kräftig ausgeprägt. Die Früchte sind leicht vom Zapfen lösend und mittelschwer pflückbar. Sie haben eine gute Eignung für Gefrierkonservierung. Vitamin C-Gehalt 29,6 mg/100 g; lösliche TRS 9,6%; Säure 1,5 g/100 g.

Himbeere

Black Satin

'Black Satin' ist eine säuerlich schmekkende, sehr ertragreiche Sorte. Sie ist für
den Erwerbsanbau und den Hausgarten geeignet. Sie ist anfällig für Fruchtfäule und
Brombeermilbe. Stützgerüst und regelmäßiger Schnitt sind erforderlich. Im Winter
ist Frostschutz zu empfehlen.

Herkunft: 'Black Satin' ist eine Kreuzung
aus ('US 1482' × 'Darrow') × 'Thornfree'. Sie
wurde 1964 an der Southern Illinois University, USA, gezüchtet. Seit 1974 im Anbau.

Wuchs und Anbau: Die Pflanze ist stark
bis sehr stark wachsend, die Triebe sind
stachellos. Sie hat dichtes Laub, das Blatt
ist dreiteilig gefiedert, die Seitentriebbildung ist gering bis mittelstark.

Blüte, Reifezeit, Ertrag: Die Sorte blüht
früh und ist daher etwas spätfrostgefährdet.
Die Blüten bilden sich an letztjährigen Ruten an langen Fruchttrieben. Die Früchte
reifen innerhalb einer sehr langen Erntezeit
von Anfang August bis Mitte Oktober. Der
Ertrag ist sehr hoch.

Frucht und Verwertung: Die Früchte
sind sehr groß, langoval, glänzend, schwarz
mit violettblauem Schimmer, mittelfest bis
weich und an der Pflanze wenig haltbar. Der
Saft ist dunkel und stark färbend. Ihr Geschmack ist säuerlich, nur wenig süß. Die
Sorte hat eine empfindliche Fruchthaut.
Die Früchte sind mäßig transportfest.
Durch freiwachsende Fruchtstände ist sie
gut pflückbar, wenn die Ertragsruten an ein
Stützgerüst gebunden werden. Eine zweimalige Pflücke je Woche ist notwendig. Die
Sorte ist gut zu Marmelade und Gelee zu
verarbeiten. Vitamin C-Gehalt 15,0 mg/
100 g; lösliche TRS 8,8 %; Säure 1,5 g/100 g.

Alle Brombeersorten sind selbstfertil. Er-
fahrungsgemäß bringt Fremdbefruchtung
größere Früchte und höhere Erträge. Für
Hausgärten reicht aber in jedem Fall die
Selbstfertilität aus, so daß nur eine Sorte
allein gepflanzt werden kann.

Brombeere

Jumbo

'Jumbo' ist eine süßsäuerlich schmeckende, ertragreiche, spätreifende Sorte. Sie ist für den Erwerbsanbau und den Hausgarten geeignet. Ein Stützgerüst und regelmäßiger Schnitt sind erforderlich. Im Winter ist Frostschutz empfehlenswert. Sie ist anfällig für Fruchtfäule und Brombeermilbe.

Herkunft: 'Jumbo' ist eine Mutation von 'Black Satin', Entdecker sind T. Hengartner und H.J. Häberli, Neukirch-Egnach, Schweiz, um 1980. Es besteht Sortenschutz.

Wuchs und Anbau: Die Pflanze ist stark wachsend, sie bildet 3–4 m lange Ranken und ist wie 'Black Satin' stachellos. Die Seitentriebbildung ist gering, das Blatt ist dreiteilig gefiedert.

Blüte, Reifezeit, Ertrag: Die Blüten erscheinen spät und sind groß mit weißen Blütenblättern an letztjährigen Ruten, die Fruchttriebe sind lang. Die Früchte reifen Anfang August bis Ende September. Der Ertrag ist hoch.

Frucht und Verwertung: Die Früchte sind sehr groß, langoval, glänzend, schwarz mit violettblauem Schimmer. Sie sind mittelfest und haben einen stark färbenden, dunklen Saft. Der Geschmack ist süßsäuerlich mit einem mittleren Aroma. Die Früchte haben eine empfindliche Fruchthaut und sind deshalb nur mäßig transportfest. Sie sind gut pflückbar, wenn die Ertragsruten an ein Stützgerüst gebunden wurden. Eine zweimalige Pflücke je Woche ist erforderlich. Für Marmelade, Gelee und Saft ist die Sorte gut zu verarbeiten. Vitamin C-Gehalt 23,1 mg/100 g; lösliche TRS 9,3 %; Säure 1,9 g/100 g.

Loch Ness

'Loch Ness' ist eine süßsäuerlich schmekkende, ertragreiche Sorte. Sie ist für den Erwerbsanbau, den Hausgarten und den Frischmarkt geeignet. Sie ist wenig anfällig für Fruchtfäule. Stützgerüst und regelmäßiger Schnitt sind erforderlich. Im Winter ist Frostschutz zu empfehlen.

Herkunft: 'Loch Ness' ist ein Sämling, 1983 aus der Kreuzung 'SCRJ 75131D1' × 'SCRJ 74236RA8' entstanden. Sie wurde am Scottish Crop Research Institute, Invergowrie, Dundee, Schottland, gezüchtet. Es besteht Sortenschutz.

Wuchs und Anbau: Die Pflanze ist stark wachsend. Sie bildet bis zu 3 m lange Ranken und ist stachellos. Die Seitentriebbildung ist gering, das Blatt ist dreiteilig gefiedert.

Blüte, Reifezeit, Ertrag: Die Sorte blüht früh. Die Blüten bilden sich an letztjährigen Ruten an langen Fruchttrieben. Die Früchte reifen Ende Juli bis Mitte September. Der Ertrag ist mittelhoch bis hoch.

Frucht und Verwertung: Die Früchte sind groß, elliptisch, schwarz, glänzend und fest. Der Geschmack ist süßsäuerlich, das Aroma ist kräftig und sehr ansprechend. Die Früchte sind gut pflückbar, wenn die Ertragsruten an ein Stützgerüst gebunden werden. Einmalige Pflücke je Woche ist notwendig. Die Sorte ist gut zu Marmelade und Gelee zu verarbeiten. Vitamin C-Gehalt 20,4 mg/100 g; lösliche TRS 10,4 %; Säure 1,3 g/100 g.

Brombeere

Sunberry

'Sunberry' ist eine süßsäuerlich schmeckende Liebhabersorte, die besonders für den Hausgarten geeignet ist. Bei längeren und höheren Niederschlägen ist sie anfällig für Fruchtfäule. Im Winter ist Frostschutz erforderlich.

Herkunft: Die *Rubus*-Arthybrid-Sorte 'Sunberry' ist eine Kreuzung aus einem *Rubus ursinus*-Sämling, und einem Sämling aus 'Malling Jewel'. Sie wurde von J. Graham-Bryce, East Malling, England, gezüchtet.

Wuchs und Anbau: Die Pflanze ist mittelstark bis stark wachsend, sie hat etwa 3–4 m lange Ranken mit zahlreichen feinen Stacheln, die Anzahl der Seitentriebe ist mittelhoch. Das Blatt ist dreiteilig gefiedert.

Blüte, Reifezeit, Ertrag: Die Sorte blüht früh. Die Blüten bilden sich an letztjährigen Ruten, die Pflanze hat mittellange Fruchttriebe. Die Früchte reifen Ende Juli bis Ende August. Der Ertrag ist mittelhoch. Häufiges Durchpflücken ist notwendig.

Frucht und Verwertung: Die Früchte sind groß, eiförmig, vollreif rötlichschwarz, glänzend, mittelfest bis fest. Der Geschmack ist brombeerähnlich und bei Frischverzehr angenehm. Die Früchte sind saftig, schwer pflückbar und nicht haltbar am Strauch. Die Sorte ist gut zu Marmelade und Gelee zu verarbeiten. Vitamin C-Gehalt 18,8 mg/100 g; lösliche TRS 4,6%; Säure 1,7 g/100 g.

Brombeere

Tayberry

'Tayberry' ist eine süßsäuerlich schmek-kende Liebhabersorte, die nur für den Hausgarten geeignet ist. Die Sorte ist empfindlich für Winterfrost, ein besonderer Schutz ist erforderlich.

Herkunft: Die *Rubus*-Arthybrid-Sorte 'Tayberry' ist eine Kreuzung aus *Rubus fruticosus* × *Rubus idaeus*. Sie wurde von C. Taylor, Schottland, gezüchtet.

Wuchs und Anbau: Die Pflanze ist mittelstark bis stark wachsend und halbaufrecht. Sie hat zahlreiche kleine Stacheln, die Anzahl der Seitentriebe ist mittelhoch, das Blatt ist unpaarig gefiedert. Die Ertragsruten sollten an ein Stützgerüst gebunden werden.

Blüte, Reifezeit, Ertrag: Die Blüten bilden sich an letztjährigen Ruten an kurzen bis mittellangen Fruchttrieben. Die Früchte reifen ab Ende Juni bis Mitte Juli. Der Ertrag ist gering bis mittelhoch.

Frucht und Verwertung: Die Früchte sind sehr groß, zapfenförmig, purpurrot, glänzend und mittelfest. Der Geschmack ist süßsäuerlich, mit einem ausgeprägten Aroma. Der Zapfen bleibt bei der Ernte in der Frucht, sie ist mittelgut bis schwer pflückbar. Es muß regelmäßig durchgepflückt werden. Die Früchte sind gut zu Marmelade und Gelee zu verarbeiten. Vitamin C-Gehalt 19,3 mg/100 g; lösliche TRS 7,8%; Säure 1,2 g/100 g.

Brombeere

Theodor Reimers

Synonyme: 'Himalaya', 'Black Diamond', 'Sandbrombeere'

'Theodor Reimers' ist eine süß schmekkende, ertragreiche, altbewährte Sorte. Sie ist für den Erwerbsanbau und den Hausgarten geeignet. Sie ist anfällig für Fruchtfäule und Brombeermilbe. Ein Stützgerüst und regelmäßiger Schnitt sind erforderlich. Im Winter ist Frostschutz zu empfehlen.

Herkunft: 'Theodor Reimers' ist eine Auslese aus der wilden 'Sandbrombeere' *(Rubus discolor)*. Sie wurde um 1890 in Amerika durch L. Burbank gezüchtet. Nach Deutschland wurde sie um 1900 von dem Baumschuler Theodor Reimers eingeführt.

Wuchs und Anbau: Die Pflanze ist stark bis sehr stark wachsend, die Triebe können extrem lang werden und sind sehr stark bestachelt, auch am Blattstiel. Sie bildet viele Seitentriebe, ist frostempfindlich, treibt aber aus dem Wurzelstock willig wieder aus.

Blüte, Reifezeit, Ertrag: Die Blüten bilden sich an letztjährigen Ruten an langen Fruchttrieben. Die Früchte reifen Ende Juli bis Mitte September. Der Ertrag ist hoch. Die späte Blüte ist wenig frostgefährdet, was sich vorteilhaft auf einen regelmäßigen Ertrag auswirkt.

Frucht und Verwertung: Die Früchte sind mittelgroß, rund bis kegelförmig, schwarz, glänzend und fest. Die vollreifen Früchte schmecken süß und haben ein kräftiges Aroma, sie sind aber nicht lange haltbar. Sie sind mittelgut bis gut pflückbar, wenn die Ertragsruten an ein Stützgerüst gebunden werden. Die Pflückbarkeit ist durch starke Bestachelung beeinträchtigt. Die Früchte eignen sich sehr gut für die Verarbeitung zu Marmelade und Gelee. Vitamin C-Gehalt 17,6 mg/100 g; lösliche TRS 11,0%; Säure 1,6 g/100 g.

Brombeere

Thornfree
Synonym: 'Black Thornfree'

'Thornfree' ist eine stachellose, süßsäuerlich schmeckende, ertragreiche Spätsorte. Sie ist für den Erwerbsanbau und Hausgarten geeignet. Sie ist anfällig für Fruchtfäule und Brombeermilbe sowie für Rutenkrankheiten. Ein Stützgerüst und regelmäßiger Schnitt sind erforderlich. Im Winter ist Frostschutz notwendig.

Herkunft: 'Thornfree' ist eine Kreuzung aus ('Merton Thornless' × 'Brainerd') × ('Eldorado' × 'Merton Thornless'). Sie wurde 1959 in Beltsville, USA, gezüchtet, im Handel ist sie seit 1966.

Wuchs und Anbau: Die Pflanze ist stark wachsend. Sie bildet 4–5 m lange Ranken. Die Anzahl der Seitentriebe ist gering bis mittelhoch. Sie sind unbewehrt. Das Blatt ist dicht behaart und dreiteilig gefiedert.

Blüte, Reifezeit, Ertrag: Die Blüten bilden sich an letztjährigen Ruten an langen Fruchttrieben. Die Früchte reifen Ende August bis Ende Oktober. Die spät angesetzten Früchte reifen oft nicht mehr aus. Der Ertrag ist hoch.

Frucht und Verwertung: Die Früchte sind sehr groß, lang kegelförmig, schwarz, glänzend und fest. Der Geschmack ist süßsäuerlich mit wenig Aroma. Die Früchte sind gut pflückbar, wenn die Ertragsruten an ein Stützgerüst gebunden werden. Es ist notwendig, daß die Früchte zweimal in der Woche gepflückt werden. Die Früchte sind gut zu Marmelade, Gelee und Saft zu verarbeiten. Gefrierkonservierung ist möglich. Vitamin C-Gehalt 19,7 mg/100 g; lösliche TRS 8,9 %; Säure 1,7 g/100 g.

Brombeere

Thornless Evergreen
Synonyme: 'Blacky', 'Domino'

'Thornless Evergreen' ist eine stachellose, süßsäuerlich schmeckende Spätsorte. Sie ist eine geeignete Sorte für den Erwerbsanbau, da die Früchte sehr transportfest sind. Leistungsfähigere neue Sorten ersetzen sie im Erwerbsanbau zunehmend. Durch das dekorative Blatt wird sie vielfach auch im Hausgarten gepflanzt. Sie ist anfällig für Brombeermilbe und Rote Spinne, zeigt aber kaum Befall mit Rutenkrankheiten.

Herkunft: 'Thornless Evergreen' ist eine stachellose Mutante der Sorte 'Oregon Evergreen' *(Rubus laciniatus)*, die 1926 durch Ph. Steffes in den USA gefunden wurde.

Wuchs und Anbau: Die Pflanze ist mittelstark bis stark wachsend, wenig verzweigt und stachellos. Das Blatt ist fünfteilig und sehr tief geschlitzt. Die Sorte neigt als Chimäre zum Rückmutieren in die stark stachelige Ausgangsform, die dann als Wurzelschosser erscheint.

Blüte, Reifezeit, Ertrag: Die Blüte ist sehr spät. Die Blüten bilden sich an letztjährigen Ruten an langen Fruchttrieben. Die Früchte reifen Ende August bis Mitte Oktober. Der Ertrag ist mittelhoch bis hoch.

Frucht und Verwertung: Die Früchte sind mittelgroß bis groß, zum Ende der Erntezeit nimmt die Fruchtgröße ab. Die Früchte sind stumpfkegelförmig, schwarzglänzend und fest. Der Geschmack ist süßsäuerlich ohne nennenswertes Aroma. Die Früchte sind sehr haltbar. Sie sind gut pflückbar, wenn die Ertragsruten an ein Stützgerüst gebunden werden. Für Marmelade, Gelee und Saft ist die Sorte gut zu verarbeiten. Auch Gefrierkonservierung ist möglich. Vitamin C-Gehalt 16,9 mg/100 g; lösliche TRS 3,8%; Säure 1,5 g/100 g.

Brombeere

Tummelberry

'Tummelberry' ist eine süßsäuerlich schmeckende, ertragreiche Liebhabersorte, die für den Hausgarten geeignet ist. Dort besitzt sie auch gewissen Zierwert. Die Sorte ist anfällig für Fruchtfäule. Sie ist empfindlich gegen Winterfrost, Frostschutz ist notwendig.

Herkunft: Die *Rubus*-Arthybrid-Sorte 'Tummelberry' ist eine Kreuzung aus *Rubus idaeus* Sämling 69 102/10 × 'Tayberry' *(Rubus fruticosus × Rubus idaeus)*. Sie wurde um 1980 von C. Taylor, Schottland, gezüchtet.

Wuchs und Anbau: Die Pflanze ist stark wachsend. Sie hat etwa 3 m lange Ranken mit zahlreichen kleinen Stacheln und eine mittelgroße Anzahl Seitentriebe; das Blatt ist unpaarig gefiedert.

Blüte, Reifezeit, Ertrag: Die Blüten bilden sich an letztjährigen Ruten an mittellangen Fruchttrieben. Die Früchte reifen ab Ende Juli bis Ende August. Der Ertrag ist mittelhoch bis hoch.

Frucht und Verwertung: Die Früchte sind groß bis sehr groß, eiförmig, rötlich, glänzend und mittelfest. Der Geschmack ist süßsäuerlich, mit einem angenehmen Aroma, wenn sie termingerecht im optimalen Reifestadium gepflückt werden. Die Früchte sind schwer pflückbar. Die Fruchtstiele sind stark bestachelt. Bei schlechtem Wetter muß in kurzen Abständen geerntet werden. Die Ertragsruten sollten an ein Stützgerüst gebunden werden. Die Früchte sind gut zu Marmelade und Gelee zu verarbeiten.

Brombeere

Wilsons Frühe

'Wilsons Frühe' ist eine süß schmeckende Frühsorte mit mittlerem Ertrag. Sie ist für den Hausgarten geeignet und überwiegend für den Frischverzehr gedacht. Die Sorte benötigt einen tiefgründigen Boden.

Herkunft: 'Wilsons Frühe' ist ein Zufallssämling, gefunden von J. Wilsons, Burlington, USA, und ist bereits seit 1854 im Anbau.

Wuchs und Anbau: Die Pflanze ist mittelstark wachsend. Sie hat aufrechte Ruten und treibt wie Himbeere aus Wurzelausläufern. Sie ist mittelstark bestachelt. Die Ruten sind sehr frosthart.

Blüte, Reifezeit, Ertrag: Die Sorte blüht sehr früh und ist dadurch blütenfrostgefährdet. Die Blüten bilden sich an letztjährigen Ruten an kurzen Fruchttrieben. Die Früchte reifen Ende Juli bis Mitte August. Der Ertrag ist mittelhoch.

Frucht und Verwendung: Die Früchte sind mittelgroß, langoval, schwarzrot bis schwarz, glänzend und fest. Der Geschmack ist süß mit mäßigem Aroma. Die Früchte sind leicht pflückbar, wenn die Ertragsruten an ein Stützgerüst gebunden werden. Nur für Frischverzehr. Vitamin C-Gehalt 18,2 mg/100 g; lösliche TRS 8,9%; Säure 0,9 g/100 g.

Brombeere

Bluetta

Mittelaromatische, sehr frühe Sorte, Verbesserung von 'Weymouth'. Empfindlich für Triebsterben.

Herkunft: 'Bluetta' ist eine Kreuzung aus ('North Sedywick' × 'Coville') × 'Earlyblue'. Sie wurde in New Brunswick, USA, 1952 gezüchtet.

Wuchs und Anbau: Die Pflanze ist mittelstark wachsend, mit einem breitausladenden Wuchs. Sie bildet einen kleinen kompakten Strauch.

Blüte, Reife, Ertrag: Die Blüte ist früh. Die Früchte sind dichtsitzend an mittelgroßen Fruchttrauben. Sie ist früh reifend. Der Ertrag ist mittelhoch.

Frucht: Die Früchte sind groß, fest, hellblau, platzfest mit einem mittleren Aroma und angenehmem Geschmack. Vitamin C-Gehalt 8,5 mg/100 g; lösliche TRS 9,3%; Säure 0,3 g/100 g.

Alle Heidelbeeren sind selbstfertil und auf Insektenbestäubung angewiesen.

Blueray

Ertragreiche Blaubeersorte für den Erwerbsanbau. Widerstandsfähig gegen Blütenfrost. Als Jungpflanze empfindlich für Triebsterben an schlechten Standorten.

Herkunft: Kreuzung aus ('Jersey' × 'Pioneer') × ('Stanley' × 'June') von F.V. Coville und O.M. Freeman, USA, gezüchtet, seit 1955 im Handel.

Wuchs und Anbau: Die Pflanze ist sehr stark wachsend und zeigt einen breiten Wuchs. Sie hat ein mittelgroßes Blatt. Ein kräftiges Auslichten ist erforderlich.

Blüte, Reifezeit, Ertrag: Die Blüte ist mittelfrüh. Die Sorte bildet kleine Fruchttrauben. Die Früchte sind dicht sitzend, mittelfrüh reifend. Ertrag hoch bis sehr hoch.

Frucht: Die Früchte sind groß, fest und plattrund, platzfest und regenfest mit kräftigem Aroma, leicht säuerlich mit gutem Geschmack. Insgesamt hervorragende Fruchtqualität. Vitamin C-Gehalt 9,9 mg/ 100 g; lösliche TRS 12,7%; Säure 0,6 g/100 g.

Kulturheidelbeere

Dixi

Großfrüchtige Spätsorte mit gutem Geschmack, überwiegend für den Hausgarten geeignet. Ihre Frosthärte ist mäßig.

Herkunft: Kreuzung aus ('Jersey' × 'Pioneer') × 'Stanley'. Seit 1936 im Handel.

Wuchs und Anbau: Die Pflanze ist stark wachsend, hat einen hohen ausladenden Wuchs, lockeren Pflanzenaufbau und kräftige Gerüstäste.

Blüte, Reifezeit, Ertrag: Die Blüte ist spät und lange anhaltend. Mitteldichte Fruchttraube und locker sitzende Beeren, spät reifend. Der Ertrag ist mittelhoch.

Frucht: Die Früchte sind groß, rundlich bis oval, hellblau, weißlich bereift. Der Geschmack ist süß bis säuerlich mit einem kräftigen Aroma, gut erst bei Vollreife. Nachteilig ist die große nasse Narbe beim Pflücken. Die Früchte sind nicht platzfest. Wegen der langandauernden Reifeperiode ist ein häufiges Nachpflücken erforderlich. Vitamin C-Gehalt 9,4 mg/100 g; lösliche TRS 11,7%; Säure 0,9 g/100 g.

Patriot

'Patriot' ist eine sehr aromatisch schmeckende, frostharte Sorte. Sie ist für den Erwerbsanbau und den Hausgarten geeignet.

Herkunft: 'Patriot' ist eine Kreuzung aus ('Dixi' × 'Mich. LB-1') × 'Earlyblue'. Sie wurde 1976 eingeführt.

Wuchs und Anbau: Die Pflanze ist stark wachsend. Sie hat einen aufrechten Wuchs und bildet hochbuschige Pflanzen. Sie ist frosthart im Holz.

Blüte, Reifezeit, Ertrag: Die Blüte ist früh und klein. Die Sorte hat dicht zusammenhängende Fruchtstände. Sie ist spät reifend. Der Ertrag ist regelmäßig und hoch.

Frucht: Die Früchte sind groß, fest, sie haben eine typisch blaue Heidelbeerfarbe, sind bereift und haben ein sehr gutes Aroma. Das Süße/Säure-Verhältnis ist ausgewogen. Vitamin C-Gehalt 8,1 mg/100 g; lösliche TRS 8,7%; Säure 0,6 g/100 g.

Kulturheidelbeere

Jonkheer van Tets

'Jonkheer van Tets' ist eine wohlschmekkende Frühsorte. Sie ist bedingt für den Frischmarkt und für den Hausgarten geeignet. Sie ist mittelstark anfällig für Blattfallkrankheit, anfällig für Rotpustelkrankheit und Fruchtfäulnis. Aufgrund sehr früher Blüte ist sie außerdem anfällig für Spätfröste. Die Sorte benötigt gute Standortbedingungen.

Herkunft: 'Jonkheer van Tets' ist ein Sämling aus 'Fays Fruchtbare'. Sie wurde 1931 von J. Maarse, Schellinghout, Niederlande, gezüchtet. Im Handel ist sie seit 1941.

Wuchs und Anbau: Die Pflanze ist stark wachsend. Die Büsche werden nicht sehr dicht, sie treiben sehr früh aus, bringen viele Basistriebe, wachsen sperrig aufrecht und sind wenig verzweigt. Sie sind zur Hekkenerziehung geeignet.

Blüte, Reifezeit, Ertrag: Die Sorte ist sehr früh blühend und die Reifezeit der Sorte ist sehr früh. Der Ertrag ist mittelhoch bis hoch. Die Sorte neigt zum Verrieseln.

Frucht: Die Sorte hat einen langen Fruchtstand, ist mittellang gestielt; die Beeren sitzen locker. Sie sind groß, mittelrot bis dunkelrot, haben eine dünne Fruchthaut und sind deswegen weich bis mittelfest und nicht gut zu transportieren. Die Früchte schmecken säuerlich und haben ein kräftiges Aroma. Sie sind leicht pflückbar. Sie neigen bei Regen leicht zum Platzen und faulen stark. Vitamin C-Gehalt 38,0 mg/100 g; lösliche TRS 11,0%; Säure 3,2 g/100 g.

Alle Roten und Weißen Johannisbeeren sind selbstfertil. Die Bestäubung erfolgt oft schon in der noch nicht geöffneten Blüte. Dennoch ist Fremdbestäubung für eine hohe Ertragsleistung günstiger.

Rote Johannisbeere

Kordes Traubenwunder

'Kordes Traubenwunder' ist eine säuerlich schmeckende robuste, ertragreiche Spätsorte, die sich gut für den Anbau im Hausgarten eignet. Die Anfälligkeit für Blattfallkrankheit ist gering.

Herkunft: 'Kordes Traubenwunder' ist eine Kreuzung von 'Heros' × 'Heinemanns Spätlese'. Sie wurde 1968 von W. Kordes' Söhne gezüchtet.

Wuchs und Anbau: Die Pflanze ist mittelstark bis stark wachsend und früh bis mittelfrüh austreibend, die Büsche werden dicht und mittelhoch. Sie sind wenig verzweigt und haben starke Gerüstäste.

Blüte, Reifezeit, Ertrag: Die Sorte blüht mittelfrüh, ihre Reifezeit ist spät. Der Ertrag ist hoch.

Frucht: Die Sorte hat einen mittellangen Fruchtstand, ist kurz gestielt, die Beeren sitzen mitteldicht. Sie sind mittelgroß, hellrot und fest. Der Samen ist durchscheinend. Die Säure ist hoch, die Süße gering, die Beeren verfügen über ein säuerliches, mittleres Aroma. Die Früchte sind leicht greifbar und gut pflückbar, da die Fruchtstände freiliegen. Die Beeren sind am Strauch lange haltbar. Vitamin C-Gehalt 33,6 mg/100 g; lösliche TRS 11,5%; Säure 3,1 g/100 g.

Rote Johannisbeere

Laxtons Nr. 1

'Laxtons Nr. 1' ist eine süßsäuerlich schmeckende Sorte, die sich für den Anbau im Hausgarten, aber auch für den Erwerbsanbau eignet. Sie wird zunehmend durch bessere Sorten ersetzt.

Herkunft: 'Laxtons Nr. 1' wurde von C. G. Hooker, Rochester, New York, USA, 1887 gezüchtet.

Wuchs und Anbau: Die Pflanze wächst mittelstark, mitteldichte Büsche bildend, mittel bis spät austreibend, breit buschig. Die Anzahl der Bodentriebe ist gering, sie sind mittelstark verzweigt.

Blüte, Reifezeit, Ertrag: Die Sorte ist mittelfrüh blühend. Die Reifezeit ist früh bis mittel. Der Ertrag ist mittel bis hoch.

Frucht: Die Sorte hat einen mittellangen Fruchtstand, ist kurz bis mittellang gestielt. Die Beeren sitzen locker. Sie sind klein bis mittelgroß, hellrot, haben eine dünne Fruchthaut und sind mäßig fest. Am Strauch sind sie lange haltbar. Die Früchte schmecken süßsäuerlich und haben einen leicht bitteren Beigeschmack, das Aroma ist gering, der Saftgehalt hoch. Die Früchte sind am Strauch haltbar. Die Traube ist leicht pflückbar. Die Früchte sind aber regenanfällig. Vitamin C-Gehalt 44,2 mg/ 100 g; lösliche TRS 10,7%; Säure 1,9 g/100 g.

Rote Johannisbeere

Minnesota 71

'Minnesota 71' ist eine süßsäuerlich schmeckende, ertragreiche Frühsorte. Sie ist für den Hausgarten geeignet. Die Anfälligkeit für Blattfallkrankheit ist gering bis mittelhoch.

Herkunft: 'Minnesota 71' wurde etwa 1955 von der Minnesota Fruit Breeding Farm der Universität Minnesota, USA, gezüchtet.

Wuchs und Anbau: Die Pflanze wächst mittelstark, breitbuschig. Die Triebe stehen straff aufrecht und die Pflanzen bilden lange Jahrestriebe. Sie sind mittelstark verzweigt.

Blüte, Reifezeit, Ertrag: 'Minnesota 71' ist früh blühend. Die Reifezeit der Sorte ist früh. Der Ertrag ist hoch.

Frucht: Die Sorte hat einen langen Fruchtstand, ist mittellang gestielt, die Beeren sitzen locker. Sie sind mittelgroß, dunkelrot und fest. Süße und Säure sind mittelstark. Der Geschmack ist mittelgut bis gut mit einem kräftigen, säuerlichen Aroma. Die Sorte ist regenunempfindlich. Die Trauben sind leicht pflückbar. Allerdings rieseln die Beeren leicht. Vitamin C-Gehalt 45,3 mg/100 g; lösliche TRS 12,5%; Säure 2,7 g/100 g.

Rote Johannisbeere

Mulka

'Mulka' ist eine säuerlich schmeckende Sorte, die überwiegend für den Hausgarten geeignet erscheint. Die Anfälligkeit für Blattfallkrankheit ist gering bis mittelhoch.

Herkunft: 'Mulka' ist hervorgegangen aus 'Houghton Castle' *(Ribes rubrum)* × 'Klon Nr. 15' *(Ribes multiflorum)*. Sie wurde 1960 von Bauer und Gruber am Max-Planck-Institut, Köln-Vogelsang, gezüchtet.

Wuchs und Anbau: Die Pflanze ist mittelstark wachsend, ist buschig, dicht und spät bis sehr spät austreibend. Sie verzweigt sich stark.

Blüte, Reifezeit, Ertrag: 'Mulka' ist sehr spät blühend und damit kaum blütenfrostgefährdet. Die Reifezeit der Sorte ist spät. Der Ertrag ist mittelhoch.

Frucht: Die Sorte hat einen mittellangen Fruchtstand, ist lang gestielt, die Beeren sitzen dicht. Sie sind klein, dunkelrot und fest. Die Früchte haben einen hohen Säuregehalt, die Süße ist mittelstark, ihr Aroma ist ansprechend. Die Beeren haben einen hohen Saftgehalt. Sie sind leicht pflückbar und bei Vollreife nicht oder nur sehr wenig rieselnd. Sie sind lange an der Pflanze haltbar. Vitamin C-Gehalt 58,7 mg/100 g; lösliche TRS 13,3%; Säure 2,3 g/100 g.

Rote Johannisbeere

Rolan

Sauer schmeckende, sehr ertragreiche Sorte für den Erwerbsanbau, den Frischmarkt und den Hausgarten. Die Anfälligkeit für Blattfallkrankheit ist gering bis mittelhoch.
Herkunft: 'Rolan' wurde 1963 im früheren IVT Wageningen, Niederlande, gezüchtet. Die Kreuzungspartner sind nicht bekannt.
Wuchs und Anbau: Die Pflanze ist stark wachsend, ist mitteldicht bis dicht wachsend und treibt spät aus. Sie ist mittelstark verzweigt und bildet kräftige Äste.
Blüte, Reifezeit, Ertrag: Sie ist mittelspät bis spät blühend. Die Reifezeit ist mittelspät bis spät. Ertrag hoch bis sehr hoch.
Frucht: Der Fruchtstand ist lang und langgestielt, die Beeren sitzen locker. Sie sind groß, hell bis mittelrot und sehr fest. Der Geschmack ist mittelgut mit einem säuerlich kräftigen Aroma. Die Sorte ist wenig regenempfindlich. Die Trauben sind leicht pflückbar. Die Früchte lösen sich mittelschwer. Vitamin C-Gehalt 25,5 mg/100 g; lösliche TRS 11,5%; Säure 2,3 g/100 g.

Rondom

Stark säuerlich herbe, ertragreiche Sorte für den Frischmarkt und den Hausgarten. Gering anfällig für Blattfallkrankheit.
Herkunft: Kreuzung aus *Ribes multiflorum* mit 'Rote Versailler' und alten holländischen Sorten, von J. Rietsema, Breda, Niederlande 1934 gezüchtet, 1949 eingeführt.
Wuchs und Anbau: Stark wachsend, bei starkem Behang überhängend, Austrieb mittelspät. Wuchs mitteldicht bis dicht, Triebe aufrecht und wenig verzweigt. Im Alter ist scharfer Schnitt günstig.
Blüte, Reifezeit, Ertrag: Blüte mittelspät. Reife mittelspät bis spät. Ertrag sehr hoch.
Frucht: Kurzer Fruchtstand, kurz gestielt, Beeren rundum dicht sitzend, groß, dunkelrot, fest und lange haltbar am Strauch. Säure stark, Süße gering, mittleres Aroma, herber Geschmack. Beeren regenfest, leicht pflückbar, rieseln nur wenig. Wegen zu heller Saftfarbe für die Verarbeitung wenig geeignet. Vitamin C-Gehalt 39,9 mg/100 g; lösliche TRS 11,2%; Säure 2,9 g/100 g.

Rote Johannisbeere

Rosetta

Sauer schmeckende, sehr ertragreiche Sorte für den Hausgarten. Wegen ihrer Fruchtfarbe weniger für den Frischmarkt.

Herkunft: Kreuzung aus 'Jonkheer van Tets' × 'Heinemanns Rote Spätlese'. Sie wurde 1962 im früheren I.V.T. Wageningen, Niederlande, gezüchtet.

Wuchs und Anbau: Wuchs aufrecht, sehr stark und buschig bis dicht. Treibt mittelspät bis spät aus und ist stark verzweigt.

Blüte, Reifezeit, Ertrag: 'Rosetta' ist mittelspät bis spät blühend. Die Sorte reift mittelspät bis spät. Der Ertrag ist sehr hoch.

Frucht: Langer Fruchtstand, lang gestielt, die Beeren sitzen gedrängt. Sie sind groß, leicht blaßrosa, fest und lange am Strauch haltbar. Der Geschmack ist säuerlich mit einem kräftigen Aroma. Die Sorte ist regenempfindlich. Die Beeren sind leicht pflückbar. Reife Beeren rieseln nicht. Vitamin C-Gehalt 28,4 mg/100 g; lösliche TRS 10,8%; Säure 2,4 g/100 g.

Rotet

Sauer aromatische, ertragreiche Sorte, für Hausgarten und Frischmarkt. Resistent gegenüber Blattfallkrankheit.

Herkunft: Kreuzung aus 'Jonkheer van Tets' × 'Heinemanns Rote Spätlese'. IVT Wageningen, Niederlande, 1963.

Wuchs und Anbau: Die Pflanze ist sehr stark und buschig wachsend, sie treibt früh aus, ist mittelstark verzweigt und bildet leicht überhängende Seitentriebe.

Blüte, Reifezeit, Ertrag: Sie ist mittelfrüh blühend. Die Reifezeit der Sorte ist mittelspät bis spät. Der Ertrag ist hoch.

Frucht: Die Sorte hat einen langen Fruchtstand, ist lang gestielt, die Beeren sitzen locker bis etwas gedrängt. Sie sind mittelgroß bis groß, ansprechend mittel- bis dunkelrot und fest. Der Geschmack ist säuerlich mit kräftigem Aroma. Die Sorte ist regenfest. Die Beeren lösen mittelschwer, sind jedoch leicht zu ernten und rieseln nicht. Vitamin C-Gehalt 54,9 mg/100 g; lösliche TRS 13,1%; Säure 3,3 g/100 g.

Rote Johannisbeere

Rovada
Synonym: 'Robella'

Sauer schmeckende, ertragreiche Sorte. Für Erwerbsanbau, Frischmarkt und Hausgarten.

Herkunft: Kreuzung aus 'Fays Fruchtbare' × 'Heinemanns Rote Spätlese', sie wurde 1968 im IVT Wageningen, Niederlande, gezüchtet.

Wuchs und Anbau: Die Pflanze ist mittelstark, buschig bis breitbuschig wachsend. Sie treibt spät bis sehr spät aus und ist wenig verzweigt. Die Triebe sind aufrecht.

Blüte, Reifezeit, Ertrag: Sie ist spät bis sehr spät blühend. Die Reifezeit der Sorte ist ebenfalls spät. Der Ertrag ist hoch.

Frucht: Die Sorte hat einen sehr langen Fruchtstand, ist lang gestielt, die Beeren sitzen locker. Sie sind groß, mittelrot, fest und lange am Strauch haltbar. Der Geschmack ist säuerlich mit kräftigem Aroma. Die Beeren sind leicht pflückbar. Der Stiel ist fest sitzend. Vitamin C-Gehalt 30,2 mg/100 g; lösliche TRS 11,5%; Säure 3,2 g/100 g.

Stanza
Synonym: 'St. Anna-Beere'

Süßsäuerliche, sehr ertragreiche Sorte für Hausgarten, Frischmarkt und Verarbeitung. Ständiges Auslichten ist erforderlich.

Herkunft: Züchtung des Proefbedrijf St. Anna-Parochie, Niederlande. Um 1963 entstanden, 1967 eingeführt. Ihre Abstammung ist unbekannt.

Wuchs und Anbau: Wuchs stark, breit mit frühen Austrieben und mittelstark verzweigt. Strenger Schnitt fördert die Ertragsleistung.

Blüte, Reifezeit, Ertrag: Sie ist früh bis mittelfrüh blühend. Die Reifezeit der Sorte ist mittelfrüh. Der Ertrag ist sehr hoch.

Frucht: Mittellanger Fruchtstand, mittellang bis lang gestielt, mitteldicht sitzende Beeren, groß, dunkelrot und fest. Der Geschmack ist süßsäuerlich mit mittlerem Aroma. 'Stanza' ist gut pflückbar. Die Beeren lösen leicht. Es sind sehr gute Verarbeitungsfrüchte. Vitamin C-Gehalt 36,8 mg/100 g; lösliche TRS 9,6%; Säure 2,4 g/100 g.

Rote Johannisbeere

Blanka

Säuerlich aromatische Spätsorte für Erwerbsanbau, Hausgarten und Frischmarkt. Die Fruchtfarbe ist ansprechend. Die Anfälligkeit für Blattfallkrankheit ist mittelhoch.

Herkunft: Kreuzung von 'Heinemanns Rote Spätlese' × 'Red Lake', von Eva Cvopova in Bojnice, Slowakei, gezüchtet.

Wuchs und Anbau: Die Pflanze ist stark wachsend, sie ist mittelspät austreibend, hochbuschig bis aufrecht, mitteldicht.

Blüte, Reifezeit, Ertrag: Die Sorte blüht mittelspät, ihre Reifezeit ist spät. Der Ertrag ist hoch.

Frucht: Die Sorte hat einen langen Fruchtstand und ist lang gestielt. Die Beeren sind mittelgroß, weißlich durchscheinend, mittelfest bis fest und haltbar am Strauch. Ihre Süße ist gering, die Säure stark. Der Geschmack ist säuerlich aromatisch. Die Früchte lösen sich leicht beim Pflücken. Allerdings rieseln die Beeren leicht. Vitamin C-Gehalt 33,4 mg/100 g; lösliche TRS 10,5 %; Säure 2,6 g/100 g.

Primus

Säuerlich aromatisch schmeckende Spätsorte, vorwiegend für den Hausgarten. Die Anfälligkeit für Blattfallkrankheit ist mittelhoch.

Herkunft: Kreuzung von 'Heinemanns Rote Spätlese' × 'Red Lake' von Eva Cvopova in Bojnice, Slowakei, gezüchtet.

Wuchs und Anbau: Die Pflanze ist stark wachsend, spät austreibend und wächst aufrecht bis buschig. Sie ist stark verzweigt. Eine regelmäßige Auslichtung ist nötig.

Blüte, Reifezeit, Ertrag: Sie ist spät blühend. Die Reifezeit der Sorte ist spät.

Frucht: Die Sorte hat einen langen Fruchtstand und ist lang gestielt. Die Beeren sind mittelgroß und weiß. Die Früchte sind mittelfest bis fest, dicht sitzend und lange haltbar am Strauch. Sie haben einen säuerlich aromatischen Geschmack. Der Ertrag ist mittelhoch bis hoch. Die Früchte sind beim Pflücken ziemlich schwer lösend. Die Beeren rieseln nicht. Vitamin C-Gehalt 54,5 mg/100 g; Säure 2,7 g/100 g.

Weiße Johannisbeere

Rosa Sport

'Rosa Sport' ist eine süßlichsauer schmekkende, ertragreiche, wertvolle weil widerstandsfähige Sorte. Wegen ihrer durchschei-
nenden rosa Fruchtfarbe ist sie mehr für
den Hausgarten geeignet, weniger für den
Frischmarkt.

Herkunft: 'Rosa Sport' ist entstanden aus
'Heros'. Sie wurde 1952 von Aldenhoff, Kop-
pen-Ertl, gezüchtet.

Wuchs und Anbau: Die Pflanze ist mittelstark wachsend, sehr früh austreibend,
wächst breit buschig bis aufrecht und ist
mittelstark verzweigt. Eine regelmäßige
Auslichtung ist notwendig.

Blüte, Reifezeit, Ertrag: Sie ist sehr früh
blühend. Die Reifezeit der Sorte ist mittel.
Der Ertrag ist hoch.

Frucht: Die Sorte hat einen mittellangen
Fruchtstand. Die Pflanze ist dicht behan-
gen. Die Beeren sind dicht sitzend. Die
Früchte sind groß, rosa durchscheinend,
mittelfest, glänzen stark und sehen 'perlen-
artig' aus. Der Geschmack ist sehr gut bei
angenehmer Säure und mildem Aroma. Der
Samenansatz ist stark durchscheinend. Die
Früchte sind gut greifbar und leicht pflück-
bar. Die Früchte rieseln nicht. Vitamin C-
Gehalt 37,2 mg/100 g; lösliche TRS 12,4%;
Säure 2,7 g/100 g.

Weiße Johannisbeere

Witte von Huisman

'Witte von Huisman' ist eine süßlich schmeckende Frühsorte. Sie ist vor allem für den Hausgarten geeignet. Die Anfälligkeit für Blattfallkrankheit ist mittelhoch.

Herkunft: 'Witte von Huisman' ist eine Mutation aus 'Red Lake', die 1985 von L. Huisman, den Burg, Niederlande, gefunden wurde.

Wuchs und Anbau: Die Pflanze ist mittelstark wachsend und früh bis mittelfrüh austreibend. Sie hat einen lockeren Pflanzenaufbau und ist mittelstark verzweigt.

Blüte, Reifezeit, Ertrag: Die Sorte ist früh blühend und reift früh. Der Ertrag ist mittelhoch bis hoch.

Frucht: Die Sorte hat einen mittellangen Fruchtstand und ist mittellang gestielt. Die Beeren sind mittelgroß bis groß, weißlichgelb und mittelfest. Die Früchte haben eine hohe Süße und ein süßlichsaures, kräftiges, angenehmes Aroma. Von den Weißen Johannisbeeren ist 'Witte von Huisman' die süßeste und am besten schmeckende. Die perlenartig aufgereihten Früchte wirken sehr dekorativ. Sie sind am Strauch gut haltbar. Die Sorte ist allerdings etwas regenanfällig. Vitamin C-Gehalt 36,5 mg/100 g; lösliche TRS 11,9 %; Säure 1,9 g/100 g.

Weiße Johannisbeere

Ben Alder

'Ben Alder' ist eine säuerlich schmeckende
Spätsorte. Sie ist für den Frischmarkt und
den Hausgarten geeignet. Aufgrund der späten Blüte ist sie weniger spätfrostgefährdet.
Die Sorte ist widerstandsfähig gegen Mehltau, Blattfallkrankheiten und Gallmilbe.

Herkunft: 'Ben Alder' ist eine Kreuzung
aus ('Goliath' × 'Ojebyn') × 'Ben Lomond'.
Sie wurde um 1985 im Scottish Horticultural Research Institute, Schottland, gezüchtet. Es besteht Sortenschutz.

Wuchs und Anbau: Die Pflanze ist stark
und buschig wachsend und verzweigt sich
mittelstark. Die Büsche werden relativ
dicht. 'Ben Alder' treibt spät aus und bildet
viele Basistriebe.

Blüte, Reifezeit, Ertrag: Sie ist sehr spät
blühend. Auch die Reifezeit ist sehr spät.
Der Ertrag ist mittelhoch bis hoch.

Frucht: Die Sorte hat einen mittellangen
Fruchtstand und ist mittellang gestielt. Die
Früchte sind mittelgroß bis groß, fest und
mitteldicht sitzend. Sie sind haltbar am

Strauch. Die Süße ist mäßig bis groß, die
Säure ist stark mit geringem Aroma. Die
Früchte sind mittelschwer pflückbar. Sie
lassen sich schwer von der Traube lösen.
Die Verletzung der Frucht bei der Ernte ist
mittelstark. Vitamin C-Gehalt 111,8 mg/
100 g; lösliche TRS 14,4%; Säure
4,0 g/100 g.

Schwarze Johannisbeeren sind in unter-
schiedlichem Grade selbstfertil. Fremdbestäubung ist in jedem Falle günstiger, da
nicht ausreichend befruchtete Blüten
Früchte mit wenig Samen hervorbringen,
die zum Rieseln neigen. Man sollte also
mindestens zwei Sorten pflanzen.

Schwarze Johannisbeere

Ben Lomond

'Ben Lomond' ist eine säuerlich schmekkende Sorte. Sie ist für den Frischmarkt
und den Hausgarten geeignet. Sie ist widerstandsfähig gegenüber Mehltau, aber mittelstark anfällig für Gallmilbe.

Herkunft: 'Ben Lomond' ist eine Kreuzung
aus ('Consort' × 'Magnus') × ('Brödtorp' ×
'Janslunda'). Sie wurde um 1970 im Scottish Horticultural Research Institute,
Schottland, gezüchtet.

Wuchs und Anbau: Die Pflanze wächst
stark, mitteldicht bis dicht und mittelhoch.
Sie treibt früh aus, wächst buschig und bildet viele aufrechte Langtriebe, die stark
verzweigt sind.

Blüte, Reifezeit, Ertrag: Sie ist mittelspät
blühend, reift mittelspät bis spät und bringt
mittlere bis hohe Erträge.

Frucht: Die Sorte hat einen mittellangen
Fruchtstand, ist mittellang gestielt. Sie hat
große, feste Beeren, die mäßig dicht sitzen.
Die Früchte sind am Strauch gut haltbar.
Die Süße ist mäßig, die Säure stark, bei

einem mittelmäßigen Aroma. Die Früchte
sind leicht pflückbar, sie lassen sich leicht
lösen. Die Verletzung der Frucht bei der
Ernte ist gering. Vitamin C-Gehalt
194,0 mg/100 g; lösliche TRS 13,9%; Säure
4,0 g/100 g.

Schwarze Johannisbeere

Ben Sarek

Säuerliche Sorte für Frischmarkt und Hausgarten. Widerstandsfähig gegenüber Mehltau, für Gallmilben nur gering anfällig.
Herkunft: Sämling aus ('Goliath' × 'Ojebyn') × frei abgeblüht. Um 1980 im Scottish Crop Research Institute, Schottland, gezüchtet.
Wuchs und Anbau: Wuchs mittelstark und mittelhoch, dicht bis sehr dicht, buschig, mittelspät austreibend. Bringt wenig Basistriebe und ist mittelstark verzweigt.
Blüte, Reifezeit, Ertrag: Blüte früh bis mittelfrüh, Reife mittelspät, Ertrag hoch.
Frucht: Die Sorte hat einen mittellangen Fruchtstand, ist mittellang gestielt. Sie hat große, schwarze, mittelfeste, haltbare Beeren. Ihre Süße ist gering, die Säure stark, das Aroma mittelfein. Die Fruchtstände sind leicht pflückbar, die Beeren lassen sich nicht gut lösen. Die Verletzung der Frucht bei der Ernte ist erheblich. Vitamin C-Gehalt 96,4 mg/100 g; lösliche TRS 13,5%; Säure 4,4 g/100 g.

Ben Tirran

Süßsäuerliche Spätsorte, für Frischmarkt und Hausgarten. Wenig spätfrostgefährdet. Widerstandsfähig gegen Mehltau und Gallmilbe.
Herkunft: Kreuzung aus ('Seabroke Black' × 'Amos Black') × ('Seabroke Black' × *Ribes* spec.). Züchtung des Scottish Crop Research Institute, Schottland 1987. Sortenschutz.
Wuchs und Anbau: Wuchs mittelstark, buschig bis breitbuschig, treibt spät aus, bildet wenig Basistriebe und ist mittelstark verzweigt, fällt etwas auseinander.
Blüte, Reifezeit, Ertrag: Blüte und Reifezeit sind spät. Der Ertrag ist hoch.
Frucht: Mittellanger Fruchtstand, mittellang gestielt. Früchte mittelgroß, schwarz, fest und haltbar am Strauch. Süße und Säure mittelstark bis stark bei einem mittleren Aroma. Früchte sind leicht pflückbar. Die Verletzung der Frucht bei der Ernte ist gering. Vitamin C-Gehalt 154,2 mg/100 g; lösliche TRS 13,4%; Säure 4,3 g/100 g.

Schwarze Johannisbeere

Ometa

'Ometa' ist eine süßsäuerlich, aromatisch schmeckende Sorte, die sowohl für den Frischmarkt als auch für den Hausgarten geeignet ist. Sie ist widerstandsfähig gegenüber Mehltau und nur gering anfällig für Gallmilbenbefall.

Herkunft: 'Ometa' ist eine Kreuzung aus 'Westra' × resistenter Sämling. Sie wurde 1980 von R. Bauer, Breitbrunn, gezüchtet. Im Handel ist sie seit 1990, es besteht Sortenschutz.

Wuchs und Anbau: Die Pflanze wächst stark, mittelhoch und breitbuschig. Sie treibt früh aus und bildet wenig Seitentriebe und ebenso nur wenig Basistriebe.

Blüte, Reifezeit, Ertrag: 'Ometa' blüht früh bis mittelfrüh. Die Reifezeit ist mittelspät bis spät. Der Ertrag ist hoch.

Frucht: Die Sorte hat einen mittellangen Fruchtstand, ist mittellang gestielt, mit dicht sitzenden Beeren. Diese sind groß und fest und lange am Strauch haltbar. Die Süße ist stark, die Säure mittelstark, ihr Aroma ist kräftig. Die Früchte sind leicht pflückbar und sie lassen sich leicht vom Stiel lösen. Die Verletzung der Früchte bei der Ernte ist gering. Vitamin C-Gehalt 154,1 mg/100 g; lösliche TRS 14,5%; Säure 3,3 g/100 g.

Schwarze Johannisbeere

Roodknop
Synonym: 'Roodknop Goliath'

'Roodknop' ist eine mittelgut schmeckende Sorte. Sie ist für den Erwerbsanbau und den Hausgarten geeignet. Es ist eine wichtige Sorte für die mechanische Ernte. Die Beeren platzen jedoch leicht. Sie ist stark anfällig für Fruchtfäule, aber nur gering bis mäßig anfällig für Mehltau; gegenüber Gallmilbenbefall ist sie stärker anfällig.

Herkunft: 'Roodknop' ist eine Selektion aus 'Goliath'. Sie wurde züchterisch bearbeitet von J. Heemstra, Niederlande, und 1921 herausgegeben.

Wuchs und Anbau: Die Pflanze wächst stark, mittelhoch und kompakt und hat kurzes Seitenholz. Sie bildet viele Basistriebe.

Blüte, Reifezeit, Ertrag: Sie ist mittelspät bis spät blühend. Die Reifezeit ist mittelfrüh. Der Ertrag ist hoch.

Frucht: Die Sorte hat einen mittellangen Fruchtstand und die Beeren sind kurz gestielt. Die Früchte sind groß, weich und dicht sitzend, bei Vollreife nicht lange am Strauch haltbar. Die Verletzung der Beeren bei der Ernte ist stark. Die Süße ist gering, die Säure stark bei einem mittleren Aroma. Von Hand sind die Früchte schwer zu pflükken. Vitamin C-Gehalt 150,9 mg/100 g; lösliche TRS 13,7%; Säure 3,6 g/100 g.

Rosenthals Langtraubige Schwarze
Synonym: 'Boskoop Giant'

Säuerliche, sehr frühreifende alte Sorte. Für den Hausgarten und zur Verarbeitung sehr gut geeignet. Mittelstark anfällig für Mehltau und stark für Gallmilbe.

Herkunft: Findling aus 'Schwarze Traube'. 1913 von H. Rosenthal, Leipzig, entdeckt.

Wuchs und Anbau: Wuchs sehr stark und mittelhoch, sehr früher Austrieb, viele Bodentriebe, wird breitbuschig und dicht.

Blüte, Reifezeit, Ertrag: Mittelfrüh blühend, Reife sehr früh. Ertrag hoch.

Frucht: Langer Fruchtstand, kurz gestielt. Große, weiche, locker sitzende Beeren. Früchte sind leicht pflückbar, am Strauch nicht gut haltbar und schnell überreif, daher starkes Rieseln zur Vollreife. Die Süße ist gering, die Säure mittelstark, gute Saftfarbe. Das Aroma ist mittelkräftig, herb säuerlich. Vitamin C-Gehalt 193,7 mg/100 g; lösliche TRS 13,2%; Säure 3,4 g/100 g.

Silvergieters Schwarze

Gut schmeckende, alt bekannte Frühsorte für Frischmarkt und Hausgarten. Stark anfällig für Mehltau, Blattfallkrankheit und Gallmilbe.

Herkunft: Stammt ab von 'Boskoop Giant', 1930 von C. M. van der Slikke, Niederlande, gezüchtet, im Handel seit 1936.

Wuchs und Anbau: Wächst sehr stark, treibt früh aus, wächst breitbuschig und mitteldicht und ist mittelstark verzweigt.

Blüte, Reifezeit, Ertrag: Mittelfrüh blühend, Reifezeit früh. Ertrag hoch.

Frucht: Mittellanger Fruchtstand, kurz gestielt. Matte, große, weiche, locker sitzende Beeren. Die Süße ist stark, die Säure mittelstark bei wohlschmeckendem Aroma. Die Schale schmeckt etwas nach. Früchte sind leicht pflückbar. Die Verletzung der Beeren bei der Ernte ist mittelstark. Die Sorte neigt zum Rieseln. Vitamin C-Gehalt 211,8 mg/100 g; lösliche TRS 13,8%; Säure 2,8 g/100 g.

Schwarze Johannisbeere

Stripta

Sorte für Frischmarkt und Hausgarten. Die Anfälligkeit für Blattfallkrankheit ist mittelhoch, die für Gallmilbe stark.

Herkunft: Sämlingsnachkomme aus 'Uppsala IV'. 1969 von R. Bauer am Max-Planck-Institut, Köln-Vogelsang, gezüchtet.

Wuchs und Anbau: Mittelstark wachsend. Sie treibt sehr früh aus, ist buschig und dicht. Stark verzweigt mit vielen Basistrieben.

Blüte, Reifezeit, Ertrag: Sie ist früh blühend. Die Reifezeit der Sorte ist früh. Der Ertrag ist mittelhoch bis hoch.

Frucht: Die Sorte hat einen mittellangen Fruchtstand und ist kurz gestielt. Die Beeren sind groß. Die Früchte sind fest und sitzen sehr dicht. Die Süße ist gering, die Säure stark. Der Geschmack ist säuerlich mit einem geringen Aroma. Die Früchte sind leicht lösend beim Pflücken. Die Verletzung der Frucht bei der Ernte ist gering. Vitamin C-Gehalt 93,6 mg/100 g; lösliche TRS 13,7%; Säure 4,2 g/100 g.

Titania

Wichtige robuste Sorte für Erwerbsanbau und Hausgarten. Hohe Widerstandsfähigkeit gegenüber pilzlichen Krankheiten. Gering anfällig für Gallmilbenbefall, gut maschinell erntbar.

Herkunft: Kreuzung aus 'Altajskaja Desertnaja' × ('Consort' × 'Kajaanin Musta'). Um 1980 von P. Tamás, Schweden, gezüchtet. Es besteht Sortenschutz.

Wuchs und Anbau: Wächst sehr stark, breitbuschig, mittelspäter Austrieb. Weite Pflanzabstände und starkes Auslichten älterer Pflanzen sind erforderlich.

Blüte, Reifezeit, Ertrag: Blüte und Reifezeit sind mittelspät. Der Ertrag ist hoch.

Frucht: Langer Fruchtstand, mittellang gestielt. Beeren groß, fest sitzend, locker. Die Süße ist gering, die Säure mittelstark. Der Geschmack ist mittelgut bei mittlerem Aroma. Die Früchte lösen beim Pflücken leicht vom Stiel. Verletzung bei der Ernte ist gering. Vitamin C-Gehalt 112,3 mg/100 g; lösliche TRS 14,3%; Säure 3,8 g/100 g.

Schwarze Johannisbeere

Wellington XXX
Synonym: 'Triple X'

'Wellington XXX' ist eine süßsäuerlich, aber gut schmeckende, altbekannte Sorte. Sie ist für den Erwerbsanbau und für den Hausgarten geeignet. Durch Selektion wurden Mutanten mit unterschiedlicher Reifezeit und Ertragsleistung ausgelesen, die für mechanische Ernte geeignet sind. Sie ist sehr reichtragend, aber stark anfällig für Mehltau und anfällig für Gallmilbe. Wegen früher Blüte ist sie stark spätfrostgefährdet.

Herkunft: 'Wellington XXX' ist eine Kreuzung aus 'Baldwin' × 'Boskoop Giant'. Sie wurde 1913 von R. Wellington in East Malling, England, gezüchtet. In Deutschland ist sie seit Anfang der 50er Jahre verbreitet.

Wuchs und Anbau: Die Pflanze ist stark wachsend und bildet einen hohen Strauch. Sie treibt früh aus und bildet sehr viele Basistriebe. Sie wächst leicht überhängend, ist stark verzweigt und bildet kräftige Gerüstäste. Sie stellt hohe Boden- und Standortansprüche.

Blüte, Reifezeit, Ertrag: 'Wellington XXX' ist früh blühend und früh bis mittelfrüh reifend. Der Ertrag ist hoch.

Frucht: Die Sorte hat einen langen Fruchtstand und ist kurz gestielt. Die Beeren sind groß und weich. Sie sitzen an einer mittellangen Fruchttraube. Die Früchte sind dicht sitzend und am Strauch nicht gut haltbar. Sie werden ungleichmäßig reif. Die Pflückbarkeit ist mittelgut. Die Verletzung der Früchte bei der Ernte ist erheblich. Vitamin C-Gehalt 128,8 mg/100 g; lösliche TRS 15,0%; Säure 2,9 g/100 g.

Schwarze Johannisbeere

Jochelbeere

Die äußerlich nur schwer zu unterscheidenden zwei Sorten der Jochelbeere, 'Jochina' und 'Jocheline', sind Arthybriden zwischen Schwarzer Johannisbeere und Stachelbeere. Die Sorten sind resistent gegen Säulenrost, Stachelbeerrost und Johannisbeergallmilbe. Die Triebspitzen werden etwas von Mehltau befallen. Die Sorten werden für den Anbau im Hausgarten empfohlen.

Herkunft: In Müncheberg von H. Murawski gezüchtet und 1983 vom Institut für Obstforschung Pillnitz speziell für Kleingärtner herausgegeben. Sie entstammen einer Kreuzung zwischen 'Silvergieters Schwarze' (Johannisbeere) × 'Grüne Riesenbeere' (Stachelbeere).

Wuchs und Anbaueignung: Der Strauch wächst stark mit breit ausladenden, schräg aufrecht stehenden Gerüstästen. Die Triebe sind stachellos und langlebig. Bodennahe und überalterte Triebe sind regelmäßig zu entfernen. Die Jochelbeere ist sehr anspruchslos und gedeiht auf allen Böden. Mehltaubefallene Triebspitzen sollten abgeschnitten werden, chemischer Pflanzenschutz ist dann überflüssig.

Blüte, Reifezeit, Ertrag: Sehr früh blühend, dadurch etwas spätfrostgefährdet, selbstfertil. Kreuzbestäubung untereinander oder mit anderen Sorten ('Josta' z.B.) soll höhere Erträge bringen. Reifezeit ist Mitte Juli. Bereits zweijährige Büsche tragen, im Vollertrag wurden im Mittel 4 kg je Strauch erhalten – ein Vielfaches der Schwarzen Johannisbeere.

Frucht und Verwertung: Die Früchte hängen meist zu dritt fest am Strauch und lassen sich dadurch etwas schwer pflücken, meist reißen sie am Stiel ein. Sie folgern, überreife Früchte fallen ab. Die Frucht bringt das feine Aroma der Stachelbeere mit deutlichem Aromaanteil der Schwarzen Johannisbeere. Die Früchte können frisch verzehrt oder zu Gelee (hoher Pektingehalt), Konfitüre, Most oder alkoholischen Getränken verarbeitet werden.

Jostabeere

Jogranda
Synonym: 'Jostaki'

'Jogranda' ist eine süßsäuerlich schmekkende Hybride aus Stachelbeere und
Schwarze Johannisbeere. Sie ist vor allem
für den Hausgarten geeignet. Sie ist widerstandsfähig gegenüber Mehltau, Blattfallkrankheit und Gallmilbe. Allerdings ist sie
spätfrostgefährdet.

Herkunft: 'Jogranda' ist eine F 3-Hybride
von [(Schwarze Johannisbeere 'Langtraubige Schwarze' × *Ribes divaricatum*) × frei
abgeblüht] × frei abgeblüht. Sie wurde von
R. Bauer, Breitbrunn, gezüchtet. Im Handel
ist sie seit 1985, seit 1988 besteht Sortenschutz.

Wuchs und Anbau: Die Pflanze ist mittelstark wachsend. Sie hat einen breit buschigen, überhängenden Wuchs und bildet lange
Neutriebe. Die unteren Triebe liegen auf
dem Boden.

Blüte, Reifezeit, Ertrag: Sehr frühe Blüte,
die Reifezeit ist mittelfrüh, der Ertrag ist
nur mittelhoch.

Frucht und Verwertung: Die Früchte
sind rundlich, elliptisch bis leicht verkehrt
eiförmig, matt schwarzrot und mit leichtem
Flaum besetzt. Sie sind weich, haben mittlere Süße und Säure. Ihr Geschmack ist
weder der der Stachel- noch der der
Schwarzen Johannisbeere, er liegt dazwi-
schen, er ist etwas säuerlich bei angenehmem Aroma. Die Früchte sind leicht pflückbar, die Verletzung an der Stielansatzstelle
der Beeren ist beim Ablösen der Früchte
gering. Die Beeren sind meist zu fünft sitzend. Die Früchte sind in der häuslichen
Verwertung vielseitig verwendbar, am besten lassen sie sich zu Konfitüre, Most oder
zu alkoholischen Getränken verarbeiten.

Jostabeere

Josta

'Josta' ist eine säuerlich schmeckende Hybride aus Stachelbeere und Schwarze Johannisbeere. Sie ist eine interessante, robuste Beerenobstsorte, die für den Hausgarten geeignet ist. Sie ist widerstandsfähig gegenüber Mehltau, Blattfallkrankheit und Gallmilbe, zeigt allerdings unregelmäßige Erträge und ist spätfrostgefährdet.

Herkunft: 'Josta' ist eine Kreuzung aus [('Silvergieters Schwarze' × 'Grüne Hansa') × ('Langtraubige Schwarze' × *Ribes divaricatum*)] × frei abgeblüht. Sie wurde von R. Bauer, Breitbrunn, gezüchtet. Im Handel ist sie seit 1977. Es besteht Sortenschutz.

Wuchs und Anbau: Die Pflanze ist früh austreibend. Sie hat einen aufrechten, buschigen Wuchs und ist stark wachsend. Sie bildet lange Jahrestriebe, hat hellgrünes, glänzendes Laub und große Blätter. Die Sorte erreicht im Alter eine große Höhe. Die Pflanze ist unbewehrt. Sie ist ohne *Ribes nigrum*-Geruch, da Öldrüsen fehlen.

Blüte, Reifezeit, Ertrag: Die Sorte blüht früh, ihre Reifezeit ist mittelspät. Je nach Blühwetter ist der Ertrag mittelhoch bis hoch, allerdings im direkten Vergleich etwas geringer als der der Jochelbeere.

Frucht und Verwertung: Die Früchte sind elliptisch bis leicht verkehrt eiförmig und mittelgroß. Sie sind matt schwarzrot und mit leichtem Flaum besetzt. Die Früchte sind mittelfest. Sie haben eine geringe Süße und eine hohe Säure. Die Schale ist sauer nachschmeckend. Die Früchte haben einen mittleren Geschmack mit einem säuerlichen, wenig ansprechenden Aroma. Sie sind vielseitig verwendbar, ähnlich wie die von 'Jogranda' oder Jochelbeere.

Eine gegenüber 'Josta' verbesserte, aber ganz ähnliche Sorte ist 'Jostine', 1980 ebenfalls von Bauer gezüchtet.

Jostabeere

Weiterführende Literatur

AEPPLI, A., GREMMINGER, U., KELLERHALS, M., RAPILLARD, C., RÖTHLISBERGER, K., RUSTERHOLZ, D.: Obstsorten. Verl. Landwirtschaftl. Lehrmittelzentrale, Zollikoven, 1989

ALBRECHT, H.J.: Anbau und Verwertung von Wildobst. Taspo-Praxis H. **24**, 1993

BLASSE, W.: Sauerkirschen rationell produzieren. Dt. Landwirtschaftsverl., Berlin 1987

BUCHTER-WEISBRODT, H.: Obst. Die besten Sorten für den Garten. Verlag Eugen Ulmer, Stuttgart 1993

FEHRMANN, W. (Hrsg.): Anwendung neuer Erkenntnisse der Züchtungsforschung in der Obstzüchtung – 50 Jahre Obstzüchtung – Tagungsber. Akademie der Landwirtsch. Wiss., Berlin, Nr. **174**, 1979

FISCHER, M. (Hrsg.): Fortschritte in der Obstzüchtung. Tagungsbericht Akademie der Landwirtsch. Wiss. Berlin, Nr. **292**, 1990

FISCHER, M., GÜLDE, J., HAMMER, K. (Hrsg.): Nutzbarmachung genetischer Ressourcen für Züchtung und Landschaftsgestaltung. Vorträge Pflanzenzüchtung H. **27**, 1994

FÖRDERGESELLSCHAFT »Grün ist Leben« Baumschulen mbH, Pinneberg. BdB Handbuch Obstgehölze 1992

FÖRDERGESELLSCHAFT »Grün ist Leben« Baumschulen mbH, Pinneberg. BdB Handbuch Wildgehölze 1992

FRIEDRICH, G.: Handbuch des Obstbaus. Neumann-Verlag, Radebeul 1993

GÖTZ, G., SILBEREISEN, R.: Obstsortenatlas, Verlag Eugen Ulmer, Stuttgart 1989

HAASEMANN, W.: Ertragsanalyse des Pillnitzer Apfelsorten-Genfonds an zwei Standorten. Archiv Gartenbau **37**, 3–22, 1989

KEIPERT, K.: Beerenobst. Verlag Eugen Ulmer, Stuttgart 1981

KRÜMMEL, H., GROH, W., FRIEDRICH, G.: Deutsche Obstsorten. Arbeiten der Zentralstelle für Sortenwesen, Deutscher Bauernverlag, Berlin 1956

LUCAS' Anleitung zum Obstbau. 31. Aufl. Verlag Eugen Ulmer, Stuttgart 1992

LUCKE, R., SILBEREISEN, R., HERZBERGER, E.: Obstbäume in der Landschaft. Verlag Eugen Ulmer, Stuttgart 1992

LUST, V.: Biologischer Obst- und Gemüsebau. Verlag Eugen Ulmer, Stuttgart 1987

MOORE, J.N., BALLINGTON, J.R. (Hrsg.): Genetic resources of temperate fruit and nut crops. Bd. I und II, Acta Horticulturae, ISHS Wageningen 1992

MURAWSKI, H.: 40 Jahre Obstzüchtung in Müncheberg. Archiv Gartenbau **16**, 400–430, 1968

NAUMANN, W.D., SEIPP, D.: Erdbeeren. Verlag Eugen Ulmer, Stuttgart 1989

PETZOLD, H.: Birnensorten. Neumann-Verlag Radebeul 1989

PETZOLD, H.: Apfelsorten. Neumann-Verlag Radebeul 1990

PLOCK, H.: Pomologisch bekannte und lokale Aprikosensorten von Rheinland-Pfalz, Oppenheim 1960

POENICKE, W., SCHMIDT, M.: Deutscher Obstbau. Dt. Bauernverlag. Berlin 1950

SCHMID, H.: Handgriffe im Obstgarten. 7. Aufl. Verlag Eugen Ulmer, Stuttgart 1988

SCHMID, H.: Ostbaumschnitt. 6. Aufl. Verlag Eugen Ulmer, Stuttgart 1989

SCHMID, H.: Obstbaumwunden. Verlag Eugen Ulmer, Stuttgart 1992

SCHMID, H.: Veredeln der Obstgehölze. 5. Aufl. Verlag Eugen Ulmer, Stuttgart 1989

SILBEREISEN, R.: Apfelsorten. Marktsorten, Neuheiten und Mostäpfel. Verlag Eugen Ulmer, Stuttgart 1986

SORGE, P.: Beerenobstsorten. Neumann-Verlag Radebeul 1991

STOLL, K. und GREMMINGER, U.: Besondere Obstarten. Verlag Eugen Ulmer, Stuttgart 1986

STÖRTZER, M., WOLFRAM, B., SCHURICHT, W., MÄNNEL, R.: Steinobst. Neumann-Verlag, Radebeul 1992

VOTTELER, W.: Verzeichnis der Apfel- und Birnensorten. Obst- u. Gartenbauverlag München 1986

Verzeichnis der Mitarbeiter

Diplomgärtner Hans-Joachim Albrecht,
Leiter Abteilung Zucht
Baumschule Berlin-Baumschulenweg
Berlin

Dr. rer. nat. Rolf Büttner
Wissenschaftlicher Mitarbeiter,
Genbank Obst Dresden-Pillnitz
am Institut für Pflanzengenetik und
Kulturpflanzenforschung Gatersleben
Dresden

Prof. Dr. sc. agr. Christa Fischer
Stellvertretender Institutsleiter
Institut für Obstzüchtung
Dresden-Pillnitz
an der Bundesanstalt für Züchtungsfor-
schung an Kulturpflanzen Quedlinburg
Dresden

Prof. Dr. sc. agr. Manfred Fischer
Außenstellenleiter
Genbank Obst Dresden-Pillnitz
am Institut für Pflanzengenetik und
Kulturpflanzenforschung Gatersleben
Dresden

Dipl.-Ing. (FH) Gartenbau Michael Günther
Leiter des Obstbauversuchsbetriebes
Landes-Lehr- und Forschungsanstalt für
Landwirtschaft, Weinbau und Gartenbau
Neustadt an der Weinstraße

Dr. sc. agr. Walter Hartmann
Akademischer Oberrat
Institut für Obst- und Gemüsebau
Universität Stuttgart-Hohenheim
Stuttgart

Erich Müller
Gartenbautechniker
Bundessortenamt Hannover
Hannover

Dr. agr. Werner Schuricht
em. Wissenschaftlicher Mitarbeiter
Thüringer Landesanstalt für
Landwirtschaft
Jena

Dr. rer. hort. Burkhard Spellerberg
Oberregierungsrat
Bundessortenamt Hannover
Hannover

Dr. habil. Mechthild Störtzer
em. Wissenschaftlicher Mitarbeiter
ehem. Institut für Obstforschung
Dresden-Pillnitz
Dresden

Dr. agr. Brigitte Wolfram
Wissenschaftlicher Mitarbeiter
Institut für Obstzüchtung Dresden-
Pillnitz
an der Bundesanstalt für Züchtungsfor-
schung an Kulturpflanzen Quedlinburg
Dresden

Bildquellen

Albrecht, L., Berlin: Seite 212, 213, 214, 216, 217, 218 (2), 219, 220, 221, 222 (2), 223 (2), 224.

Büttner, R., Pillnitz: Seite 63, 85 links, 87 rechts, 234, 235, 237.

Fischer, Ch., Pillnitz: Seite 77, 78.

Fischer, M., Pillnitz: Titelfoto links und oben rechts, Seite 2, 6, 30, 32, 33, 34, 35 (2), 36, 37, 38, 39, 40, 41, 42, 43, 44, 45 (2), 46, 47, 48, 49, 50, 51, 52, 53, 54, 55, 56, 57, 58, 59, 60, 61, 62, 64, 65, 66, 68, 70, 71, 72, 73, 75, 79, 80, 81, 82, 83, 84, 85 rechts, 86, 87 links, 88, 89 (2), 90, 91, 92 links, 94, 95, 98, 99, 100, 101, 102, 104, 105, 106, 111, 112, 113, 114, 115, 116, 118, 120, 122, 124, 125, 126, 127, 128 (2), 136, 137, 138, 139, 140, 141, 142, 144 (2), 145, 146, 147, 148, 150, 151, 161, 203, 207, 208, 261, 267 (2), 268, 269 (2), 271 (2), 276, 278, 279, 285, 296 links, 297 (2), 298 links, 303, 305, 307 (2), 310, 312.

Günther, M., Neustadt/W.: Seite 192, 193, 194, 195, 196 (2), 197, 198, 199 (2), 200, 201, 202, 204, 205 (2), 206 (2) P, 209, 210, 211.

Haasemann, W., Pillnitz: Seite 69, 74, 76.

Hartmann, W., Stuttgart-Hohenheim: Titelfoto rechts Mitte, Seite 163, 164, 165, 166, 167, 168, 169, 170, 171, 172, 173, 174, 175, 176, 177, 178, 179, 180, 181, 182, 183, 184, 185, 186, 187, 188, 189, 190, 191.

Koch, H.-J., Marquardt: Seite 215.

Lieber, B., Pillnitz: Seite 117, 119, 121, 123, 129, 143, 153.

Mihatsch, G., Pillnitz: Seite 132.

Pätzold, G., Wurzen: Seite 67.

Schmocker, W., Häberli AG, Schweiz: Seite 236, 253, 273, 274, 280, 290 rechts, 311.

Schuricht, W., Jena: Seite 92 rechts, 93, 96, 97, 103, 107, 108.

Schwarz, G., Remseck: Seite 109, 110.

Seipp, D., Oldenburg: Seite 277.

Spellerberg, B., Rethmar: Seite 225, 226, 227, 228, 229, 230, 231, 232, 233, 238, 239, 240, 241, 242, 243, 244, 245, 246, 247, 248, 249, 250, 251, 252, 254, 255, 256, 257, 258, 259, 263, 264, 265, 266, 270, 272, 275, 281, 282, 283, 284, 286, 287, 288, 289, 290 links, 291, 292, 293, 294, 295, 298 rechts, 299 (2), 300, 301, 302, 306, 308 links, 309.

Staatliche Lehr- und Versuchsanstalt für Wein- und Obstbau, Weinsberg: Titelfoto rechts unten, Seite 260, 262, 296 rechts, 304 (2), 308 rechts.

Sütterlin, H., Dresden: Seite 130, 131, 133, 134.

Wolfram, B., Pillnitz: Seite 149, 152, 154, 155, 156, 157, 158 (2), 159, 160, 162.

Zahn, F., Jork: Seite 135.

Register

Fett gedruckte Seitenzahlen verweisen auf ausführliche Beschreibungen.